高等院校计算机应用系列教材

C 语言程序设计
（微课版）

焉德军　辛慧杰　编著

清华大学出版社

北　京

内 容 简 介

本书以全国计算机等级考试二级考试大纲为指导，介绍了二级 C 语言等级考试所要求掌握的全部内容。全书共分为 11 章，包括计算机基础知识、C 语言概述、基本数据类型与常用库函数、运算符和表达式、C 语言的控制结构、数组、函数、编译预处理、指针、结构体与共用体、文件等内容。

本书例题丰富，习题解答详细，注重利用 C 语言解决实际问题能力的培养，既可作为高等院校 C 语言程序设计课程的教学用书，也可作为全国计算机等级考试(NCRE)备考人员的参考资料。

本书配套的电子课件、习题答案和实例源文件可以到 http://www.tupwk.com.cn/downpage 网站下载，也可以扫描前言中的二维码获取。扫描前言中的"看视频"二维码可以直接观看教学视频。

图书在版编目（CIP）数据

C 语言程序设计：微课版 / 焉德军，辛慧杰编著.

北京：清华大学出版社, 2024. 7. -- (高等院校计算

机应用系列教材). -- ISBN 978-7-302-66483-3

　Ⅰ. TP312.8

中国国家版本馆 CIP 数据核字第 2024XM6504 号

责任编辑：胡辰浩
封面设计：高娟妮
版式设计：苏博文化
责任校对：马遥遥
责任印制：丛怀宇

出版发行：清华大学出版社
　　　　网　　　址：https://www.tup.com.cn，https://www.wqxuetang.com
　　　　地　　　址：北京清华大学学研大厦 A 座　　　　邮　　编：100084
　　　　社 总 机：010-83470000　　　　　　　　　　邮　　购：010-62786544
　　　　投稿与读者服务：010-62776969，c-service@tup.tsinghua.edu.cn
　　　　质 量 反 馈：010-62772015，zhiliang@tup.tsinghua.edu.cn
印 装 者：北京联兴盛业印刷股份有限公司
经　　销：全国新华书店
开　　本：185mm×260mm　　印　　张：17.75　　字　　数：455 千字
版　　次：2024 年 8 月第 1 版　　印　　次：2024 年 8 月第 1 次印刷
定　　价：69.00 元

产品编号：106157-01

前 言

  C 语言是一种非常优秀的程序设计语言，既具备高级语言的特点，又具有直接操纵计算机硬件的能力，并因丰富灵活的控制性和数据结构、简洁而高效的语句表达、清晰的程序结构和良好的可移植性而拥有大量的使用者。目前，国内几乎所有的高等院校都开设了"C 语言程序设计"课程。人们对计算机知识的需求使得 C 语言不仅成为计算机专业学生的必修课，也成为广大非计算机专业学生和计算机爱好者首选的程序设计语言，而且全国计算机等级考试也将 C 语言列为重要的考试内容之一。

  本书面向程序设计新手，在编写过程中，作者力求使本书体现如下特点：

  (1) 对 C 语言中的重点、难点进行分解，并将其分散编排，使学生在学习过程中能够循序渐进掌握；

  (2) 对 C 语言中生僻、不常用的内容不做过多描述；对在实践中使用较多、需要牢固掌握的内容进行详细叙述，并给出大量示例；

  (3) 本书在介绍 C 语言基本知识的同时，还有意识地训练读者逐步养成良好的程序编写习惯和程序设计风格。

  全书共分为 11 章。第 1 章介绍计算机系统与工作原理、数制与编码；第 2 章介绍 C 程序的基本构成和简单的 C 程序示例；第 3 章介绍基本数据类型、常用的输入/输出函数；第 4 章介绍各种运算符和表达式；第 5 章介绍 C 语言的控制结构；第 6 章介绍数组的使用及常用字符串处理函数；第 7 章介绍函数的使用及变量的存储类别；第 8 章介绍编译预处理命令；第 9 章介绍指针的使用方法；第 10 章介绍结构体及链表；第 11 章介绍文件的类型和操作。

  为了方便读者学习，作者录制了相应的教学视频，并对书中习题做了详细解答。

  本书作者长期从事高等学校"C 语言程序设计"课程的教学工作，在总结多年教学经验的基础上，编写了本教材。由于作者水平有限，书中难免存在不足，恳请读者批评指正。我们的邮箱是 992116@qq.com，电话是 010-62796045。

  本书配套的电子课件、实例源文件和习题答案可以通过 http://www.tupwk.com.cn/downpage 网站下载，也可以扫描下方左侧的二维码获取。扫描下方右侧的二维码可以直接观看教学视频。

扫描下载　　　　　　　　　　　扫一扫

配套资源　　　　　　　　　　　看视频

编 者

2024 年 4 月

目　录

第1章

计算机基础知识

20世纪40年代诞生的电子数字计算机是20世纪最伟大的发明之一，是人类科学技术发展史上的一个里程碑。半个多世纪以来，计算机科学技术飞速发展，计算机的性能越来越卓越、价格越来越便宜、应用越来越广泛。时至今日，计算机已经被广泛应用于国民经济以及社会生活的各个领域，特别是互联网技术的发展和智能手机的普及，极大地改变了人们的生活方式，并对人们的生产、生活产生越来越大的影响。计算机科学技术的发展水平、计算机的应用程度已经成为衡量一个国家现代化水平的重要标志。

本章介绍计算机的基础知识，包括计算机系统的组成与工作原理、数据在计算机中的表示，以及个人计算机的基本配置及性能指标。

1.1 计算机系统与工作原理

计算机在诞生初期主要用于进行科学计算，因此被称为"计算机"。然而，现在计算机的处理对象已经远远超出"计算"的范围，可以对数字、文字、声音及图像等各种形式的数据进行处理。实际上，计算机是一种能够按照事先存储的程序，自动、高速地对数据进行输入、处理、输出和存储的系统。本节介绍计算机系统的组成和工作原理。

1.1.1 计算机系统的组成

完整的计算机系统包括硬件系统和软件系统两部分，如图1-1所示。硬件是指肉眼看得见的机器部件，就像计算机的"躯体"。人们通常看到的计算机都配有机箱，里边是各式各样的电子元器件，机箱外部还有键盘、鼠标、显示器和打印机等设备，它们是计算机工作的物质基础。不同种类的计算机其硬件组成各不相同，但无论什么类型的计算机，都可以将其硬件划分为功能相近的几大部分。软件则是计算机的"灵魂"，是程序、数据及相关文档的总称。程序是由一系列指令组成的，每条指令都能指挥机器完成相应的操作。当程序执行时，其中的各条指令就依次发挥作用，指挥机器按指定顺序完成特定任务，并把执行结果按照各种格式输出。

计算机系统是一个整体，既包括硬件也包括软件，两者缺一不可。计算机若没有软件的支持，也就是在没有装入任何程序之前，被称为"裸机"，裸机是无法完成任何处理任务的。反之，若没有硬件设备的支持，单靠软件本身，软件也就失去了其发挥作用的物质基础。计算机系统的软硬件系统相辅相成，共同完成任务。

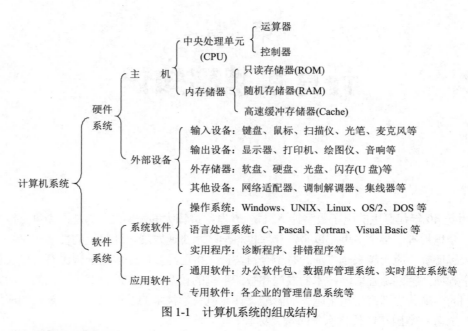

图 1-1　计算机系统的组成结构

1.1.2　计算机硬件系统

计算机硬件(computer hardware)又称硬件平台，是指计算机系统所包含的各种机械的、电子的、磁性的装置和设备。每个功能部件各尽其职、协同工作，缺少其中任何一个就不能构成完整的计算机系统。

计算机能够处理存储的数据。可以说，存储和处理是一个整体：存储是为了处理，处理需要存储。"存储和处理的整体性"的最初表达是美国普林斯顿大学的冯·诺依曼于 1946 年提出的计算机体系结构思想，一般称为"存储程序思想"。计算机从 1946 年问世至今都以这种思想为基本依据，主要特点可归结为以下 3 点。

(1) 计算机由 5 个基本部分组成：运算器、控制器、存储器、输入设备和输出设备。

(2) 程序和数据存放在存储器中并按地址访问。

(3) 程序和数据用二进制表示。与十进制相比，实现二进制运算的结构更简单，更容易控制。

如今，半个多世纪过去了，计算机的系统结构发生了很大改变，就结构原理来说，仍然是冯·诺依曼型计算机，结构如图 1-2 所示，图中带箭头的实线表示数据流，带箭头的虚线表示控制流。

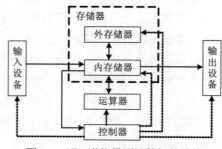

图 1-2　冯·诺依曼型计算机的结构

硬件是计算机系统的物质基础。计算机的性能，如运算速度、存储容量、计算精度、可靠性等在很大程度上取决于硬件的配置。下面简单介绍计算机的 5 个基本组成部分。

1. 运算器

计算机最主要的工作是运算，大量的数据运算任务是在运算器中进行的。

运算器由算术逻辑单元(Arithmetic Logic Unit，ALU)和寄存器等组成。算术逻辑单元的主要功能是进行算术运算和逻辑运算。算术运算是指加、减、乘、除等基本运算；逻辑运算是指逻辑判断、关系比较，以及与、或、非等其他的基本逻辑运算。但不管是算术运算还是逻辑运算，都只是基本运算。也就是说，运算器只能做这些最简单的运算，复杂的运算都要通过基本运算一步步实现。然而，运算器的运算速度却快得惊人，因而计算机才具有高速的信息处理能力。运算器中的寄存器用来暂存参与运算的操作数和中间结果，常用的寄存器有累加寄存器、暂存寄存器、标志寄存器和通用寄存器等。

运算器的主要技术指标是运算速度，单位是 MIPS(百万指令每秒)。由于执行不同的指令所花费的时间不同，因此一台计算机的运算速度通常是按照一定的频率执行各类指令的统计值。微型计算机一般采用主频来描述运算速度，主频越高，运算速度就越快。目前，个人计算机的运算速度已达数十亿次每秒，而超级计算机的运算速度通常以万亿次每秒计算，例如，我国自行研制的超级计算机"天河一号"，其系统峰值性能为 1206 万亿次双精度浮点运算每秒。

2. 控制器

控制器是计算机的神经中枢和指挥中心，只有在它的控制之下整个计算机才能有条不紊地工作，自动执行程序。控制器的主要特点是采用内存程序控制方式。也就是说，在使用计算机时必须预先编写(或由编译程序自动生成)由计算机指令组成的程序并存入内存储器，由控制器依次读取并执行。

控制器由程序计数器(PC)、指令寄存器(IR)、指令译码器(ID)、时序控制电路及微操作控制电路等组成。其中：程序计数器用来对程序中的指令进行计数，使得控制器能够依次读取指令；指令寄存器在指令执行期间暂存正在执行的指令；指令译码器用来识别指令的功能，分析指令的操作要求；时序控制电路用来生成时序信号，以协调指令执行周期内各部件的工作；微操作控制电路用来产生各种操作控制命令。

运算器和控制器合称为中央处理单元(Central Processing Unit，CPU)。

3. 存储器

存储器的主要功能是存放程序和数据。使用时，可以从存储器中取出信息，不破坏原有的内容，这种操作称为存储器的读操作；也可以把信息写入存储器，原来的内容被抹掉，这种操作称为存储器的写操作。

存储器分为程序存储区、数据存储区和栈。程序存储区存放程序中的指令，数据存储区存放数据。CPU 通过地址总线发出相应的地址，找到存储器中与该地址对应的存储单元，然后通过数据总线操作存储单元中的数据。

存储器通常分为内存储器和外存储器。

1) 内存储器

内存储器简称内存(又称主存)，是计算机中信息交流的中心。用户通过输入设备输入的程序和数据最初被送入内存，控制器执行的指令和运算器处理的数据取自内存，运算的中间结果和最终结果保存在内存中，输出设备输出的信息来自内存，内存中的信息如要长期保存，则应送到外存储器中。总之，内存要与计算机的各个部件打交道，进行数据交换。因此，内存的存取速度直接影响计算机的运算速度。

2) 外存储器

外存储器设置在主机外部，简称外存(又称辅存)，主要用来长期存放暂时不用的程序和数据。通常，外存不和计算机的其他部件直接交换数据，只和内存交换数据，而且不是按单个数据进行存取，而是成批地进行数据交换。常用的外存有磁盘、磁带和光盘等。

4. 输入设备

输入设备用于接收用户输入的原始数据和程序，并将它们转换为计算机可以识别的形式(二进制代码)后存放到内存中。常用的输入设备有键盘、鼠标、扫描仪、光笔、数字化仪和麦克风等。

5. 输出设备

输出设备用于将存放在内存中的由计算机处理的结果转换为人们所能接受的形式。常用的输出设备有显示器、打印机、绘图仪和音响等。

1.1.3　计算机软件系统

计算机软件(computer software)是相对于计算机硬件而言的，包括计算机运行所需的各种程序、数据，以及相关的技术文档资料。在裸机上只能运行机器语言程序，使用很不方便，效率也低。硬件是软件赖以运行的物质基础，软件是计算机的灵魂，是发挥计算机功能的关键。

计算机软件通常可分为系统软件和应用软件两大类。用户与计算机系统各层次之间的关系如图 1-3 所示。

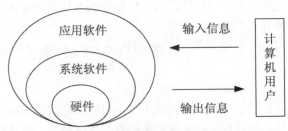

图 1-3　用户与计算机系统各层次之间的关系

1. 系统软件

系统软件是管理、监控和维护计算机资源的软件，用来扩展计算机的功能，提高计算机的工作效率，方便用户使用计算机的软件，包括操作系统、语言处理系统、数据库管理系统、系统辅助处理程序等。

1) 操作系统

在计算机软件中，最重要且最基本的就是操作系统(Operating System，OS)。操作系统是最底层的软件，控制在计算机上运行的所有程序并管理整个计算机的资源，在裸机与应用程序及用户之间架起了一座沟通的桥梁。没有操作系统，用户就无法自如地应用各种软件或程序。

目前，常见的计算机操作系统有 Windows、UNIX、Linux 和 macOS 等。

2) 语言处理系统

计算机语言大致分为机器语言、汇编语言和高级语言。

(1) 机器语言：机器语言是以二进制代码表示的指令集合，是计算机能直接识别和执行的计算机语言。其优点是执行效率高、速度快；但直观性差，可读性不强，因而给计算机的推广和使用带来了极大的困难。

(2) 汇编语言：汇编语言是符号化的机器语言，这种语言使用助记符来表示指令中的操作码和操作数。汇编语言相比机器语言前进了一步，助记符比较容易记忆，可读性也较强，但编写程序的效率不高、难度较大、维护较困难，属于低级语言。

(3) 高级语言：高级语言就是接近人类自然语言和数学语言的计算机语言，是第三代计算机语言。高级语言的特点是与计算机的指令系统无关，因而从根本上摆脱了对机器的依赖，使之独立于机器。该语言面向过程，进而面向用户。由于易学易记、便于书写和维护，因此提高了程序设计的效率和可靠性。目前广泛使用的高级语言有 Java、C、C++、PHP 和 Python 等。

将那些计算机无法直接执行的使用非机器语言编写的程序，翻译成计算机能直接执行的机器语言的翻译程序，我们称之为语言处理程序。

使用汇编语言和高级语言编写的程序称为源程序，计算机不能直接识别和执行源程序。把计算机本身不能直接读懂的源程序翻译成机器能够识别的机器指令代码后，计算机才能执行它们，这种翻译后的程序称为目标程序。

计算机将源程序翻译成机器指令的方法有两种：编译方式和解释方式。编译方式与解释方式的工作过程如图 1-4 所示。

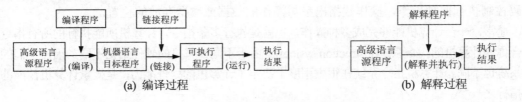

图 1-4　将源程序翻译成机器指令的过程

由图 1-4 可以看出，编译方式会使用相应的编译程序把源程序翻译成机器语言的目标程序，然后链接成可执行程序，运行可执行程序后得到结果。目标程序和可执行程序都以文件方式存放在磁盘上，再次运行程序时，只需要直接运行可执行程序，而不必重新编译和链接。

解释方式则把源程序输入计算机，然后使用相应的解释程序对代码进行逐条解释、逐条执行，执行后只能得到结果，而不能保存解释后的机器代码，下次运行程序时需要重新解释并执行。

3) 数据库管理系统

数据库管理系统是能够对数据进行加工、管理的系统软件。常见的数据库管理系统有 Visual FoxPro、Oracle、Access 和 SQL Server 等。

4) 系统辅助处理程序

系统辅助处理程序又称"软件研制开发工具""支持软件"或"工具软件"，主要包括编辑程序、调试程序、装配和连接程序以及测试程序等。

2. 应用软件

应用软件是用户利用计算机及系统软件，为解决实际问题而开发的软件的总称。应用软件一般分为两大类：通用软件和专用软件。

- 通用软件支持最基本的应用，如文字处理软件(Word)、表格处理软件(Excel)等。
- 专用软件是专门为某一专业领域开发的软件，如财务管理系统、计算机辅助设计(CAD)软件和仅限于某个部门使用的应用数据库管理系统等。

1.1.4 计算机的工作原理

如前所述，计算机能自动、连续地工作，主要是因为内存中存储了程序。计算机在执行程序时，在控制器的控制下，逐条从内存中取出指令、分析指令、执行指令，从而完成相应的操作。

1. 指令和程序

1) 指令

指令(instruction)是控制计算机操作的代码，又称指令码(instruction code)。一条指令就是给计算机下达的一道命令，用于告诉计算机执行什么样的操作、参与此项操作的数据来自何处、操作结果又将送往哪里。所以，一条指令包括操作码(operation code)和操作数两部分，操作码控制执行何种操作，操作数指出参与操作的数据或数据存放的位置。

通常，一台计算机能够完成多种操作，也就是执行多条指令，计算机所能执行的所有指令的集合称为计算机的指令系统(instruction system)。由于不同计算机的硬件结构不同，因而它们的指令系统也不同。计算机指令系统在很大程度上决定了计算机的处理能力，是衡量计算机性能的重要指标之一。

2) 程序

程序就是为完成某项任务而由若干指令组成的有序集合。编写程序称为程序设计。人们通过编写程序，发挥计算机的作用，从而解决工作和生活中的各种问题。那么计算机是怎样执行程序的呢？

2. 指令和程序在计算机中的执行过程

为了执行程序，首先需要将程序和程序所要操作的数据放入内存。执行程序就是依次执行组成程序的一条条指令。计算机在执行程序中的每条指令时，先将需要执行的指令从内存中取出，之后放到 CPU 内并通过控制器对这些指令进行译码分析，判断这些指令所要完成的操作，随后向相关部件发出控制信号以完成这些操作。由此可见，计算机执行程序的过程，就是在控制器的控制下，逐条从内存中读取程序中的指令并进行分析，而后向相关部件发出控制信息以执行指令，从而实现程序的运行。

1.2　数制与编码

在计算机系统中，数字和符号都是使用电子元件的不同状态来表示的，也就是以电信号进行表示。根据计算机的这一特点，我们会提出下面这个问题：数值在计算机中是如何表示和运算的？这就是本节将要讨论的"数制"问题。

1.2.1　数制的基本概念

通过一组固定的数字(数码符号)和一套统一的规则来表示数值的方法称为数制(number system)，也称为计数制。数制的种类很多，除了十进制，还有二十四进制(24 小时为一天)、六十进制(60 秒为 1 分钟、60 分钟为 1 小时)、二进制(手套、筷子等两只/支为一双)等。

计算机系统采用二进制的主要原因是电路设计简单、运算方便、工作可靠且逻辑性强。

不论是哪一种数制，它们的计数和运算都有着一些共同的规律和特点。

1. 逢 R 进一

R 是数制中所需数字字符的总数，称为基数(radix)。例如，十进制使用 0、1、2、3、4、5、6、7、8、9 这 10 个不同的数制符号来表示数值。在十进制中，基数是 10，表示逢十进一。

2. 位权表示法

位权(简称权)是指一个数字在某个位置上所代表的值，处在不同位置的数字所代表的值不同，每个数字的位置决定了这个数字的值或位权。例如，在十进制数 586 中，5 的位权是 100(即 10^2)。

位权与基数的关系是：位权的值是基数的若干次幂。因此，使用任何一种数制表示的数都可以写成按位权展开的多项式之和。例如，十进制数 256.07 可以用如下形式表示：

$$(256.07)_{10}=2\times10^2+5\times10^1+6\times10^0+0\times10^{-1}+7\times10^{-2}$$

位权表示法的原则是数字的总数等于基数，每个数字都要乘以基数的幂次，幂次是由每个数字所在的位置决定的。排列方式是以小数点为界，整数自右向左依次为 0 次方、1 次方、2 次方，以此类推；小数自左向右依次为负 1 次方、负 2 次方，以此类推。

1.2.2　常用的数制

在使用计算机解决实际问题的过程中，我们往往使用的是十进制数，而计算机内部使用的是二进制数。另外，在计算机应用中又经常需要使用十六进制数或八进制数，二进制数因为与十六进制数和八进制数正好有倍数关系，如 2^3 等于 8、2^4 等于 16，所以十分便于在计算机应用中来表示其他进制数。

二进制求和法则如下：

0+0=0

0+1=1

1+0=1

1+1=10(逢二进一)

二进制求差法则如下：

0-0=0

1-0=1

10-1=1(借一当二)

1-1=0

二进制求积法则如下：

0×0=0

0×1=0

1×0=0

1×1=1

二进制求商法则如下：

0÷1=0

1÷1=1

例如，在对两个二进制数进行相加时，首先写出被加数和加数，然后按照由低位到高位的顺序，根据二进制求和法则把两个数字逐位相加即可，就像将两个十进制数相加一样。

例 1.1　求 1101.01+1001.11。

解：　　1101.01
　　　+ 1001.11
　　　─────────
　　　 10111.00

计算结果：1101.01+1001.11=10111.00

例 1.2　求 1101.01-1001.11。

解：　　1101.01
　　　- 1001.11
　　　─────────
　　　 0011.10

计算结果：1101.01-1001.11=11.10

例 1.3　求 1101×110。

解：　　1101
　　 ×　110
　　─────────
　　　0000
　　 1101
　 1101
　　─────────
　 1001110

计算结果：1101×110=1001110

例 1.4   求 100111÷1101。

解:

```
              11
      1101)100111
           1101
           ────
           1101
           1101
           ────
              0
```

计算结果: 100111÷1101=11

3. 八进制数(octal)

八进制数的进位规则是"逢八进一",基数 R=8,采用的数制符号是 0、1、2、3、4、5、6、7,每一位的位权是 8 的幂次。例如,八进制数 376.4 可表示为:

$$(376.4)_8 = 3 \times 8^2 + 7 \times 8^1 + 6 \times 8^0 + 4 \times 8^{-1}$$
$$= 3 \times 64 + 7 \times 8 + 6 + 0.5$$
$$= (254.5)_{10}$$

4. 十六进制数(hexadecimal)

十六进制数的特点如下。

(1) 采用的 16 个数制符号是 0、1、2、3、4、5、6、7、8、9、A、B、C、D、E、F。符号 A~F 分别代表十进制中的 10~15。

(2) 进位规则是"逢十六进一",基数 R=16,每一位的位权是 16 的幂次。例如,十六进制数 3AB.11 可表示为:

$$(3AB.11)_{16} = 3 \times 16^2 + 10 \times 16^1 + 11 \times 16^0 + 1 \times 16^{-1} + 1 \times 16^{-2}$$
$$\approx (939.0664)_{10}$$

5. 常用数制的对应关系

1) 常用数制的基数和数制符号

常用数制的基数和数制符号如表 1-2 所示。

表 1-2   常用数制的基数和数制符号

数制	十进制	二进制	八进制	十六进制
基数	10	2	8	16
数制符号	0~9	0, 1	0~7	0~9, A, B, C, D, E, F

2) 常用数制的对应关系

常用数制的对应关系如表 1-3 所示。

表 1-3　常用数制的对应关系

十进制	二进制	八进制	十六进制
0	0	0	0
1	1	1	1
2	10	2	2
3	11	3	3
4	100	4	4
5	101	5	5
6	110	6	6
7	111	7	7
8	1000	10	8
9	1001	11	9
10	1010	12	A
11	1011	13	B
12	1100	14	C
13	1101	15	D
14	1110	16	E
15	1111	17	F
16	10000	20	10

1.2.3　数制间的转换

将数由一种数制转换成另一种数制称为数制间的转换。由于计算机采用二进制，而日常生活中人们习惯使用十进制，因此计算机在进行数据处理时就必须把输入的十进制数转换成计算机所能接收的二进制数，计算机运行结束后，再把二进制数转换成人们习惯的十进制数并输出。这两个转换过程完全由计算机系统自动完成。

1. 二进制数与十进制数之间的转换

1) 将二进制数转换成十进制数

将二进制数转换成十进制数的方法前面已经讲过，只需要将二进制数按位权展开，然后将各项数值按十进制数相加，便可得到等值的十进制数。例如：

$$(10110.11)_2 = 1 \times 2^4 + 1 \times 2^2 + 1 \times 2^1 + 1 \times 2^{-1} + 1 \times 2^{-2} = (22.75)_{10}$$

同理，为了将任意进制数转换为十进制数，只需要将数 $(N)_R$ 写成按位权展开的多项式，然后按十进制规则进行运算，便可求得相应的十进制数 $(N)_{10}$。

2) 将十进制数转换成二进制数

在将十进制数转换成二进制数时，需要对整数部分和小数部分分别进行转换。

(1) 整数转换。

整数转换采用除 2 取余法。

例 1.5 将 $(57)_{10}$ 转换为二进制数。

解：设 $(57)_{10}=(a_n a_{n-1}\cdots a_2 a_1 a_0)_2$

采用除 2 取余法，得：

```
2 | 57           余数
  2 | 28   ……1=a₀
    2 | 14   ……0=a₁
      2 | 7    ……0=a₂
        2 | 3    ……1=a₃
          2 | 1    ……1=a₄
            0    ……1=a₅
```

结果：$(57)_{10}=(111001)_2$

(2) 小数转换。

小数转换采用乘 2 取整法。

例 1.6 将 $(0.834)_{10}$ 转换成二进制数。

解：设 $(0.834)_{10}=(0.a_{-1}a_{-2}a_{-3}a_{-4})_2$

采用乘 2 取整法，得：

```
    0.834        整数
  ×    2
    1.668   ……1=a₋₁
    0.668
  ×    2
    1.336   ……1=a₋₂
    0.336
  ×    2
    0.672   ……0=a₋₃
  ×    2
    1.344   ……1=a₋₄
```

结果：$(0.834)_{10} \approx (0.1101)_2$

由例 1.6 可见，在对小数部分乘 2 取整的过程中，不一定能使最后的乘积为 0，因此存在转换误差。通常，当二进制数的精度已经达到预定的要求时，运算便可结束。

在将带有整数和小数的十进制数转换成二进制数时，必须对整数部分和小数部分分别按除 2 取余法和乘 2 取整法进行转换，之后再将两者的转换结果合并起来即可。

同理，要将十进制数转换成任意的 R 进制数 $(N)_R$，整数转换可采用除 R 取余法，小数转换可采用乘 R 取整法。

2. 二进制数与八进制数、十六进制数之间的转换

八进制数和十六进制数的基数分别为 $8=2^3$、$16=2^4$，所以三位的二进制数恰好相当于一位的八进制数，四位的二进制数则相当于一位的十六进制数，它们之间的相互转换是很方便的。

将二进制数转换成八进制数的方法是：从小数点开始，分别向左、向右将二进制数按每三位一组的形式进行分组(不足三位的补 0)，然后写出与每一组二进制数等值的八进制数。

例 1.7　将二进制数 100110110111.00101 转换成八进制数。

解：

100	110	110	111	.	001	010
↓	↓	↓	↓		↓	↓
4	6	6	7	.	1	2

结果：$(100110110111.00101)_2=(4667.12)_8$

将八进制数转换成二进制数的方法恰好与将二进制数转换成八进制数相反：从小数点开始，分别向左、向右将八进制数的每一位数字转换成三位的二进制数。例如，可对例 1.7 按相反的过程进行转换。

$$(4667.12)_8=(100110110111.00101)_2$$

将二进制数转换成十六进制数的方法和二进制数与八进制数之间的转换方法相似，从小数点开始，分别向左、向右将二进制数按每四位一组的形式进行分组(不足四位的补 0)，然后写出与每一组二进制数等值的十六进制数。

例 1.8　将二进制数 1111000001011101.0111101 转换成十六进制数。

解：

1111	0000	0101	1101	.	0111	1010
↓	↓	↓	↓		↓	↓
F	0	5	D	.	7	A

结果：$(1111000001011101.0111101)_2=(F05D.7A)_{16}$

类似地，在将十六进制数转换成二进制数时，可按例 1.8 展示的相反过程进行操作。

1.2.4　数据在计算机中的表示方式

计算机中处理的数据可分为数值型数据和非数值型数据两类。数值型数据是指数学中的代数值，具有量的含义，如 235、-328.45 或 3/8 等；非数值型数据是指输入计算机中的所有文本信息，没有量的含义，如数字 0～9、大写字母 A～Z 或小写字母 a～z、汉字、图形、声音及一切可印刷的符号+、-、！、#、%等。

由于计算机内部使用的是二进制数，因此这些数据在计算机内部必须以二进制编码的形式表示。也就是说，一切输入计算机中的数据都是由 0 和 1 两个数字进行组合的。数值型数据有正负之分，数学中分别使用符号+和-来表示正数和负数，但在计算机中，数的正负符号也要使用 0 和 1 来表示。

1. 有符号数的表示方法

在计算机中，有符号的数通常使用原码、反码和补码 3 种形式表示，这么做的主要目的是

解决减法运算的问题。任何正数的原码、反码和补码形式都完全相同，而负数的原码、反码和补码形式则不同。

1) 数的原码表示

正数的符号位用 0 表示，负数的符号位用 1 表示，有效值部分用二进制绝对值表示，这种表示法称为原码。原码对 0 的表示方法不唯一，分为正的 0(000…00)和负的 0(100…00)。

例如，如果

X=+76；Y=−76

那么

$$(X)_原= \quad 0 \qquad 1001100$$
$$(Y)_原= \quad 1 \qquad \underline{1001100}$$

$$\qquad\qquad\quad \uparrow \qquad\qquad \uparrow$$
$$\qquad\qquad \text{符号位} \qquad \text{数值}$$

2) 数的反码表示

正数的反码和原码相同，负数的反码则是对原码的除符号位外的其他各位取反：将 0 变成 1，而将 1 变成 0。

例如：

$(+76)_原=(+76)_反=01001100$

$(-76)_原=11001100$

$(-76)_反=10110011$

可以验证，任意数的反码的反码即为原码本身。

3) 数的补码表示

正数的补码和原码相同，负数的补码则需要对反码加 1。

例如：

$(+76)_原=(+76)_反=(+76)_补=01001100$

$(-76)_原=11001100$

$(-76)_反=10110011$

$(-76)_补=10110100$

可以验证，任意数的补码的补码即为原码本身。引入补码的概念之后，减法运算就可以使用加法来实现。

例如：

$(1)_{10}-(2)_{10}$

$=(1)_{10}+(-2)_{10}$

$=(00000001)_补+(11111110)_补$

$=(11111111)_补$

$=(11111110)_反$

$=(10000001)_原$

$=(-1)_{10}$

结果正确。设计补码的目的如下。

● 使符号位能与有效值部分一起参与运算，从而简化了运算规则。

● 使减法运算转换为加法运算，从而简化计算机中运算器的线路设计。

注意，这些转换都是在计算机的最底层进行的，而我们在高级语言中使用的都是原码。

2. 定点数与浮点数

数值除分正负之外，还有带小数点的数值。当所要处理的数值含有小数部分时，计算机就必须解决数值中的小数点的表示问题。在计算机中，通常采用隐含规定小数点的位置这种方式来表示带小数点的数值。

根据小数点的位置是否固定，数值的表示方法可以分为定点整数、定点小数和浮点数 3 种类型。定点整数和定点小数统称为定点数。

1) 定点整数

定点整数是指小数点隐含固定在整个数值的最后，符号位右边的所有位数表示的是整数。如果用 4 位表示定点整数，那么 0110 表示二进制数+110，也就是十进制数+6。

2) 定点小数

定点小数是指小数点隐含固定在某个位置的小数。人们通常将小数点固定在最高数据位的左边。如果用 4 位表示定点小数，那么 0110 表示二进制数+0.110，也就是十进制数+0.75。

由此可见，定点数可以表示纯小数和整数。定点整数和定点小数在计算机中的表示并没有什么区别，小数点完全靠事先约定而隐含在不同位置，如图 1-5 所示。

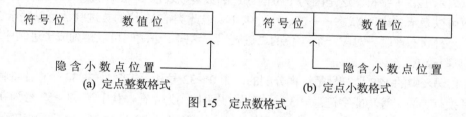

图 1-5　定点数格式

3) 浮点数

浮点数是指小数点位置不固定的数，浮点数既有整数部分又有小数部分。在计算机中，通常把浮点数分阶码(也称为指数)和尾数两部分进行表示。其中：阶码用二进制定点整数表示，尾数用二进制定点小数表示，阶码的长度决定数值的范围，尾数的长度决定数值的精度。为保证不损失有效数字，通常还会对尾数进行规格化处理，从而保证尾数的最高位为 1。实际数值可通过阶码进行调整。

浮点数的格式多种多样。例如，某计算机用 32 位表示浮点数，阶码部分为 8 位补码的定点整数，尾数部分为 24 位补码的定点小数。浮点数的最大特点在于比定点数表示的数值范围大。

例如，二进制的+110110 等于 $2^6 \times 0.11011$，阶码为 6，也就是二进制的+110，尾数为+0.11011。单精度浮点数的表示形式如图 1-6 所示。

图 1-6　浮点数示例

1.2.5 字符编码

计算机是以二进制编码方式组织并存放信息的，信息编码就是对输入计算机中的各种数值数据和非数值数据使用二进制方式进行编码。对于不同机器、不同类型的数据来说，编码方式也是多种多样的。为了使信息的表示、交换、存储或加工处理更方便，计算机系统通常采用统一的编码方式，因此人们制定了编码的国家标准或国际标准，比如位数不等的二进制码、BCD码、ASCII码等。计算机使用这些编码在计算机内部和键盘等终端设备之间以及计算机之间进行信息交换。

在输入过程中，系统自动将用户输入的各种数据按编码的类型转换成相应的二进制形式并存入计算机的存储器。在输出过程中，再由系统自动将二进制编码的数据转换成用户可以识别的数据形式并输出给用户。

字符是计算机中使用最多的非数值型数据，是人与计算机进行通信和交互的重要媒介，国际上广泛使用的字符编码有美国信息交换标准码(American Standard Code for Information Interchange，ASCII)、BCD码和Unicode码。

1. ASCII码

ASCII码有7位码和8位码两种形式。7位的ASCII码是用7位的二进制数进行编码的，所以可以表示128个字符。这是因为1位的二进制数可以表示2^1=2种状态——0或1；2位的二进制数可以表示2^2=4种状态——00、01、10、11；以此类推，7位的二进制数可以表示2^7=128种状态。每种状态都唯一对应一个7位的二进制码，这些二进制码可以排列成十进制序号0~127，参见附录B。

ASCII码表中的128个符号是这样分配的：第0~32号和第127号(共34个)为控制字符，主要包括换行、回车等功能字符；第33~126号(共94个)为字符，其中第48~57号为0~9的10个数字符号，第65~90号为26个大写英文字母，第97~122号为26个小写英文字母，其余的为一些标点符号、运算符号等。例如，大写字母A的ASCII码值为1000001，对应十进制数65；小写字母a的ASCII码值为1100001，对应十进制数97。这些字符已基本能够满足各种程序设计语言、西文文字及常见控制命令的需要。

为了方便使用，在计算机的存储单元中，字符的ASCII码占1字节(8位)，并且最高位只用作奇偶校验位，如图1-7所示。

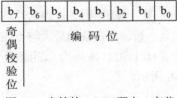

图1-7 字符的ASCII码占1字节

在代码传送过程中，奇偶校验是用来检验是否出现错误的一种方法。一般分为奇校验和偶校验两种。奇校验规定，如果代码正确，那么单字节中1的个数必须是奇数，若是非奇数，则在最高位b_7处补1来满足；偶校验规定，如果代码正确，那么单字节中1的个数必须是偶数，若是非偶数，则在最高位b_7处补1来满足。

例 1.9 将"COME"中的 4 个字符使用带奇校验位的 ASCII 码进行存储。

解：首先由附录 B 查出十进制的 ASCII 码，然后转换成二进制的 ASCII 码，最后根据奇校验的规定在左边补上奇校验位，如表 1-4 所示。

表 1-4 ASCII 码的应用示例

字　符	十进制的 ASCII 码	二进制的 ASCII 码	带奇校验位的 ASCII 码
C	67	1000011	01000011
O	79	1001111	01001111
M	77	1001101	11001101
E	69	1000101	01000101

例 1.10 当 ASCII 码值为 101010 时，表示的是什么字符？当采用偶校验时，奇偶校验位 b_7 等于什么？

解：$(101010)_2=(42)_{10}$，由附录 B 得知表示的字符为*；根据偶校验规则，应使单字节中 1 的个数为偶数，所以在奇偶校验位补 1，使 $b_7=1$。

ASCII 码虽然是最常用的编码，但由于最高位 b_7 用来作为校验位，因此只能表示 128 个不同的字符。如果最高位 b_7 也用来编码，则称为扩展的 ASCII 码，扩展的 ASCII 码可用来表示 256 个不同的字符。

目前，还有一种编码在许多环境中也得到了应用，这就是 Unicode 码。Unicode 码使用 16 位的二进制进行编码，最多可以表示 65 536 个不同的字符。通过把高 8 位置为 0，并保持原来的编码不变，Unicode 码把 ASCII 码和扩展的 ASCII 码也吸收了进来。例如，字母 S 的 3 种编码如表 1-5 所示。

表 1-5 字母 S 的 3 种编码

ASCII 码	扩展的 ASCII 码	Unicode 码
01010011	01010011	00000000 01010011

2. BCD 码

BCD(Binary Coded Decimal)码是二进制编码的十进制数，有 4 位的 8421 BCD 码、6 位的 BCD 码和扩展的 BCD 码 3 种。

1) 8421 BCD 码

8421 BCD 码使用 4 位的二进制数来表示十进制数字，4 位的二进制数从左到右依次为 8、4、2、1，这只能表示十进制中的字符 0~9。为了对位数更多的十进制数进行编码，就需要提供与十进制数的位数一样多的 4 位组。

2) 扩展的 BCD 码

由于 8421 BCD 码只能表示 10 个十进制数，因此人们在原来的 4 位 BCD 码的基础上又产生了 6 位的 BCD 码。6 位的 BCD 码能表示 64 个字符，其中包括 10 个十进制数、26 个英文字母和 28 个特殊字符。但在某些场合，英文字母仍需要区分大小写，于是提出了扩展的 BCD 码。扩展的 BCD 码由 8 位组成，可表示 256 个符号，其全称为 Extended Binary Coded Decimal

Interchange Code，简写为 EBCDIC。EBCDIC 码是常用编码之一，IBM 及 UNIVAC 计算机均采用这种编码。

1.2.6　汉字编码

为了在计算机中表示汉字，用计算机处理汉字，同样也需要对汉字进行编码。计算机对汉字信息的处理过程实际上是各种汉字编码间的转换过程。这些编码主要包括汉字信息交换码、汉字输入码、汉字内码、汉字字形码及汉字地址码等。下面分别对各种汉字编码进行介绍。

1. 汉字信息交换码

汉字信息交换码是用于在汉字信息处理系统之间或汉字信息处理系统与通信系统之间进行信息交换的汉字代码，简称交换码。汉字信息交换码是为了能够在系统、设备之间交换信息时采用统一的形式而制定的。

我国于 1981 年颁布了国家标准——《信息交换用汉字编码字符集 基本集》(GB/T 2312—1980)，也就是国际码。了解国际码的下列概念，对使用和研究汉字信息处理系统十分有益。

1) 常用汉字及其分级

国际码规定了进行一般汉字信息处理时使用的 7445 个字符编码，其中包括 682 个非汉字图形符号(如序号、数字、罗马数字、英文字母、日文假名、俄文字母等)和 6763 个汉字代码。汉字代码中又有一级常用字 3755 个，二级常用字 3008 个。一级常用字按汉语拼音字母顺序排列，二级常用字按偏旁部首排列，部首依笔画多少排序。

2) 国际码需要使用 2 字节来表示

由于 1 字节只能表示 2^8 共 256 种编码，这显然无法表示汉字的国际码，因此国际码需要使用 2 字节来表示。

3) 国际码的编码范围

为了中英文兼容，GB/T 2312—1980 规定，在国际码中，所有字符(包括符号和汉字)的每一字节的编码范围与 ASCII 码表中的 94 个字符编码一致，所以国际码的编码范围是 2121H～7E7EH (可表示 94×94 个字符)。

4) 国际码是区位码

类似于 ASCII 码表，国际码也有一张区位码表。简单而言，就是将 7445 个国际码放置在 94 行×94 列的阵列中。阵列的每一行称为汉字的"区"，用区号表示；每一列称为汉字的"位"，用位号表示。显然，区号的范围是 1～94，位号的范围也是 1～94。这样，一个汉字在区位码表中的位置就可以使用这个汉字所在的区号与位号来确定。区号与位号的组合就是汉字的"区位码"。区位码的形式是高两位为区号，低两位为位号。如"中"字的区位码是 5448，也就是 54 区 48 位。区位码与汉字之间具有一一对应的关系。国际码在区位码表中的安排是：1～15 区是非汉字图形符区；16～55 区是一级常用字区；56～87 区是二级常用字区；88～94 区是保留区，可用来存储自造字。实际上，区位码也是一种输入法，最大优点就是能够实现一字一码的无重码输入，最大缺点是难以记忆。

2. 汉字输入码

为了将汉字输入计算机而编制的代码称为汉字输入码，也叫外码。

目前，汉字主要是经标准键盘输入计算机的，所以汉字输入码由键盘上的字符或数字组合而成。例如，为了使用全拼输入法输入"中"字，就需要输入字符串 zhong(然后选字)。汉字输入码是根据汉字的发音或字形结构等多种属性及有关规则编制的，目前流行的汉字输入码的编码方案有许多种，如全拼输入法、双拼输入法、自然码输入法、五笔输入法等，可分为音码、形码、音形结合码 3 类。全拼输入法和双拼输入法是根据汉字的发音进行编码的，称为音码；五笔输入法是根据汉字的字形结构进行编码的，称为形码；自然码输入法是以拼音为主、辅以字形字义进行编码的，称为音形结合码。

可以想象，对于同一个汉字，不同的输入法有不同的输入码。例如，"中"字的全拼输入码是 zhong，双拼输入码是 vs，而五笔输入码是 kh。不管采用何种输入方法，输入的汉字都会被转换成对应的机内码并存储在介质中。

3. 汉字内码

汉字内码是为了在计算机内部对汉字进行存储、处理和传输而设置的汉字编码。一个汉字在输入计算机后，必须首先转换为内码，然后才能在计算机内部进行传输和处理。汉字内码的形式也是多种多样的，目前对应于国际码，汉字内码也使用 2 字节来表示，并把每一字节的最高二进制位置 1，以此作为汉字内码的标识，以免与单字节的 ASCII 码混淆并产生歧义。换言之，对于国际码来说，只要将每一字节的最高位置 1，即可转换为内码。

4. 汉字字形码

目前，汉字信息处理系统在产生汉字时，大多以点阵的方式形成汉字。汉字字形码是用来确定汉字字形点阵的编码，也叫字模或汉字输出码。

汉字是方块字，将方块等分为 n 行 n 列的格子，简称点阵。凡笔画所到的格子点为黑点，用二进制数 1 表示；否则为白点，用二进制数 0 表示。这样，汉字的字形就可以使用一串二进制数表示了。例如，16×16 的汉字点阵有 256 个点，需要使用 256 个二进制位才能表示一个汉字的字形码。图 1-8 展示了"中"字的 16×16 点阵的字形示意图。

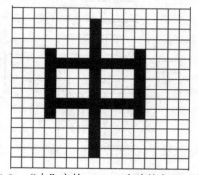

图 1-8　"中"字的 16×16 点阵的字形示意图

在计算机中，8 个二进制位可组成 1 字节，字节是对存储空间进行编址的基本单位。因此，16×16 点阵的字形码需要 16×16/8=32 字节的存储空间；同理，24×24 点阵的字形码需要

24×24/8=72字节的存储空间。例如，使用16×16点阵的字形码存储"中国"两个汉字，需要占用2×16×16/8=64字节的存储空间。

显然，点阵中的行列划分越多，字形的质量越好，锯齿现象也就越轻微，但汉字字形码占用的存储空间却更大了。汉字字形通常分为通用型和精密型两类。通用型汉字字形点阵分为如下3种。

- 简易型：16×16点阵。
- 普通型：24×24点阵。
- 提高型：32×32点阵。

精密型汉字字形用于常规的印刷排版，由于信息量较大(字形点阵一般在96×96点阵以上)，人们通常采用信息压缩存储技术。

汉字的点阵字形在输出汉字时需要经常使用，为此，可以把各个汉字的字形码固定地存储起来。存放各个汉字字形码的实体称为汉字库。为满足不同需要，业内还出现了各种各样的字库，如宋体字库、仿宋体字库、楷体字库、黑体字库和繁体字库等。

汉字的点阵字形的缺点是放大后会出现锯齿现象，很不美观。中文的Windows操作系统广泛采用了TrueType类型的字形码，由于采用数学方法来描述汉字的字形码，因此汉字可以无限放大而不会产生锯齿现象。

5. 汉字地址码

汉字地址码是指汉字库(这里主要是指字形的点阵式字模库)中用来存储汉字字形信息的逻辑地址码。在汉字库中，字形信息都按一定顺序(大多数按国际码中汉字的排列顺序)连续存放在存储介质中，所以汉字地址码大多也是连续有序的，而且与汉字内码有着简单的对应关系，以简化从汉字内码到汉字地址码的转换。

6. 各种汉字编码之间的关系

汉字的输入、处理和输出过程，实际上也就是汉字的各种编码之间的转换过程，或者说汉字编码在系统相关部件之间的传输过程。图1-9展示了汉字编码在汉字信息处理系统中的位置以及它们之间的关系。

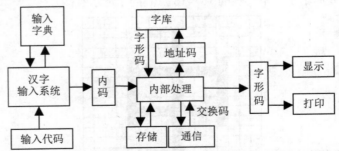

图1-9　汉字编码在汉字信息处理系统中的位置以及它们之间的关系

汉字输入码向内码的转换是通过使用输入字典(又称索引表，是汉字外码与内码的对照表)实现的，计算机系统往往具有多种输入方法，每种输入方法都有各自的索引表。

在计算机的内部处理过程中，汉字信息的存储和各种必要的加工以及向磁盘存储汉字信息等，都是以汉字内码的形式进行的。

在通信过程中，汉字信息处理系统将汉字内码转换为适合于通信的交换码(国际码)以实现通信处理。

在汉字的显示和打印输出过程中，汉字信息处理系统根据汉字内码计算出汉字地址码，再根据汉字地址码从字库中取出汉字字形码，从而实现汉字的显示或打印输出。

1.2.7 存储单位

各种各样的数据在计算机内部都以二进制形式存储，在计算存储空间的大小时，需要用到不同的存储单位。

1. 位

位(bit)是计算机的最小存储单位，符号为 b，表示二进制中的一位。位又称为"比特"，比特是 bit 的音译。二进制中的位只能表示两种状态，也就是只能存放二进制数 0 或 1。

2. 字节

字节(Byte)是计算机存储数据的基本单位，符号为 B，表示二进制中的 8 位，1 B = 8 b。

常用的存储单位有 KB、MB、GB、TB。KB 读作"千字节"，表示 2 的 10 次方字节，等于 1024 字节；MB 读作"兆字节"，表示 2 的 20 次方字节，1 MB = 1024 KB；GB 读作"吉字节"或"千兆字节"，表示 2 的 30 次方字节，1 GB = 1024 MB；TB 读作"太字节"，表示 2 的 40 次方字节，1 TB = 1024 GB。

3. 常用计量单位

在描述计算机的存储容量时，对于常用的计量单位 KB、MB、GB、TB 来说，前缀的含义如表 1-6 表示。

表 1-6　计算机存储容量的常用计量单位

符　号	汉文名	英文名	注　释
KB	千字节	Kilobyte	2^{10} B =1024 B
MB	兆字节	Megabyte	2^{20} B = 1 048 576 B
GB	吉字节	Gigabyte	2^{30} B = 1 073 741 824 B
TB	太字节	Terabyte	2^{40} B = 1 099 511 627 776 B

下面举例说明常用存储容量的计算方法。

例 1.11　为了满足一台 1024×768 像素的单色显示器的存储要求，需要使用多少字节？

解：这台显示器具有 1024 列，每列包含 768 像素。由于是单色显示器，每像素需要 1 位的存储空间，也就是说，1 字节可以存放 8 像素，因此总共需要

$$\frac{1024 \times 768}{8} 字节 = 98\ 304\ 字节$$

例 1.12　假设显示器的每一像素都要用 2 字节来存储，一台 1024×768 像素的显示器需要多少存储空间？

解：需要的存储空间为

$$\frac{1024 \times 768 \times 2}{1024} \text{KB} = 1536 \text{ KB}$$

例 1.13　计算机动画对计算机的存储需求一直在增长。假设有一种格式的计算机动画需要把一系列图片存储到计算机中，图片则显示在屏幕上的一个 1024×768 像素的长方形矩阵中，而且每一像素需要 1 字节的存储空间。为了存储一段包含 32 幅图片的动画，需要多少存储空间？

解：一幅图片包含的像素总数为

$$1024 \times 768 \text{ 像素} = 2^{10} \times (3 \times 2^8) \text{像素} = 3 \times 2^{18} \text{像素}$$

由于每一像素需要 1 字节的存储空间，因此 32 幅图片所需要的总字节数为

$$32 \times 3 \times 2^{18} \text{ 字节} = 3 \times 2^{23} \text{ 字节}$$

也就是

$$3 \times 2^{23} \text{B} \times \frac{1 \text{ MB}}{2^{20} \text{B}} = 3 \times 2^3 \text{MB} = 24 \text{ MB}$$

注意：本书中使用 MB 表示 Megabyte(百万字节)，而使用 Mb 表示 Megabit(百万位)。

1.3　个人计算机的基本配置及性能指标

个人计算机是人们日常工作和生活中的重要设备，怎样衡量个人计算机的性能是人们所关心的一个重要问题。

1.3.1　硬件

硬件的性能是基础性指标，包括 CPU、内存、硬盘、显示器等核心部件的性能。

1. CPU

CPU 是计算机的心脏，其性能好坏对整个计算机的性能起决定作用。CPU 的基本指标包括：

- 时钟频率。计算机的所有操作都是按照严格的时序进行的，时钟相当于操作的节拍，节拍越快，操作速度越快。目前常见的时钟频率单位是 GHz(1 GHz = 1 000 000 000 Hz)，频率越高，意味着运算速度越快。
- 运算器的字长。运算器一次运算可以处理的二进制位数叫字长，字长越大，处理能力越强。目前，个人计算机中 CPU 的典型字长是 32 位和 64 位。
- 地址总线宽度和数据总线宽度。地址总线宽度是指内存空间的二进制位数，典型的宽度是 32 位和 64 位，位数越多，内存空间越大。数据总线宽度是指 CPU 和外部交换数据时一次可以传输的二进制数据的位数，位数越大，数据传输效率越高。一般所说的

32 位 CPU 是指字长、地址总线宽度、数据总线宽度都是 32 位的 CPU；64 位 CPU 则是指字长、地址总线宽度、数据总线宽度都是 64 位的 CPU。

- 内核数量。内核数量是指 CPU 芯片内封装的 CPU 数量。多核处理器一般比单核处理器具有更强的处理能力。

2. 内存

内存是计算机中暂存数据的部件，是计算机各部件沟通的桥梁。内存的基本指标包括：

- 容量。内存是以字节为单位的，1 字节包含 8 个二进制位，可以整体读写。内存容量是指内存的字节总数。目前常见的内存容量单位是吉字节(1 吉字节 ≈ 1 000 000 000 字节，实际上等于 1024×1024×1024 字节)。内存容量越大越好。
- 读写速度。内存的读写速度快，CPU 的处理能力才能充分发挥出来。目前，主流内存为 DDR SDRAM(Double Data Rate SDRAM)，比较常见的是 DDR3、DDR4 等，衡量内存速度的指标是内存主频，单位为 MHz(1 MHz = 1 000 000 Hz)。内存主频越高越好。

3. 硬盘

硬盘是典型的外存设备。与内存不同的是，硬盘数据不能直接被 CPU 读写，从硬盘读出的数据必须先保存到内存中，然后才能被应用程序使用。同样，写入硬盘的数据也必须先在内存中准备好，然后才能写入硬盘。

硬盘的主要指标包括硬盘容量、转速和数据传输速率等。

- 硬盘容量是指硬盘可以存储的总字节数，个人计算机的硬盘容量一般为 1~2 TB。
- 转速是指磁盘盘片每分钟旋转的转数。一般而言，转速越高，磁盘的读写速度越快。典型个人计算机的硬盘转速一般为 5400r/min 或 7200r/min。
- 数据传输速率是指硬盘与内存之间的数据交换速率，因为取决于硬盘接口性能，所以又称为接口传输率。目前主流的硬盘接口类型为 SATA(Serial Advanced Technology Attachment)，SATA 2.0 可以达到 3 Gb/s，SATA 3.0 则可以达到 6 Gb/s。

4. 显示器

显示器是个人计算机的典型输出设备。目前流行的显示器是液晶显示器，主要性能指标包括屏幕尺寸、屏幕比例(宽高比)、分辨率、功耗等。

- 屏幕尺寸是指屏幕显示区域的对角线长度，以英寸为单位。目前，对于个人计算机而言，显示器的屏幕尺寸大多为 20 英寸左右。
- 屏幕比例是指屏幕显示区域的宽度和高度的比值。目前，宽屏显示器的屏幕比例一般为 16：9 或 16：10，普通显示器的屏幕比例一般为 4：3 或 5：4。
- 分辨率是指屏幕的水平及垂直像素点数，如 1920×1200、1920×1080、1680×1050、1440×900 等。一般尺寸较大的屏幕分辨率也较高。
- 功耗是指显示器消耗的电能，一般为数十瓦左右。

显示器的显示效果与显卡的性能密切相关。显卡是个人计算机中处理信息显示的部件，对于图形、高速视频图像处理应用而言，应精心选择显卡及显示器。普通应用对显卡及显示器的要求不高。

5. 其他设备

个人计算机的硬件还包括键盘、鼠标及光盘驱动器等。键盘和鼠标是个人计算机必不可少的设备，因其性能对计算机的整体性能影响不大且价格不高，因此可以忽略。光盘驱动器是可选设备，在移动存储设备日益普及的当下，光盘驱动器的作用已越来越弱。

1.3.2 操作系统

操作系统(Operating System，OS)是一种用来综合管理和控制计算机运行的计算机程序，只有安装了操作系统，普通用户才能操作和使用计算机。目前，个人计算机大多采用 Windows 操作系统。这里仅介绍常用的 Windows 操作系统。

购买和安装 Windows 操作系统需要注意 32 位版本和 64 位版本的区别。如果个人计算机上的 CPU 为 64 位的，应选择安装 64 位版本的 Windows，这样才能充分发挥 CPU 的性能。32 位版本的 Windows 可以访问的实际内存大小为 3.5 GB 左右，即使安装更多的内存，多余的内存空间也会被白白浪费，根本得不到利用。64 位版本的 Windows 可以访问的实际内存大小在 100 GB 以上，足以满足个人计算机用户的需求。

1. Windows 10

2015 年 1 月 22 日，微软公司正式发布了 Windows 10，主推跨平台融合。Windows 10 在推广期是免费安装的，任何正版 Windows 7、Windows 8 用户都可免费升级到 Windows 10。2015 年 5 月 14 日，微软公司正式公布 Windows 10 家族阵容，一共包含 7 大版本。

- 家庭版(Windows 10 Home)，主要面向消费者和个人计算机用户，适合个人或家庭用户。
- 专业版(Windows 10 Pro)，主要面向个人计算机用户，并且还面向大屏平板电脑、笔记本电脑、PC 平板二合一变形本等桌面设备。
- 移动版(Windows 10 Mobile)，主要面向小尺寸的触摸设备，比如智能手机、小屏平板电脑等移动设备。
- 企业版(Windows 10 Enterprise)，在专业版的基础上，增加了专门为满足大中型企业需求而开发的高级功能，适合企业用户。
- 教育版(Windows 10 Education)，主要基于企业版进行开发，能够满足学校教职工、管理人员、教师和学生的需求。
- 移动企业版(Windows 10 Mobile Enterprise)，主要面向使用智能手机和小尺寸平板电脑的企业用户，能为他们提供最佳的操作体验。
- Windows 10 IoT Core，主要面向低成本的物联网设备。

Windows 10 需要的硬件环境如下。

- CPU 时钟频率在 1 GHz 以上。
- 内存至少 1 GB(32 位)或 2 GB(64 位)。
- 硬盘空间至少 16 GB(32 位)或 20 GB(64 位)。
- 显卡需要支持微软的 DirectX 9 图形设备。

2. Windows 8

Windows 8 于 2012 年 10 月 26 日正式推出，可选版本包括：

- 标准版，Windows 8 中文版便是标准版。标准版适用于台式机、笔记本电脑和平板电脑，是普通家庭用户的最佳选择。
- 专业版，简称 Windows 8 Pro，是面向专业技术人员及开发人员的高级版本。
- 企业版，Windows 8 Enterprise 的批量授权版本，其功能与专业版相同。
- Windows RT，一种具有专门用途的 Windows 8 版本，不适合普通用户使用。

Windows 8 需要的硬件环境如下。

- CPU 时钟频率在 1 GHz 以上。
- 内存至少 1 GB(32 位)或 2GB(64 位)。
- 硬盘空间至少 16 GB(32 位)或 20 GB(64 位)。
- 显卡需要支持微软的 DirectX 9 图形设备。
- 网络及显示器分辨率：为了访问 Windows 应用商店，需要有效的 Internet 连接以及至少 1024×768 像素的屏幕分辨率。为了拖曳程序，屏幕分辨率至少要达到 1366×768 像素。
- 其他：为了使用触控功能，需要提供支持多点触控的平板电脑或显示器。

3. Windows 7

Windows 7 的可选版本如下。

- 家庭普通版，对应的英文版本是 Starter。
- 家庭高级版，对应的英文版本是 Home Premium。
- 专业版，对应的英文版本是 Professional。
- 旗舰版，对应的英文版本是 Ultimate。

4. Windows Vista

Windows Vista 是 Windows 7 的上一代产品，目前已停止销售，微软公司只对现有产品提供技术支持。

Windows Vista 的家族成员有家庭普通版、家庭高级版、商用版和旗舰版等，功能依次递增。

5. Windows XP

Windows XP 是比 Windows Vista 更早的产品，目前已很少见到。与 Windows Vista 相比，Windows XP 取得了巨大成功，其普及程度和流行时间远远高于 Windows Vista。

1.4 习题

一、选择题

1. 完整的计算机系统包括_____两大部分。
   - A) 控制器和运算器
   - B) CPU 和 I/O 设备
   - C) 硬件和软件
   - D) 操作系统和计算机设备

2. 计算机硬件系统包括_____。
   A) 内存储器和外部设备
   C) 主机和外部设备
   B) 显示器、机箱、键盘
   D) 主机和打印机

3. 计算机软件系统包括_____。
   A) 操作系统和语言处理系统
   C) 程序和数据
   B) 数据库软件和管理软件
   D) 系统软件和应用软件

4. 银行的储蓄程序属于_____。
   A) 表格处理软件
   C) 应用软件
   B) 系统软件
   D) 文字处理软件

5. 系统软件中最重要的是_____。
   A) 解释程序
   C) 数据库管理系统
   B) 操作系统
   D) 工具软件

6. 计算机能直接执行_____。
   A) 使用高级语言编写的源程序
   C) 英语程序
   B) 机器语言程序
   D) 十进制程序

7. 将高级语言翻译成机器语言的方式有_____两种。
   A) 解释方式和编译方式
   C) 图像处理和翻译
   B) 文字处理和图形处理
   D) 语音处理和文字编辑

8. "程序存储思想"是由_____提出来的。
   A) 丹尼尔·里奇
   C) 贝尔
   B) 冯·诺依曼
   D) 马丁·理查德

9. $(10110110)_2+(111101)_2=(\underline{\quad})_2$。
   A) 110101　　　　B) 11110011　　　　C) 11001100　　　　D) 11010111

10. $(10010100)_2-(100101)_2=(\underline{\quad})_2$。
   A) 11110101　　　　B) 10010011　　　　C) 1101111　　　　D) 1100111

11. $(1101)_2\times(101)_2=(\underline{\quad})_2$。
   A) 1000001　　　　B) 1010011　　　　C) 1011100　　　　D) 1101111

12. $(10010)_2\div(11)_2=(\underline{\quad})_2$。
   A) 1010　　　　B) 111　　　　C) 1100　　　　D) 110

13. 将如下补码转换为十进制数：$(11110110)_{补}=(\underline{\quad})_{10}$。
   A) 8　　　　B) -9　　　　C) -10　　　　D) 11

14. 已知字符8的ASCII码值是56，那么字符5的ASCII码值是_____。
   A) 52　　　　B) 53　　　　C) 54　　　　D) 55

15. 1 KB表示_____。
   A) 1024位　　　　B) 1000位　　　　C) 1000字节　　　　D) 1024字节

16. 指令存储在存储器的_____存储区。
   A) 程序　　　　B) 数据　　　　C) 栈　　　　D) 堆

二、填空题

1. 计算机由如下 5 个基本部分组成：运算器、控制器、_____、_____和输出设备。
2. 运算器的主要功能是算术运算和_____。
3. 存储器通常分为内存储器和_____。
4. 计算机能够直接识别和执行的计算机语言是_____。
5. 中央处理器是决定计算机性能的核心部件，由_____组成。
6. $(254)_{10} = ($_____$)_2 = ($_____$)_8 = ($_____$)_{16}$。
7. $(3.40625)_{10} = ($_____$)_2 = ($_____$)_8 = ($_____$)_{16}$。
8. $(125)_{10} = ($_____$)_原 = ($_____$)_反 = ($_____$)_补$。
9. $(-25)_{10} = ($_____$)_原 = ($_____$)_反 = ($_____$)_补$。
10. 十进制数 3527 的 8421 BCD 码的表示形式为_____。
11. 已知字符 a 的 ASCII 码值是 97，那么字符 f 的 ASCII 码值是_____。

第 2 章

C语言概述

C语言是国际上广泛流行的计算机高级语言,既可以用来编写系统软件,也可以用来编写应用软件。

2.1 C语言的发展历史

C语言是为了描述 UNIX 操作系统,由美国贝尔实验室在 B 语言的基础上发展而来的。1969年,贝尔实验室的研究人员 Ken Thompson 和 Dennis M. Ritchie 合作使用汇编语言编制了 UNIX 操作系统。1970 年,Ken Thompson 为了提高 UNIX 的可读性和可移植性,在一种叫作 BCPL(Basic Combined Programming Language)语言的基础上开发了一种新的语言,称为 B 语言(取 BCPL 的第一个字母)。由于 B 语言存在一些缺点,无法支持多种数据类型,因此没有流行起来。

1972 年,Dennis M. Ritchie 在 B 语言的基础上设计出了 C 语言(取 BCPL 的第二个字母)。1973 年,Ken Thompson 和 Dennis M. Ritchie 合作把原来使用汇编语言编写的 UNIX 操作系统的 90%以上的部分用 C 语言进行了改写。与此同时,C 语言的编译程序也被移植到多种计算机上,C 语言迅速成为应用最广泛的系统程序设计语言。

1978 年,Brian W. Kernighan 和 Dennis M. Ritchie (K & R)合著出版了一本名为《C 程序设计语言》(*The C Programming Language*)的书,这本书流行很广,被公认为 C 语言的标准版本,称为标准 C。

1983 年,美国国家标准协会(American National Standard Institute,ANSI)根据 C 语言的发展制定了新的标准,称为 ANSI C。ANSI C 相比原来的标准 C 有了很大的改进。国际标准化组织(International Standard Organization, ISO)于 1990 年采用了 C 标准 ISO C。ISO C 和 ANSI C 实质上是同一个标准。ANSI/ISO 标准的最终版本通常被称为 C90。然而,因为 ANSI 版本是最先出现的,所以人们通常使用 ANSI C 这一术语。

20 世纪 90 年代,虽然大多数程序员都在忙于 C++标准的开发,但 C 语言的发展并没有停滞不前。新的标准在不断开发,最终形成了 1999 年的 C 语言标准,通常称为 C99。C99 基本保留了 C90 的全部特性,除了增加一些数据库函数,还开发了一些专用的但高度创新的新特性,例如,可变长度的数组和 restrict 指针修饰符。这些改进再一次把 C 语言推到了计算机语言开发的前沿。结果是:C99 所做的修改保留了 C 语言的本质特性,C 语言仍是一种简短、清楚、高效的语言。

2.2　C 语言的特点

C 语言是一种通用、灵活、结构化、使用普遍的计算机高级语言，能完成用户想实现的任何任务，既可用来编写系统软件，也可用来编写应用软件。和其他高级语言相比，C 语言具有如下主要特点。

1. 简洁、紧凑、灵活

C 语言一共有 32 个关键字和 9 种控制语句，书写形式自由，使用方便、灵活。

2. 中级语言

C 语言既像汇编语言那样允许直接访问物理地址，能进行位运算，也能实现汇编语言的大部分功能，比如直接对硬件进行访问。另外，C 语言也有高级语言的面向用户、容易记忆、容易学习且易于书写的特点。

3. 结构化语言

C 语言具有结构化编程语言所规定的 3 种基本结构。C 语言使用函数作为结构化程序设计的实现工具，实现了程序的模块化。

4. 数据类型丰富

C 语言具有高级语言的各种数据类型，用户能自己扩展数据类型，实现各种复杂的数据结构，完成用于具体问题的数据描述。尤其是指针类型，这是 C 语言的一大特色。C 语言灵活的指针操作，能够高效处理各种数据。

5. 运算符丰富

ANSI C 提供了 34 种运算符，灵活使用这些运算符，可以编写各种各样的表达式，表达能力很强。表达式是学习 C 语言的重点和难点之一。

6. 可移植性好

C 语言在可移植性方面处于领先地位。在 C 语言中，没有专门与硬件有关的输入/输出语句，程序的输入/输出主要通过调用库函数来实现，这使 C 语言本身不依赖于硬件系统，编写出的程序具有良好的可移植性。

7. 灵活性

C 语言的语法限制不太严格，对程序员没有施加过多的限制，程序设计能够很自由地进行，这给程序设计带来了很大的灵活性。

8. 缺点

C 语言的某些优秀特性在给用户带来方便的同时，也可能给用户带来风险。例如，如果对

C 语言中的指针使用不当,就可能带来严重后果(如非法访问内存地址等)。另外,C 语言的简洁性,使用户可能编写出很多难以理解的程序,降低了可读性。

对于 C 语言的这些主要特点,初学者可能暂时无法明白,只有在使用 C 语言的过程中,或者在学习了其他高级语言并与之比较后,他们才能真正理解。

2.3 C 语言程序设计初步

2.3.1 简单的 C 程序示例

下面介绍几个简单的 C 语言程序,并对这些程序进行适当的解释。读者通过这些示例,可以对 C 语言的语法和程序结构有一个感性的认识。

例 2.1 在屏幕上输出一行信息。

程序如下:

```
#include<stdio.h>
int main()
{
    printf("Hello, Everyone!\n");
    return 0;
}
```

程序运行后,将在屏幕上输出如下信息:

```
Hello, Everyone!
```

程序说明:

(1) 第 1 行是预处理命令,作用是将文件 stdio.h 的内容嵌入程序中,使输入/输出能正常执行。每个预处理命令占一行,并以#开头。有关预处理命令的详细内容将在第 8 章介绍。

(2) 第 2 行是主函数的首部,主函数名为 main,前面的 int 表示函数返回值的类型是整型。函数名的后面必须有一对圆括号。主函数也称为 main 函数。

(3) 第 3~6 行是由大括号括起来的函数体。函数体由若干语句组成,用于完成函数的功能。本例中的函数体只有一条语句,由库函数(系统已定义的函数)printf 构成。printf 函数的功能是将其后圆括号中的双引号内的字符串原样输出,\n 是换行符,作用是换行,使后面的内容在下一行输出。有关 printf 函数的常见用法将在第 3 章介绍。

(4) C 语言规定每条语句必须以分号结尾,分号是语句不可缺少的部分。第一行的预处理命令不是 C 语句,所以末尾不加分号,预处理命令会在编译之前执行。

(5) return 0 表示函数的返回值为 0。

例 2.2 求两个整数的和并输出。

程序如下:

```
#include<stdio.h>                    /* 预处理命令 */
int main()                          /* 主函数的首部,下面是函数体 */
{
    int x,y,sum;                    /* 定义存放整数的变量 x、y、sum */
```

```
    printf("Input two integers:");      /* 输出信息 Input two integers: */
    scanf("%d%d",&x,&y);                /* 为变量 x、y 输入整数 */
    sum=x+y;                            /* 计算 x+y，把结果赋给 sum */
    printf("sum=%d\n",sum);             /* 输出 sum 的值 */
    return 0;
}
```

程序运行结果如下：

```
Input two integers:3   5↙
sum=8
```

程序说明：

(1) /* …… */ 是注释部分，注释在程序执行过程中不起任何作用，它们是程序编写者写给程序阅读者的一些说明(注释)，以帮助阅读者理解程序。任何文字都可使用/*和*/括起来，作为程序的注释部分。注意，/和*之间不能有空格。注释部分可以出现在程序中的任何地方。

(2) main 函数的函数体由 6 条语句组成。第 1 条语句 int x, y, sum;是变量定义语句，作用是定义存放整数的变量 x、y 和 sum。变量是用来存放数据的，代表内存中的存储单元。int 是 integer(整数)的缩写，是关键字，用来定义整型变量。关键字也称为保留字，在 C 语言中有特殊的作用，不能再用来作为其他对象的名称。C 语言的关键字共 32 个，详见附录 A。

(3) 语句 scanf("%d%d",&x,&y);的作用是给变量 x 和 y 赋值。scanf 是库函数中的输入函数，%d 是格式说明符，表示输入一个整数，&x 表示 x 的地址(也就是变量 x 所代表的存储单元的地址)。这条语句表示输入两个整数，分别赋给变量 x 和 y。当程序执行到这条语句时，系统处于等待状态，等待用户从键盘输入数据。在本书中，符号↙表示按回车键(Enter 键)，比如 3　5↙表示从键盘输入 3、空格(用于将两个数据分开)、5，再按回车键。

(4) 语句 sum=x+y;是赋值语句，作用是计算变量 x 与 y 的和，并把结果赋给变量 sum。

(5) 语句 printf("sum=%d\n",sum);中的%d 是格式说明符，表示在该位置输出一个整数，在本例中也就是输出 sum=8。

例 2.3　输入 3 个数，求其中最大的数。

程序如下：

```
#include<stdio.h>
float max(float x, float y)           /* 定义求两个数中较大数的函数 max */
{
    float z;                          /* 定义存放实数的变量 z */
    if(x<y)
        z=y;
    else
        z=x;                          /* 比较 x 和 y，将较大数赋给 z */
    return z;                         /* 返回 z 的值 */
}
int main()
{
    float a,b,c,d;                    /* 定义存放实数的变量 a、b、c、d */
    printf("a,b,c=?\n");              /* 输出信息 a,b,c=? */
    scanf("%f%f%f",&a,&b,&c);         /* 输入 3 个数，分别赋给 a、b、c */
    d=max(a,b);                       /* 调用 max 函数，将 a 和 b 中的较大者赋给 d */
```

```
        d=max(d,c);                 /* 调用 max 函数, 将 d 和 c 中的较大者赋给 d */
        printf("max=%f\n",d);       /* %f 表示在该位置输出变量 d 的值  */
        return 0;
}
```

程序运行结果如下:

```
a, b, c=?
3   8   -6↙
max=8.000000
```

程序说明:

(1) 程序的第 2 行是用户自定义函数,作用是求两个实数 x 和 y 中的较大者。函数名为 max,返回值的类型为 float,表示实数。float 也是关键字,可用于定义实型变量。函数的定义方法和调用将在第 7 章介绍。

(2) 语句 if(x<y) z=y;else z=x;是选择语句,表示当 x<y 时,执行 z=y,否则执行 z=x。这条语句的作用是对 x 和 y 进行比较,选择其中的较大者赋给 z。选择语句将在第 5 章介绍。

(3) 语句 return z;的作用是将 z 的值作为 max 函数的返回值。

(4) 在 main 函数中可通过语句 d=max(a,b);调用函数 max,求出 a 和 b 中的较大者并赋给变量 d,然后通过语句 d=max(d,c);再一次调用函数 max,求出 d 和 c 中的较大者并赋给变量 d。此时变量 d 中保存的已是最新值(原先的值已消失)——3 个数中的最大值。

(5) 语句 printf("max=%f\n",d);中的%f 是格式说明符,表示在该位置输出一个实数,在本例中也就是输出 max=8.000000,其中小数部分包含 6 位。

2.3.2 C 程序结构

C 程序是由函数(function)构成的,函数是 C 程序的基本单位。

(1) 一个 C 程序必须有且只有一个 main 函数(主函数)。C 程序总是从 main 函数开始执行,并且与 main 函数在程序中的位置无关。main 函数执行完毕后,整个程序的执行也就结束了。

(2) 根据需要,一个 C 程序可以包含零个到多个用户自定义函数,比如例 2.3 中的用户自定义函数 max。

函数包括以下两部分。

① 函数的首部,即函数的第一行。函数的首部包括函数名、类型、函数参数名和参数类型。以例 2.3 中的 max 函数为例,函数的首部如下:

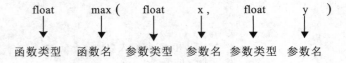

函数名的后面必须有一对圆括号,函数可以没有参数,参见前面示例中主函数 main 的定义。

② 函数体。函数体位于一对大括号中,这对大括号的起始大括号紧跟函数的首部。函数体由各类语句组成,执行时按语句的先后次序依次执行,每条语句必须以分号(;)结尾。

(3) 在函数中可以调用系统提供的库函数，在调用之前，只需要将相应的头文件(header file)包含到程序中即可。例如，当使用系统提供的输入/输出函数时，需要使用如下预处理指令(preprocessor directive)将头文件 stdio.h 包含到程序中：

```
#include<stdio.h>
```

2.4　C 程序在计算机上的执行步骤

使用 C 语言编写的源程序不能立即在计算机上执行，必须由编译程序翻译成使用机器语言(由 0、1 组成的二进制指令)构成的目标程序，然后将目标程序与系统提供的函数库中的有关函数(由二进制指令构成)链接起来，形成可执行程序。C 语言的编译系统主要由编译程序(compiler)、链接程序(linker)、函数库等组成。要使 C 程序在计算机上执行，就必须对它进行编辑、编译和链接，最后得到可执行程序(executable program)。

1. 编辑

编辑是创建或修改 C 源程序的过程，C 源程序以文本文件的形式存储在磁盘上，扩展名为.c。

2. 编译

C 语言是计算机高级语言，使用 C 语言编写的源程序必须使用编译程序进行编译，从而生成目标程序，扩展名为.obj。

3. 链接

编译生成的目标程序机器虽然可以识别，但还不能直接执行，需要对目标程序与库函数进行链接处理，链接工作由链接程序完成。经过链接后，生成可执行程序，扩展名为.exe。

4. 运行

C 程序经过编译和链接后，便生成了可执行程序(.exe)。可执行程序既可在编译环境下运行，也可脱离编译系统，直接在 Windows 资源管理器中通过双击的方式运行。C 程序的运行过程如图 2-1 所示。

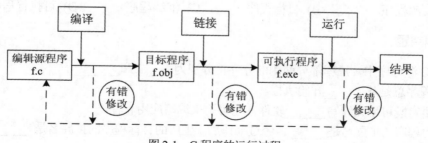

图 2-1　C 程序的运行过程

由图 2-1 可以看出，当编译或链接出现错误时，说明 C 程序在编写时有语法错误；若在运行时出现错误或结果不正确，则说明程序的设计有问题(逻辑错误)。这些都需要修改源程序并重新编译、链接和运行，直到程序运行正确。最后得到的可执行程序 f.exe 可以脱离 C 编译系统，直接在计算机上运行。例如，当输入例 2.2 中的源程序时，如果漏写了语句中的任何分号、逗号或括号，就会导致语法错误，并在编译时出错。比如，将程序中的语句 sum=x+y 错写成 sum=x-y，将导致程序执行时结果不正确，这说明程序有逻辑错误，必须返回去进行修改。

2.5 习题

一、选择题

1. C 程序的基本单位是_____。
   A) 函数　　　　　　　B) 过程　　　　　　　C) 子程序　　　　　　　D) 子例程
2. 下列叙述中不正确的是_____。
   A) main 函数在 C 程序中必须唯一。
   B) C 程序的执行是从 main 函数开始的，所以 main 函数必须放在程序的最前面。
   C) 函数可以带参数，也可以不带参数。
   D) 函数在执行时，将按函数体中语句的先后次序，依次执行每条语句。
3. 以下叙述中正确的是_____。
   A) C 程序中的注释只能出现在程序的开始位置或语句的后面。
   B) C 程序书写格式严格，要求一行内只能写一条语句。
   C) C 程序书写格式自由，一条语句可以写在多行中。
   D) 使用 C 语言编写的程序只能放在一个程序文件中。
4. 以下叙述中正确的是_____。
   A) C 程序的基本组成单位是语句。
   B) C 程序中的每一行只能写一条语句。
   C) 简单的 C 语句必须以分号结束。
   D) C 语句必须在一行内写完。
5. 计算机能直接执行的程序是_____。
   A) 源程序　　　　　　B) 目标程序　　　　　　C) 汇编程序　　　　　　D) 可执行程序

二、填空题

1. 在 C 源程序中，注释部分两侧的分界符分别为_____和_____。
2. C 程序总是从_____开始执行。
3. C 语言既可用来编写_____软件，也可用来编写应用软件。
4. C 源程序的扩展名是_____；经过编译后，生成的目标程序的扩展名是_____；经过链接后，生成的可执行程序的扩展名是_____。

三、编程题

1. 编写程序，在屏幕上显示如下信息：

```
****************************
Merry    Christmas!
Happy    New    Year!
****************************
```

2. 输入 a 和 b 后，输出一元一次方程 $ax+b=0$ 的解。

3. 输入 3 个数，输出其中的最小值。

第 3 章

基本数据类型与常用库函数

数据是程序处理的对象。现实世界中的事物是多种多样的，因此需要使用不同的数据类型来描述不同的事物。但是，不同的数据又有不同的处理方法。本章主要介绍 C 语言的基本数据类型、常量的表示、变量的定义以及常用的库函数。

3.1 字符集与标识符

C 语言与人类的自然语言类似，有自己的词法和语法。C 语言的基本词法单位是单词，主要包括标识符、运算符、常量、标点符等。单词是由字符组成的。

1. C 语言的字符集

在 C 源程序中，用到的字符集包括：

(1) 大写英文字母(26 个)。

ABCDEFGHIJKLMNOPQRSTUVWXYZ

(2) 小写英文字母(26 个)。

abcdefghijklmnopqrstuvwxyz

(3) 阿拉伯数字(10 个)。

0 1 2 3 4 5 6 7 8 9

(4) 特殊字符(30 个)。

+ − * / % < > = ^ ~ | & ! # ' " , . : ; ( ) [ ] { } _ ? \ 空格

2. 标识符

在 C 语言中，标识符(identifier)可用作变量、函数等对象的名称。C 语言规定，合法的标识符由字母、数字和下画线组成，并且第一个字符必须为字母或下画线。下面的标识符都是合法的：

sum、Sum、PI、_int、a_sum、s1235、D1Old

以下标识符都是非法的：

234P、cad-y、a2.3、a&b

在 C 语言的标识符中，大写字母和小写字母被认为是两个不同的字符，因此 sum 和 Sum 是两个不同的标识符。

C 语言的标识符分为以下 3 类。

1) 关键字

关键字(keyword)又称保留字，是 C 语言规定的一批特殊标识符，它们在程序中有着固定的含义，不能另作他用。例如，用来说明变量类型的标识符 int、float 以及 if 语句中的 if、else 等都已有专门的用途，它们不能再用作变量名或函数名。有关 C 语言中关键字的详细说明请参见附录 A。

2) 预定义标识符

这些标识符在 C 语言中也都有特定的含义，如 C 语言提供的库函数的名称(如 printf)和编译预处理命令(如 include)等。C 语言语法允许用户把这类标识符另作他用，但这么做会使这些标识符失去系统规定的原意。鉴于目前各种 C 语言编译系统都一致把这类标识符作为固定的库函数名或编译预处理中的专门命令使用，为了避免误解，建议用户不要把这些预定义标识符另作他用。

3) 用户标识符

由用户根据需要定义的标识符称为用户标识符(user identifier)。用户标识符一般用来给变量、函数等对象命名。程序中使用的用户标识符除了需要遵循命名规则，还应做到"见名知意"，即选择具有相关含义的英文单词或汉语拼音，如 sum、number1、red、yellow、green 等，以增强程序的可读性。

如果用户标识符与关键字相同，程序在编译时将给出出错信息；如果与预定义标识符相同，系统并不报错，只是同名的预定义标识符将失去原有的含义，代之以用户指定的含义后，有可能引发一些运行错误。

3.2 数据类型与基本数据类型

3.2.1 数据类型

C 语言处理的数据根据特定的形式可分为不同的类型。各种类型所能表示的数据的范围是不同的，如果数据超出表示范围，就会产生"溢出"(overflow)，就像容量 1 升的瓶子只能装 1 升水一样，超出的部分就会"溢出"。编程者在程序设计中应选择合适的数据类型以防止这种错误的发生。C 语言规定，程序中使用的每个数据都属于图 3-1 所示类型中的一种。

本章主要介绍 C 语言的基本数据类型，其他类型将在后续章节中介绍。

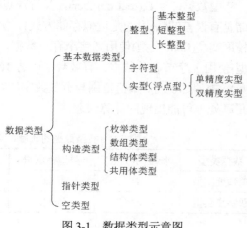

图 3-1 数据类型示意图

3.2.2 基本数据类型

C 语言的基本数据类型有整型、实型和字符型。

1. 整型数据

整型数据即整数(integer)，分为短整型(short)、基本整型(int)和长整型(long) 3 种。

在不同的 C 编译环境中，整型数据所占据的内存空间的大小(即字节数)也不同，short 类型的长度小于或等于 int 类型的长度，int 类型的长度小于或等于 long 类型的长度。

在整型数据中，按数据是否带符号，又分为有符号(signed)整数和无符号(unsigned)整数两种。

在不同的系统中，由于数据类型占据的存储空间大小有差异，因此 C 语言专门提供了用于测定数据类型所占存储空间大小的运算符 sizeof，使用格式如下：

$$sizeof(类型)$$

使用 sizeof 运算符可以计算出数据类型所占的字节数。例如，sizeof(int)和 sizeof(long)可分别计算出当前所使用系统的 int 类型及 long 类型所占的存储空间字节数。

表 3-1 给出了 Visual C++ 6.0 系统中整型数据的长度(即所占存储空间的字节数)、类型标识符与数值范围。

表 3-1   Visual C++ 6.0 系统中整型数据的长度、类型标识符与数值范围

数据类型	长度(字节数)	类型标识符	数 值 范 围
有符号整数	2	short	−32 768~32 767
	4	int	−2 147 483 648~2 147 483 647
	4	long	−2 147 483 648~2 147 483 647
无符号整数	2	unsigned short	0~65 535
	4	unsigned int	0~4 294 967 295
	4	unsigned long	0~4 294 967 295

2. 实型数据

实型数据即实数(real number)，又称浮点数(floating-point number)。实型数据在计算机内的存储是有误差的(采用的是近似存储方式)。实型数据有两种类型：单精度实型和双精度实型。单精度实型(float 类型)使用 4 字节存放数据，一般只有 6 或 7 位有效数字。双精度实型(double 类型)使用 8 字节存放数据，有效数字可达 16 或 17 位。实型数据的长度(即所占存储空间的字节数)、类型标识符、数值范围与有效数字如表 3-2 所示。在编程时，需要合理地选择数据类型，并正确处理可能出现的计算误差。

表 3-2   实型数据的长度、类型标识符、数值范围与有效数字

数据类型	长度(字节数)	类型标识符	数 值 范 围	有效数字(十进制)
单精度实型	4	float	$\pm(3.4\times10^{-38}\sim3.4\times10^{38})$	6 或 7 位
双精度实型	8	double	$\pm(1.7\times10^{-308}\sim1.7\times10^{308})$	16 或 17 位

3. 字符型数据

字符(character)型数据(如字符'A'、'b'、'2'、'*'等)在内存中以相应的 ASCII 码值存放。字符的 ASCII 码详见附录 B。

计算机使用 1 字节存储一个字符，例如字符'B'的 ASCII 码值为 66，它在内存中以图 3-2 所示的形式存放。

| 0 | 1 | 0 | 0 | 0 | 0 | 1 | 0 |

图 3-2　字符'B'的 ASCII 码值在内存中的存放形式

3.3　常量与变量

C 语言中的数据可分为常量和变量。所谓常量，是指在程序的执行过程中值不会发生改变的量，如 12、-76、3.14 等。变量则是值可以发生改变的量，例如整型变量 x，值既可以是 6，也可以是 25。

3.3.1　常量

在 C 语言中，共有整型常量、实型常量、字符常量和字符串常量 4 种常量。下面分别介绍这几种常量。

1. 整型常量

整型常量(integer constant)有十进制、八进制和十六进制 3 种形式。

1) 十进制整型常量

由正负号和数字 0~9 组成，并且第一个数字不能是 0。

例如，213、401、-3217、+569、0 都是十进制(decimal)整型常量，0716 则不是。

2) 八进制整型常量

由正负号和数字 0~7 组成，并且第一个数字必须是 0。

例如，0145、05671、-0360 是八进制(octal)整型常量，而 0581 则不是，因为 8 是非法的八进制数字。

3) 十六进制整型常量

由正负号和数字 0~9、字符 a~f 或 A~F 组成，并且要有前缀 0x 或 0X(注意是数字 0 而不是字母 o)。例如，0x267、0X801、-0xadf 都是十六进制(hexadecimal)整型常量，而 0x2y1 不是，因为 y 是非法的十六进制字符。

2. 实型常量

实型常量又称浮点数(floating-point number)，有十进制小数形式和指数形式两种表示法。

1) 十进制小数形式

由正负号、数字和小数点组成(一定要有小数点)，且小数点的前面或后面要有数字。

例如，32.056、.435、-7823.、3.1415926。

2) 指数形式

由正负号、数字、小数点和指数符号 e(或 E)组成。e 的前面必须有数据(整数或实数),而 e 的后面必须是整数。指数形式适合表示绝对值较大或较小的实数。实数的指数形式也称为科学记数形式。

例如,3.141593e+3、314159.3E-2(分别表示 $3.141593×10^3$、$314159.3×10^{-2}$)均等于常量 3141.593。

3. 字符常量

1) 普通字符常量

字符常量(character constant)是指用一对单引号引起来的单个字符,这个字符可以是附录 B 中列出的任意字符。例如,'B'、'b'、'0'、'&'、'*' 都是合法的字符常量,它们分别表示字符 B、b、0、&、*。

字符型数据可以参与运算,但在运算时以字符对应的 ASCII 码值参与运算。例如,字符'B' 的 ASCII 码值是 66,表达式'B'+2 的值是 68。

2) 转义字符

在 C 语言中,还允许使用一些特殊形式的字符常量,这些字符常量都以反斜杠(\)开头,后跟一些特殊的字符或数字,称为转义字符。C 语言提供的转义字符用来表示一些常用的控制字符(它们没有相应的印刷字符),例如,转义字符'\n'表示换行。常用的转义字符如表 3-3 所示。

表 3-3 常用的转义字符

字 符 形 式	说 明
\n	换行(将当前位置移到下一行的开头)
\t	横向跳格(将当前位置移到下一个输出区)
\b	退格(将当前位置移到前一列)
\r	回车(将当前位置移到本行的开头)
\\	反斜杠字符(\)
\'	单引号
\"	双引号
\ddd	可以表示任意字符,ddd 为三位的八进制数,如'\142'为八进制数 142 表示的字符'b'
\xhh	可以表示任意字符,hh 为两位的十六进制数,如'\x62'为十六进制数 62 表示的字符'b'

注意:转义字符在形式上由多个字符或数字组成,但表示的却是单个字符常量。

4. 字符串常量

字符串常量(string constant)是用一对双引号引起来的字符序列,例如"Book"、"This is a C program."、"C 语言程序设计"等。字符串常量中可以包含汉字。

每个字符串常量都有一个字符串结束标志\0 隐藏在字符串的末尾,用于标志这个字符串结束。字符串的结束标志用字符'\0'表示,其值就是零(0),由系统自动添加在字符串常量的最后。例如,字符串常量"B"和字符常量'B'虽然都只有一个字符,但它们在内存中的存放情况是不同的: 'B'占 1 字节,而"B"占 2 字节(其中,字符串的结束标志也需要占用 1 字节)。

字符串中字符的个数称为字符串的长度(不包括字符串的结束标志)。字符串中的每个汉字相当于两个字符，占 2 字节的存储单元。

需要注意的是，双引号引起来的是字符串，可以是空的(即不含字符)，如""表示空串；而单引号引起来的是字符，其中必须有且只有一个字符。

3.3.2　符号常量

符号常量(symbolic constant)的作用是在程序中使用标识符代表常量，也就是给常量命名。在 C 语言中，可使用编译预处理命令定义符号常量，系统在进行处理时，会将程序中的所有符号常量替换成对应的常量。例如，使用如下编译预处理命令就可以将常量 3.14159 命名为 PI。

```
#define  PI   3.14159
```

在程序中，当使用 3.14159 这个数值时，只需要用 PI 代替即可；而在编译预处理时，程序中的所有 PI 均被替换成 3.14159。

已经定义的符号常量只能引用，不能重复定义，符号常量的值是不能改变的。

例 3.1　输入半径，求圆的周长和面积。

程序如下：

```
#include<stdio.h>
#define PI 3.14159          /* 定义符号常量 PI，PI 等于 3.14159 */
int main()
{
    float r,c,area;          /* 定义 3 个实型变量 r、c、area */
    scanf("%f",&r);          /* 给变量 r 输入一个实数 */
    c=2*PI*r;                /* 计算圆的周长 */
    area=PI*r*r;             /* 计算圆的面积 */
    printf("c=%f, area=%f\n",c,area);
    return 0;
}
```

程序运行结果如下：

```
1↙
c=6.283180，area=3.141590
```

程序说明：

(1) 在编译前的预处理过程中，程序会将所有的 PI 替换成 3.14159。

(2) 输出函数 printf 中的%f 是输出实数时的格式说明符，系统将在第一个%f 的位置输出 c 的值，并在第二个%f 的位置输出 area 的值。

3.3.3　变量

1. 变量的定义

变量(variable)是指在程序执行过程中其值可以发生改变的量。例 3.1 中的 r、c 和 area 就是由用户定义的变量名。像常量一样，变量也有类型之分，如整型变量、实型变量、字符型变量等。变量必须遵循"先定义，后使用"的原则。C 语言在定义变量的同时需要声明变量的类型，这样系统在编译时就能根据变量的类型为其分配相应的存储空间。

定义变量的一般形式如下：

类型标识符　变量名列表；

类型标识符可以是基本类型(参见表 3-1、表 3-2 等)或用户自定义的构造类型。变量名列表是使用逗号隔开的若干变量名。其中，变量名的命名需要遵循标识符的命名规则。例如：

```
int a,b,c;              /* 定义 a、b、c 为 int 型变量 */
unsigned x,y,z;         /* 定义 x、y、z 为无符号的 int 型变量 */
char c1,c2,c3;          /* 定义 c1、c2、c3 为字符型变量 */
float m,n;              /* 定义 m、n 为 float 型变量 */
```

2. 为变量赋初值

若在定义语句中将某个变量名写成"变量名=初值"的形式，则表示在定义变量的同时对变量进行初始化(赋初值)。例如：

```
char ch1='$', ch2;      /* 定义 ch1、ch2 为字符型变量，并为 ch1 赋初值 */
int a, sum=0;           /* 定义 a、sum 为 int 型变量，并为 sum 赋初值 */
double s=3.14, area;    /* 定义 s、area 为 double 型变量，并为 s 赋初值 */
```

如果有几个同类型变量的初值是相同的，那么它们需要分开赋值。例如：

```
int i=1, j=1, k=1;
```

表示整型变量 i、j、k 的初值均为 1，但不能写成 int i=j=k=1;。

3.4　输入/输出函数

C 语言本身没有提供输入/输出语句。数据的输入/输出操作是通过调用库函数来实现的。下面介绍常用的输入/输出库函数，使用这些输入/输出库函数时，应在 C 源程序中包含头文件 stdio.h。

3.4.1　字符输入/输出函数

1. 字符输入函数(getchar)

函数原型：

```
int getchar()
```

函数功能：从标准输入设备(键盘)读取一个字符。

函数原型(function prototype)指出了函数返回值的类型以及参数的个数及参数类型。由 getchar 函数的函数原型可知，getchar 函数没有参数，它将返回一个整数(字符的 ASCII 码值)。getchar 函数的使用方法参见例 3.2。

2. 字符输出函数(putchar)

函数原型：

```
int putchar(char x)
```

函数功能：向标准输出设备(屏幕)输出一个字符。

例 3.2　getchar 函数和 putchar 函数应用举例。

程序如下：

```
#include<stdio.h>
int main()
{
    char c1,c2,c3;
    c1=getchar();          /* 从键盘输入一个字符并赋给变量 c1 */
    c2=getchar();
    c3=getchar();
    putchar(c3);           /* 将变量 c3 的值(一个字符)输出到屏幕上 */
    putchar(c2);
    putchar(c1);
    return 0;
}
```

程序运行结果如下：

```
abc↙
cba
```

程序说明：虽然 getchar 函数后面的圆括号内没有参数，但圆括号不可省略。getchar 函数会从键盘读入一个字符作为返回值。在输入字符时，空格、回车都将作为字符读入，并且只有在用户按回车键(Enter 键)后，读入才开始执行。如果在程序运行时输入 a　b　c↙(也就是输入 a、空格、b、空格和 c)，那么 c1 得到 a，c2 得到空格，c3 得到 b。

3.4.2　格式输出函数 printf

函数原型：

```
int printf(格式字符串，输出列表)
```

函数功能：按照"格式字符串"指定的格式，在屏幕上输出"输出列表"中的每一项。例如：

```
int a=2; float x=3.5;
printf("a=%d,x=%f\n",a,x);
```

输出结果为：

```
a=2,x=3.500000
```

说明：

(1) 格式字符串必须使用双引号引起来，内容可以包含普通字符、格式说明符和转义字符 3 类信息。

① 格式说明符：由%开头，后面跟格式说明字符，比如%d、%f 等，作用是将对应的输出项按指定的格式输出。

② 普通字符：需要原样输出的字符，在上面的 printf 函数示例中，双引号内的 a=、x= 就属于这一类。

③ 转义字符：以\开头的字符序列(参见表 3-3)。转义字符在输出时会按对应的含义完成相

应的控制功能，如\n 控制换行。

(2) 输出列表中是需要输出的数据(如变量、常量或表达式)，数据之间可使用逗号进行分隔，比如上面 printf 函数示例中的"a,x"。

当没有输出列表时，格式字符串只包含需要输出的文本信息。例如：

printf("Hello, World!\n");

这将输出以下信息：

Hello, World!

在输出上述字符信息之后，屏幕上的光标将移到下一行的开始位置。

printf 函数的格式说明符及其功能说明如表 3-4 所示。

表 3-4 printf 函数的格式说明符及其功能说明

输 出 类 型	格式说明符	功 能 说 明
整型数据	%d	输出一个带符号的十进制整数
	%u	输出一个无符号的十进制整数
	%o	输出一个无符号的八进制整数
	%x	输出一个无符号的十六进制整数
字符型数据	%c	输出一个字符
	%s	输出一个字符串
实型数据	%f	以小数形式输出实数，保留 6 位小数
	%e	以指数形式输出实数，保留 6 位小数
	%g	由系统自动选取%f 或%e 格式说明符，以使输出宽度最小，且不输出无意义的 0

1. 整型数据的输出

例如：

short a=1，b=-1;
printf("%d,%d,%u,%u,%o,%o,%x,%x\n",a,b,a,b,a,b,a,b);

输出结果为：

1,-1,1,65535,1,177777,1,ffff

为什么会输出上述结果呢？这是由于变量 a 和 b 的值在内存单元中是以补码形式存放的，如图 3-3 所示。

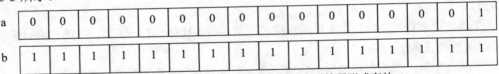

图 3-3 变量 a 和 b 的值在内存单元中以补码形式存放

以%u、%o、%x 格式输出整数时，如果是负数，则将使用补码表示的整数的符号位看成数值并进行输出。

2. 字符和字符串的输出

例如：

```
printf("%c, %s \n",'$', "Windows");
```

输出结果为：

```
$, Windows
```

由于字符型数据在内存中是以 ASCII 码值(整数)存放的，因此字符型数据可以采用整数形式输出自身的 ASCII 码值。如果整型数据的值在 ASCII 码值范围之内，那么也可以使用字符形式进行输出。例如：

```
char ch='A';
int x=66;
printf("%c,%d,%c,%d\n",ch,ch, x,x);
```

输出结果为：

```
A,65,B,66
```

3. 实型数据的输出

例如：

```
float x=123.456;
double y=1234.567898765;
printf("x=%f    y=%f\n",x,y);
printf("x=%e    y=%e\n",x,y);
```

输出结果为：

```
x=123.456001    y=1234.567899
x=1.23456e+02    y=1.23457e+03
```

格式说明符%f 输出 6 位小数，而格式说明符%e 输出 6 位有效数字。由于 float 型数据有 6 位有效数字，而 double 型数据有 16 位有效数字，因此在上面的输出结果中，变量 x 只有前 6 位数字是有效的，而变量 y 的所有数字都是有效的。

在格式说明符中，%与格式说明字符之间可以有附加说明符。printf 函数的附加说明符及其功能说明如表 3-5 所示。

表 3-5　printf 函数的附加说明符及其功能说明

附加说明符	功　能
字母 l	输出长整型数据时，加在 d、o、x、u 前
m(正整数)	数据输出的宽度(列数)，当数据实际输出的列数超过 m 时，按实际宽度输出(m 不起作用)；当数据实际输出的列数少于 m 时，在数据的左边补空格，直到宽度为 m 列
.n(正整数)	对于实数，表示输出 n 位小数；对于字符串，表示从左开始截取的字符个数

(续表)

附加说明符	功 能
-	输出的数据在指定宽度内左对齐，右边补空格
+	输出的数字带有正负号
0	输出的数据在指定宽度内右对齐，左边补 0
#	用在格式说明字符 o 和 x 前，目的是在输出八进制数或十六进制数时输出前导的 0 和 0x

请观察图 3-4 所示的输出格式与输出结果。

输出格式			输出结果				
printf("%6d",5432);			5	4	3	2	
printf("%3d",5432);	5	4	3	2			
printf("%-6d",5432);	5	4	3	2			
printf("%06d",5432);	0	0	5	4	3	2	
printf("%+6d",5432);		+	5	4	3	2	
printf("%o",5432);	1	2	4	7	0		
printf("%#o",5432);	0	1	2	4	7	0	
printf("%7.4f",98.7654);	9	8	.	7	6	5	4
printf("%7.2f",98.7654);			9	8	.	7	7
printf("%-7.2f",98.7654);	9	8	.	7	7		

图 3-4   printf 函数的输出格式与输出结果示例

3.4.3　格式输入函数 scanf

函数原型：

```
int scanf(格式字符串，地址表)
```

函数功能：由键盘向指定的变量输入数据。

下面举例说明 scanf 函数的用法。

例 3.3　使用 scanf 函数输入数据。

程序如下：

```
#include<stdio.h>
int main()
{
    int a,b,c;
    scanf("%d%d%d",&a,&b,&c);
    printf("%d,%d,%d\n",a,b,c);
    return 0;
}
```

运行该程序，请按以下方式为变量 a、b、c 赋值：

1 2 3✓　(从键盘输入 1、空格、2、空格、3 并按回车键)
1,2,3　(输出变量 a、b、c 的值)

程序说明：&a,&b,&c 中的&是"取址运算符"，&a 是指变量 a 在内存中的地址。scanf 函数的作用是按照变量 a、b、c 在内存中的地址将数据存入对应的存储单元。变量 a、b、c 的地址是在编译时由系统分配的。例如，在图 3-5 中，变量 a、b 和 c 的地址分别是 2000、2004 和 2008。

地址	存储单元	变量
2000	1	a
2004	2	b
2008	3	c

图 3-5　变量、存储单元及地址示意图

下面说明 scanf 函数的使用格式。

格式字符串的两边必须是双引号，其中的内容可以由格式说明符和普通字符组成。

(1) 格式说明符：在 scanf 函数中，格式说明符的使用和 printf 函数相似，作用是规定与输入项(即地址表)对应的数据输入格式。

(2) 普通字符：在输入数据时，必须在对应的位置原样输入这些普通字符。普通字符使用不当，就会"画蛇添足"，还会引起数据输入方面的麻烦。例如：

```
scanf("n=%d,x=%f\n",&n,&x);
```

其中的 n=、x=是普通字符，\n 是换行符，它们在执行时需要"原样输入"。例如，使用键盘输入"n=12,x=3.14\n"后，再按回车键，系统才会将 12 输入变量 n，并将 3.14 输入变量 x。实际使用时，我们经常使用如下形式：

```
printf("n=?,x=?\n");          /* 输出提示信息 n=?,x=?并换行 */
scanf("%d,%f",&n,&x);         /* 将输入的数据用逗号分开 */
或   scanf("%d%f",&n,&x);      /* 将输入的数据用空格分开 */
```

scanf 函数可以使用的格式说明符及其功能说明如表 3-6 所示，%与格式说明字符之间也可以有附加说明符，如表 3-7 所示。

表 3-6　scanf 函数的格式说明符及其功能说明

输 入 类 型	格式说明符	功 能 说 明
整型数据	%d	输入一个带符号的十进制整数
	%u	输入一个无符号的十进制整数
	%o	输入一个无符号的八进制整数
	%x	输入一个无符号的十六进制整数
字符型数据	%c	输入一个字符
	%s	输入一个字符串，并将这个字符串存入一个字符数组。遇到空格或回车键时结束输入，并自动添加字符串结束标志\0
实型数据	%f	以小数形式或指数形式输入实数
	%e	同%f，e 与 f 或 g 可以互换
	%g	同%f，e 与 f 或 g 可以互换

表 3-7　scanf 函数的附加说明符及其功能说明

附加说明符	功 能 说 明
字母 l	加在 d、o、x、u 前，表示输入长整型数据；加在 f、e 前，表示输入 double 型数据
字母 h	加在 d、o、x、u 前，表示输入短整型数据
m(正整数)	指定输入数据所占的列数

例如：

```
int n;
float x;
scanf("%3d%f",&n,&x);
```

输入数据-123　456.789 后(注意 3 的后面有一个空格，这是两个数据)，变量 n 和 x 的值分别为-12 和 3.0。这是因为指定了变量 n 的输入宽度为 3，所以取-12 赋给变量 n，然后将 3 赋给变量 x。例如：

```
int n;
float x;
scanf("%d%5f",&n,&x);
```

输入数据-123 456.789 后(注意 3 的后面有一个空格)，变量 n 和 x 的值分别为-123 和 456.7。

注意：在使用 scanf 函数输入数据时，只要遇到以下几种情况之一，系统就认为数据输入结束。

(1) 遇到空格，或按回车键，或按跳格键(Tab)。

(2) 按指定的宽度结束，如%3d，这表示只取 3 列。

(3) 遇到非法输入。

例如：

```
int a; char ch; float x;
scanf("%d%c%f",&a,&ch,&x);
```

输入数据 1234a1230.78，第一个数据对应%d 格式说明符，在输入 1234 之后遇到字母 a，因而系统认为数值 1234 后没有数字了，第一个数据到此结束，把 1234 赋给变量 a。字母'a'则被赋给变量 ch，由于%c 只要求输入一个字符，因此在输入字母 a 之后不需要加空格，后面的数值应赋给变量 x。如果把 1230.78 错打成 123o.78，那么由于 123 的后面出现了字母 o，因此系统认为该数值已结束，于是它就将 123 送给变量 x。

3.5　常用库函数

在编写 C 语言程序时，用户可以根据需要将某些独立的功能写成自定义函数。为了用户使用方便，C 语言处理系统提供了许多已编写好的函数，这些函数被称为库函数(又称为标准函数)。有关 C 语言的常用库函数详见附录 D，其中的函数原型就是指导用户如何使用函数的说明。

用户使用库函数的过程称为调用库函数。调用库函数时，应注意以下两点。

(1) 确定想要调用的库函数所在的头文件(头文件中有执行对应函数时所需的一些信息)，可使用#include 预处理命令将对应的头文件包含到程序中。

(2) 根据所使用函数的原型,确定调用函数时参数的类型以及返回值的类型,以保证能够正确地使用函数。例如,数学函数中的求平方根函数 sqrt 的函数原型如下:

```
double sqrt(double x)
```

由 sqrt 函数的函数原型可以看出:

① sqrt 函数有一个 double 类型的形式参数(简称形参),用于表示在使用 sqrt 函数时应给出的数据的类型。

② 当调用 sqrt 函数时,应使用 double 类型的表达式作为实际参数(简称实参)。将实参的值传递给函数的形参,当实参与形参的类型不匹配时,自动将实参转换成与形参相同的类型。因此,调用 sqrt 函数时的实参可以是任何类型的数值表达式,例如,sqrt(l05)、sqrt('A')都是合法的。

③ sqrt 函数的计算结果为 double 类型,得到的是平方根值。

例 3.4　输入一个数,求其绝对值的平方根,保留 4 位小数。

程序如下:

```
#include<stdio.h>
#include<math.h>              /*  包含 math.h 头文件  */
int main()
{
    float x,y;
    scanf("%f",&x);
    if(x<0) x=-x;             /*  如果 x 是负数,取其相反数  */
    y=sqrt(x);                /*  调用 sqrt 函数,求 x 的平方根  */
    printf("%.4f\n",y);
    return 0;
}
```

程序运行结果如下:

```
2√
1.4142
```

程序说明:

(1) 因为需要使用库函数 sqrt,所以必须将对应的头文件 math.h 包含进来。

(2) 输入数据后,编写语句 if(x<0) x=-x;是为了保证求平方根值的参数大于或等于 0。

3.6　习题

一、选择题

1. 在 C 程序中,_____。

    A) 用户标识符中可以出现下画线和中画线(减号)

    B) 用户标识符中不可以出现中画线,但可以出现下画线

    C) 用户标识符中可以出现下画线,但不可以放在用户标识符的开头

    D) 用户标识符中可以出现下画线和数字,它们都可以放在用户标识符的开头

2. 以下选项中不合法的标识符是_____。

 A) print   B) FOR   C) &a   D) _00

3. 以下选项中不属于 C 语言数据类型的是_____。

 A) signed short int   B) unsigned long int

 C) unsigned int   D) long short

4. C 语言中的基本数据类型包括_____。

 A) 整型、实型、逻辑型   B) 整型、实型、字符型

 C) 整型、逻辑型、字符型   D) 整型、实型、逻辑型、字符型

5. 以下关于 long、int 和 short 型数据所占内存大小的叙述中，正确的是_____。

 A) 均占用 4 字节

 B) 根据数据的大小来决定所占内存的字节数

 C) 由用户自己定义

 D) 由 C 语言编译系统决定

6. C 源程序中不能表示的数制是_____。

 A) 二进制   B) 八进制   C) 十进制   D) 十六进制

7. 下列选项中能够正确地定义符号常量的是_____。

 A) #define n=10   B) #define n 10   C) #define n 10;   D) #DEFINE N 10

8. 以下所列的 C 语言常量中，错误的是_____。

 A) 0xFF   B) 1.2e0.5   C) 2L   D) '\n'

9. 在 C 语言中，字符型数据在内存中的存储形式是_____。

 A) 原码   B) 反码   C) 补码   D) ASCII 码

10. 若有定义语句 char c='\72';，则变量 c_____。

 A) 包含 1 个字符   B) 包含 2 个字符

 C) 包含 3 个字符   D) 定义不合法

11. 以下选项中不合法的八进制数是_____。

 A) 0   B) 028   C) 077   D) 01

12. 以下选项中正确的字符串常量是_____。

 A) "\\\"   B) 'abc'   C) OlympicGames   D) ""

13. 以下选项中正确的定义语句是_____。

 A) double a;b;   B) double a=b=7;

 C) double a=7,b=7;   D) double ,a,b;

14. 假设 c1、c2 为字符型变量，执行语句 cl=getchar(); c2=getchar();时，从键盘输入 A↙，此时 c1 和 c2 的值分别为_____。

 A) 都是'A'   B) c1 是'A'，c2 未输入

 C) c1 未输入，c2 是'A'   D) c1 是'A'，c2 是'\n'

15. 假设 c 为字符型变量，值为'A'；a 为整型变量，值为 97；执行语句 putchar(c);putchar(a);后，输出结果为_____。

 A) Aa   B) A97   C) A9   D) aA

16. 假设 a 和 b 是整型变量，执行语句 scanf("a=%d,b=%d", &a,&b);，为了使 a 和 b 的值分别为 1 和 2，正确的输入应该是＿＿＿＿＿。

  A) 1 2   B) 1,2   C) a=1,b=2   D) a=l b=2

17. 为了使用输入语句 scanf("%4d%4d%10f", &i,&j,&x);，为 i 输入-10，为 j 输入 12，为 x 输入 345.67，正确的输入形式应该是＿＿＿＿＿。

  A) −1012345.67✓   B) −10 12 345.67✓

  C) −10001200345.67 ✓   D) −10,12,345.67✓

18. 已知字母 A 的 ASCII 码值为 65，以下语句的输出结果是＿＿＿＿＿。

```
char cl='A' , c2='Y';printf("%d,%d\n", c1,c2);
```

  A) 输出格式非法，输出错误信息   B) 65,90

  C) A,Y   D) 65,89

二、填空题

1. 在 C 语言程序中，用关键字＿＿＿＿定义基本整型变量，用关键字＿＿＿＿定义单精度实型变量，用关键字＿＿＿＿定义双精度实型变量。

2. 把 a1、a2 定义成单精度实型变量并赋初值 1 的语句是＿＿＿＿＿＿＿。

3. C 程序中定义的变量代表内存中的＿＿＿＿＿＿。

4. 语句 int i=123;float x=-45.678; printf("i=%5d x=%7.4f\n",i,x);的输出结果是＿＿＿＿＿。

5. 语句 float alfa=60,pi=3.1415926535626;printf("sin(%3.0f*%.4f/180)\n",alfa,pi);的输出结果是＿＿＿＿。

6. 语句 char ch='$',float x=153.4523; printf("%c%-8.2f\\n",ch,x);的输出结果是＿＿＿＿＿＿。

7. 假设整型变量 a 和 b 的值分别为 7 和 9，要求按以下格式输出 a 和 b 的值：

```
a=7
b=9
```

请完成如下输出语句：printf("＿＿＿＿＿＿＿＿", a, b);。

8. 执行以下程序时，若输入 1234567✓，则输出结果是＿＿＿＿＿。

```
#include < stdio.h >
main()
{
    int a=1,b;
    scanf("%2d%2d",&a,&b);
    printf("%d    %d\n",a,b);
}
```

三、编程题

1. 输入一个字符，然后输出这个字符及其 ASCII 码值。

2. 求平面上两点之间的距离。

3. 已知等差数列的第一项为 *a*，公差为 *d*，求前 *n* 项之和，*a*、*d*、*n* 的值可由键盘输入。

第 4 章

运算符和表达式

运算符(operator)是对数据进行操作的符号，例如，对两个数进行相乘的操作就可以使用运算符*来表示。使用运算符将想要运算的对象连接起来的式子就是表达式(expression)，例如 3+2*a。常量、变量、函数可以看作最简单的表达式。根据运算符的不同，C 语言中包含各种类型的表达式，表达式总是有确定的值，并根据运算符的优先级和结合性进行计算(有关各种运算符的优先级和结合性请参见附录 C)。

运算符的优先级(precedence)规定了在表达式的计算过程中，当运算对象的左右都有运算符时运算的先后顺序——运算对象先做优先级高的运算。例如 2+5*4，对于运算对象 5，左右两边的运算符分别是+和*，运算对象 5 先做*运算，之后再对结果做+运算，因为*的优先级高于+。

运算符的结合性规定了在表达式的计算过程中，当运算对象左右两边运算符的优先级相同时的运算方向。结合性有两种：从左到右计算称为左结合，从右到左计算称为右结合。例如，在表达式 3.0*5/2 中，5 的左右运算符*和/的优先级相同，而*和/具有左结合性，所以 5 先和左边的运算符*结合，做 3.0*5 运算，之后再将结果 15.0 和 2 做/运算，计算结果为 7.5。

C 语言中的运算符有 15 种优先级和两种结合性。运算级别高的运算先执行，运算级别低的运算后执行。当运算符的优先级相同时，运算顺序由结合性决定。在表达式中，可通过添加括号来改变运算顺序。

表达式的一般书写规则是：表达式必须写在同一行中，只能使用圆括号。有多层括号时，内层括号中的运算优先。例如：$\frac{1}{2}\left(ax+\frac{b+x}{a+x}\right)$ 可以写作 1.0/2*(a*x+(b+x)/(a+x))。

本章主要介绍 C 语言中各种运算符的表示形式、作用及使用要点。

4.1 算术运算符和算术表达式

C 语言提供的算术运算符(arithmetic operator)如下(按运算级别高低排列，参见附录 C)：
+(取正)、-(取负)
*(乘)、/(除)、%(求余)
+(加)、-(减)

1. 单目运算符

只有一个运算对象的运算符称为单目(一元)运算符。C 语言中的单目算术运算符有两个: +(正号)和−(负号)。

(1) −作为单目运算符(取负值运算符),作用是取其右边的数或变量的负值(相反数),例如−18 或−y。

(2) +作为单目运算符一般可以省略。例如,+8 或+x 通常写成 8 或 x。

2. 双目运算符

包含两个运算对象的运算符称为双目(二元)运算符(binary operator)。C 语言中的双目算术运算符有+(加)、−(减)、*(乘)、/(除)、%(取余)共 5 种,在使用它们时需要注意以下几点。

(1) +、−、*、/与数学运算相似,先乘除后加减,可按运算符的优先级进行计算,结合性均为从左到右。这里需要说明的是,/(除)运算符的运算对象如果都是整型数据,那么结果也是整数,小数部分会被舍去。例如,1.0/2 为 0.5,1/2 为 0,5/2 为 2,−7/4 为−1。

根据运算符/的整除特性,可以对整型变量进行一些特殊的处理。例如,假设整型变量 n 是一个两位数,求 n 的十位上的数字(digit),可以写作 n/10。因整除特性,结果只取整数部分,若 n=21,则 n/10 为 2。

(2) 取余运算符%用于求整数除法的余数,余数符号与左边运算对象的符号相同。需要说明的是,取余运算符%不能用于实型数据的运算。例如,3%4 为 3,6%3 为 0,−9%5 为−4,9%−5 为 4。

根据运算符%的取余特性,可以对整型变量进行一些特殊处理。例如,求整型变量 n 的个位上的数字,可以写作 n%10,若 n=123,则 n%10 为 3。

(3) 字符型数据以字符的 ASCII 码值参与运算。例如,'a'+3 为 100(字符 a 的 ASCII 码值为 97)。

假设 chl 和 ch2 为字符型,i 为整型,那么 ch1-ch2 的值为字符 chl 与 ch2 的 ASCII 码值的差。当 chl 为'0'到'9'的字符时,i=ch1-'0'会把数字字符转换为数字。例如,i='3'-'0'会把字符'3'转换为数字 3。

当 chl 为'a'到'z'的字符时,ch2=ch1-('a'-'A')会把小写字母转换成大写字母。参考附录 B 中的 ASCII 码表,可以看到'a'的 ASCII 码值为 97,'A'的 ASCII 码值为 65,所以'a'-'A'=32。由此可以看出,任何一个小写字母与对应的大写字母之间 ASCII 码值的差均为 32,因此 ch2 经过运算后,就是 chl 对应的大写字母了。同理,当需要把大写字母转换为小写字母时,可使用类似的算法。

3. 算术运算中的类型转换

1) 自动转换

C 语言允许对不同类型的数据进行混合运算,包括整型、实型、字符型数据,它们都可以进行混合运算。在表达式的计算过程中,参与运算的两个操作数(operand)在计算前会自动进行类型转换(type conversion)。转换规则如图 4-1 所示。

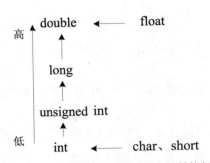

图 4-1 不同类型数据运算时的自动转换规则

在图 4-1 中，横向向左的箭头表示必须进行的转换，如 char 型和 short 型数据必须先转换为 int 型，float 型数据在运算时一律先转换成 double(双精度)型，以提高运算精度(即使是两个 float 型数据相加，也都需要先转换成 double 型，之后再进行相加)。

纵向的箭头表示当运算对象为不同类型时的转换方向。例如，在将 int 型与 double 型数据进行运算时，需要先将 int 型数据转换成 double 型，再在两个同类型(double 型)的数据间进行运算，结果为 double 型。注意，箭头方向只表示数据类型级别的高低，由低向高转换；而不要理解为 int 型先转换成 unsigned int 型，再转换成 long 型，最后转换成 double 型。当对 int 型与 double 型数据进行运算时，会直接将 int 型转换成 double 型。同理，int 型与 long 型数据进行运算时，也会先将 int 型转换成 long 型。

假设 i 为整型变量、f 为 float 型变量，对于如下表达式：

10+'a'+i*f

计算机在执行时将从左至右扫描，运算次序如下：①进行 10+'a'的运算，先将'a'转换成整数 97，运算结果为 107。②由于*比+优先级高，因此进行 i*f 的运算，i 与 f 都会被转换成 double 型，运算结果为 double 型。③将整数 107 与 i*f 的积相加，整数 107 会被转换成双精度数，结果为 double 型。

上述类型转换都是由系统自动进行的。

2) 强制类型转换

除了由系统自动实现数据类型的转换，还可以在程序中进行强制类型转换，将表达式转换成所需的类型，方式如下：

(类型标识符)表达式

假设已经定义 int i=3, j=2; ，那么 i/j 只能做整除运算，得到整数部分 1。要想保留小数部分，那么需要做实数除法，可以写作(double)i/j，具体运算步骤是：先将 i 的值强制转换为 double 型，再相除，结果为 1.5。注意(double)i/j 与(double)(i/j)是有区别的，后者先完成 i/j 整除，再将结果转换成 double 型，值为 1.0，因而仍得不到真正的小数部分。

注意:

对于表达式中的变量而言，无论是自动类型转换还是强制类型转换，都只是为了此次运算的需要，取得中间值，而不会改变定义语句中对变量类型的定义。例如，计算(double)i/j 后，变量 i 的类型不变，仍为 int 型。

假设已经定义 float x=21.45; ,那么 x%3 是不合法的,必须将 x 强制转换成整型,如(int)x%3。

4.2 自增和自减运算

1. 自增和自减运算符

自增运算符是++,功能是使变量的值自增 1。自减运算符是--,功能是使变量的值自减 1。
自增和自减运算符均为单目运算符,使用形式有以下几种:

++i   (i 自增 1 后再参与其他运算)

--i   (i 自减 1 后再参与其他运算)

i++   (i 参与运算后,i 的值再自增 1)

i--   (i 参与运算后,i 的值再自减 1)

若 i 的原值为 3,则如下两条赋值语句的作用是不同的。

j=++i;   (i 的值先自增 1 变为 4,再赋给 j,j 的值为 4)

j=i++;   (先将 i 的值 3 赋给 j,j 的值为 3,i 再自增 1 变为 4)

又如,语句 int i=3; printf("%d",++i); 会输出 4;若将语句改为 int i=3; printf("%d",i++);,则输出 3。

2. 优先级与结合性

由附录 C 可以看出,自增和自减运算符的优先级与单目算术运算符(+、-)的优先级相同,但比双目算术运算符(*、/、%、+、-)的优先级高。

例如,对于表达式 3+a++,系统在处理时先进行优先级高的++运算,再进行+运算,因此相当于 3+(a++)。如果 a 的初值为 6,那么表达式(a++)的值为 6;进行加法运算后,整个表达式的值为 9;最后,a 自增 1 变成 7。

再比如,对于++x*y-z,假设 x、y、z 的值分别为 3、4、5。计算时将首先对 x 进行自增运算,x 变成 4,此时表达式++x 的值也为 4;然后进行乘法运算,将表达式++x 与变量 y 相乘,得到 16;最后进行减法运算,整个表达式的值为 11。

自增和自减运算符具有右结合性。例如-a++,由于取负值运算符和自增运算符的优先级相同,因此按运算符的结合性进行处理。取负值运算符和自增运算符都具有右结合性,于是变量 a 先与++结合,再与取负值运算符结合。表达式-a++相当于-(a++)。如果 a 的初值为 6,那么整个表达式的值为-6,a 的值变为 7。

编写程序时,应注意把可读性放在第一位,以避免编写晦涩难懂、容易引起误解的程序。尤其是在使用自增和自减运算符时,尽量不要使用容易产生误解的表达式。

4.3 位运算

C 语言具有汇编语言的一些功能,其中就包括位运算。所谓位运算(bitwise operation),就是进行二进制位的运算。在系统软件中，经常需要处理二进制位的问题。例如，将存储单元中的二进制数左移或右移一位，将两个数按位相加，等等。C 语言提供了位运算符，可以实现汇编语言所能完成的一些功能，与其他高级语言相比，C 语言拥有直接进行机器内部操作的优越性。

1. 位运算符的种类

C 语言共有 6 种位运算符：

&	按位与运算符
|	按位或运算符
^	按位异或运算符
<<	二进制左移运算符
>>	二进制右移运算符
~	按位取反运算符

其中：~是单目运算符，其余 5 种是双目运算符。位运算符的操作数(运算对象)可以是整型或字符型常量、变量和表达式，但不能为实型。

下面详细说明这 6 种位运算符的功能。

2. 按位与运算(&)

运算符&的作用是把参与运算的两个数，按对应的二进制位分别进行"与"运算。当两个相应的位都为 1 时，该位的结果为 1，否则为 0。例如，表达式 12&10 的运算过程如下：

12	:	0	0	0	0	1	1	0	0
& 10	:	0	0	0	0	1	0	1	0
结果	:	0	0	0	0	1	0	0	0

分析以上运行结果可知，按位与运算具有如下特征：任何位上的二进制数，只要和 0"与"，该位即被屏蔽(清零)；和 1"与"，该位保留原值不变。按位与运算的这一特征很具实用性。例如，假设已经定义 char a=0322; ，那么 a 的二进制数为 11010010。为了保留 a 的第 5 位，只需要和一个这样的数进行"与"运算。这个数的第 5 位为 1，余位为 0，运算过程如下：

a	:	1	1	0	1	0	0	1	0
& 020	:	0	0	0	1	0	0	0	0
结果	:	0	0	0	1	0	0	0	0

3. 按位或运算(|)

按位或运算的规则是：参与运算的两个数中，只要相应的两个二进制位中有一个为 1，该位的运算结果即为 1；只有当相应的两个二进制位都为 0 时，该位的运算结果才为 0。例如：

0123	:	0	1	0	1	0	0	1	1
|014	:	0	0	0	0	1	1	0	0
结果	:	0	1	0	1	1	1	1	1

利用按位或运算的操作特点，可使一个数中的指定位为 1，其余位不变。换言之，将希望置 1 的位与 1 进行"或"运算，而将希望保持不变的位与 0 进行"或"运算。例如，为了使 a

中的高 4(左端 4 位)不变，而对低 4 位(右端 4 位)置 1，可采用表达式 a=a|017。

4. 按位异或运算(^)

按位异或运算的规则是：对于参与运算的两个数，观察对应的二进制位，若数相同，则该位的结果为 0；若数不同，则该位的结果为 1。例如：

	0	0	1	1	0	0	1	1
^	1	1	0	0	0	0	1	1
结果 :	1	1	1	1	0	0	0	0

观察以上运算结果可知：数为 1 的位和 1"异或"的结果为 0(最低的两位)；数为 0 的位和 1"异或"的结果为 1(最高的两位)；而和 0"异或"的位，值均不变(中间 4 位)。由此可见，要使某位的数取反，只要使其和 1 进行"异或"运算即可；要使某位保持原数不变，只要使其和 0 进行"异或"运算即可。利用异或运算的这一特征，可对一个数中的某些指定位取反，而使另一些位保持不变。例如，假设定义了如下语句：

```
char   a=0152;
```

如果希望 a 的高 4 位不变，而对低 4 位取反，那么只需要将高 4 位分别和 0 异或，而将低 4 位分别和 1 异或即可。例如：

a :	0	1	1	0	1	0	1	0
^017 :	0	0	0	0	1	1	1	1
结果 :	0	1	1	0	0	1	0	1

5. 按位取反运算(~)

运算符~是位运算中唯一的单目运算符，运算对象应置于~运算符的右边。顾名思义，按位取反运算就是对运算对象的内容按位取反：使每一位上的 0 变 1，使 1 变 0。例如，表达式~0115 会将八进制数 115 按位取反：

~ :	0	1	0	0	1	1	0	1
结果 :	1	0	1	1	0	0	1	0

6. 左移运算(<<)

<<运算符的左边是移位对象；右边是整数，代表左移的位数。左移时，右端(低位)补 0，左端(高位)移出的部分舍弃。例如：

```
char   a=6,b;
b=a<<2;
```

运算过程如下：

a :	0	0	0	0	0	1	1	0	(a=6)
b=a<<2 :	0	0	0	1	1	0	0	0	(b=24)

左移时，如果左端移出的部分不包含有效的二进制数 1，那么每左移一位，相当于将移位对象乘以 2。在某些情况下，可以利用左移的这一特性代替乘法运算，以加快运算速度。如果左端移出的部分包含有效的二进制数 1，这一特性就不适用了。例如：

```
char   a=64,b;
b=a<<2;
```

移位情况如下：

a	:	0	1	0	0	0	0	0	0	(a=64)
b=a<<2	:	0	0	0	0	0	0	0	0	(b=0)

当 a 左移两位时，a 中唯一的一位数字 1 被移出了高端，从而使 b 的值变成 0(注意：a 的值并没有发生改变)。

7. 右移运算(>>)

>>运算符的使用方法与<<运算符一样，所不同的是移位方向相反。右移时，右端(低位)移出的二进制数被舍弃。左端(高位)移入的二进制数分两种情况：对于无符号数和正整数，高位补 0；对于负整数，高位补 1。这是因为负数在计算机中均用补码表示所致。例如(假设 int 型数据占 2 字节)：

```
int   a=-071400,b;
b=a>>2;
```

运算过程如下：

符号位
↓

a 的二进制原码	:	1	1	1	1	0	0	1	1	0	0	0	0	0	0	0	0
a 的二进制补码	:	1	0	0	0	1	1	0	1	0	0	0	0	0	0	0	0
b=a>>2	:	1	1	1	0	0	0	1	1	0	1	0	0	0	0	0	0
b 的二进制原码	:	1	0	0	1	1	1	1	0	1	1	0	0	0	0	0	0
b 的八进制数	:	-	0	1	6	3	0	0									

和左移相反，右移时，如果右端移出的部分不包含有效数字 1，那么每右移一位相当于将移位对象除以 2。

8. 位数不同的数之间的运算规则

位运算的对象可以是整型(long int 或 int)和字符型(char)数据。当两个数的类型不同时，位数也会不同。遇到这种情况时，系统将自动进行如下处理。

(1) 先将两个数右端对齐。

(2) 再将位数短的那个数往高位扩充：无符号数和正整数的左侧用 0 补全，负数的左侧用 1 补全。

(3) 最后，对位数相等的两个数按位进行位运算。

4.4 赋值运算

1. 赋值表达式

在 C 语言中，=符号被称为赋值运算符(assignment operator)，由赋值运算符组成的表达式称为赋值表达式(assignment expression)，形式如下：

变量名=表达式

赋值运算符的左边必须是变量(variable)，右边必须是 C 语言中合法的表达式。赋值表达式的功能是：先计算表达式的值，再将计算结果送给变量。赋值表达式的值就是赋给左边变量的值。

赋值运算符的优先级比算术运算符低，结合性为"从右到左"(参见附录 C)。

2. 赋值语句

在 C 语言中，在任何表达式的末尾加上分号(;)就构成了语句(statement)。
赋值语句的形式为：

变量名=表达式;

在赋值表达式的末尾加上分号，得到的就是赋值语句，赋值语句用于执行赋值操作。

例如，赋值语句 y=3+2*3.14159;的执行步骤是：先计算=运算符右边的表达式的值，再将计算结果赋给左边的变量。

再如，赋值语句 a=b=c=1;的执行步骤是：根据=运算符的右结合性，先执行赋值表达式 c=1,且这个表达式的值也为 1；再执行赋值表达式 b=1，且这个表达式的值也为 1；最后执行赋值表达式 a=1；最终 a、b、c 均被赋值为 1。

3. 赋值时数据类型的转换

在赋值语句中，当左边变量和右边表达式的类型不同时，系统会自动完成类型转换，在将表达式的值转换为与左边变量相同类型的数据之后，再进行赋值。不同类型数据的赋值转换规则如表 4-1 所示。

表 4-1 不同类型数据的赋值转换规则

变量类型	表达式类型	转 换 规 则	示　　　例
char	int	取表达式值的低 8 位内容	表达式值为 0x5641，变量值为'A'
	float、double	取表达式整数部分的低 8 位	表达式值为 65.243，变量值为'A'
int	char	将对应的 ASCII 码值赋给变量	表达式值为'A'，变量值为 65
	float、double	舍弃小数部分	表达式值为 3.1415，变量值为 3
float	char、int、double	浮点形式，有效位数为 6	表达式值为 3.1415926535，变量值为 3.14159
double	char、int、float	浮点形式，有效位数为 16	float x=3.1415926535; double y; 执行 y=x;之后，y 为 3.14159

下面对表 4-1 中的部分示例进行说明。

(1) 若有 char ch; ch=0x5641; ，则十六进制数 0x5641 的低字节为 0x41(也就是 65)，对应于字符'A'的 ASCII 码值。

(2) 若有 float x=3.1415926535; double y; ，那么执行 y=x;之后，y 的值为 3.14159。这是由于 float 型变量 x 的有效数字为 6 位，因此 x 的值为 3.14159。

4. 复合赋值运算

C 语言的双目运算符与赋值运算符的合成或简化，称为复合赋值运算符。C 语言允许使用如下 10 种复合赋值运算符：

+=、-=、*=、/=、%=、<<=、>>=、&=、^=、|=

复合赋值运算符的优先级及结合性与=运算符相同。

C 语言采用这种复合运算符，一是为了简化程序，使程序简练；二是为了提高编译效率。复合赋值运算虽然可以简化程序，但降低了程序的可读性，并且容易导致错误。

由复合赋值运算符构成的表达式在计算时，将首先对左边变量的当前值与右边整个表达式的值进行相应的运算，然后再把运算结果赋给左边的变量，并且整个复合赋值表达式的值就是赋给左边变量的值。例如：

a+=3	等价于	a=a+3
x*=y+8	等价于	x=x*(y+8)
x/=2*y-10	等价于	x=x/(2*y-10)
a&=b	等价于	a=a&b

4.5　关系运算与逻辑运算

关系运算是逻辑运算中比较简单的一种。"关系运算"实际上也就是"比较运算"：对两个值进行比较，判断是否满足给定的条件。例如，a>5 就是比较运算，相当于判断 a 是否大于 5。

逻辑运算的结果是逻辑意义上的"真"(true)或"假"(false)；关系运算的结果是"成立"或"不成立"，这也是逻辑意义上的"真"或"假"。

在 C 语言中没有用于表示逻辑值的数据类型，而规定使用数值 0 代表"假"，使用非零值代表"真"。

下面介绍 C 语言中的关系运算和逻辑运算。

4.5.1　关系运算

1. 关系运算符

C 语言提供了如下 6 种关系运算符(relational operator)：

> (大于)　　　　　>= (大于或等于)　　　　< (小于)
<= (小于或等于)　　== (等于)　　　　　　!= (不等于)

注意：组成运算符的两个字符之间不可以加空格，比如<=就不能写成< =。

2. 关系运算符的优先级与结合性

(1) 在关系运算符中，>、>=、<和<=这4种运算符的优先级相同，而==和!=这两种运算符的优先级相同，并且前4种运算符的优先级高于后两种运算符。

(2) 与其他运算符相比，关系运算符比算术运算符的优先级低，但比赋值运算符的优先级高(参见附录 C)。

(3) 关系运算符的结合性为"自左向右"。

3. 关系表达式

使用关系运算符将两个表达式连接起来的式子称为关系表达式。例如，下面都是合法的关系表达式：

$$a>b, a+b>b+c, (a=3)>(b=5), 'a'<'b', (a>b)>(b<c)$$

关系表达式成立时，其值为1；关系表达式不成立时，其值为0。例如，当 a 的值为 10 且 b 的值为 5 时，表达式 a>=b 为"真"，其值为 1；而表达式 a>100 为"假"，其值为 0。

注意：不要误将关系运算符==写成=。另外，一般不要对两个实型数据进行相等或不等判断，而是看这两个实型数据之差的绝对值是否小于某个很小的正数，从而判断它们相等或不等。请看下面的例子。

例 4.1 分析以下程序的运行结果。

```
#include<stdio.h>
int main()
{
    float x,y=0.6;
    y=y*11;
    x=6+0.6;
    if(x==y)
    printf("OK, x==y\n");
    else
    printf("NO, x!=y\n");
    return 0;
}
```

程序运行结果如下：

```
NO，x!=y
```

程序说明：由于计算机无法将实数的某些小数部分精确地使用二进制数来表示(如 0.3、0.6 等)，因此造成实型数据在运算时会有误差。这也导致程序在使用==运算符判断两个实际相等的实数是否相等时，给出它们不相等的错误结论。实际上，当判断两个实数 x 和 y 是否相等时，可使用表达式 fabs(x-y)<1e-5 来对它们进行比较。若|x-y|<10^{-5}，则认为 x 和 y 相等，否则认为它们不相等。

4.5.2 逻辑运算

1. 逻辑运算符

C 语言提供了如下 3 个逻辑运算符(logical operator)：

!(逻辑非)　　&&(逻辑与)　　　　||(逻辑或)

!是单目运算符，仅有一个运算对象，例如!a。运算符!的结合性是"从右到左"。

&&和||是双目运算符，要求有两个运算对象，例如 a&&b 和 a||b。运算符&&和||的结合性是"从左到右"。

2. 逻辑表达式

使用逻辑运算符将表达式连接起来的式子称为逻辑表达式。在逻辑运算中，将数值 0 视为假，将非零值视为真。逻辑运算的结果要么为真(用 1 表示)，要么为假(用 0 表示)。逻辑运算规则如表 4-2 所示。

表 4-2　逻辑运算规则

a	b	!a	!b	a&&b	a||b
非零值	非零值	0	0	1	1
非零值	0	0	1	0	1
0	非零值	1	0	0	1
0	0	1	1	0	0

例如，假设 a 的值为 2，b 的值为 5，那么：

- !(a>4)为真，其值为 1。
- (a<5)&&(b>10)为假，其值为 0。
- (a<5)||(b>10)为真，其值为 1。

逻辑表达式在程序中一般用于控制语句(如 if 语句等)，作用是对某些条件做出判断，根据条件的成立(真)与不成立(假)，决定程序的流程。

C 语言为了提高程序的执行效率，在逻辑表达式的计算中，并不是所有的逻辑运算对象都被执行，而是只有在必须执行下一个逻辑运算对象以求出表达式的值时才执行这个逻辑运算对象。

1) a&&b

只要 a 为假(0)，就不再判别 b(此时表达式已确定为假)；只有在 a 为真(非零值)时，才需要判别 b 的值。假设定义了如下语句：

```
int a=1,b=1;
--a&&++b;
```

那么 a 和 b 的值分别为 0、1。

2) a||b

只要 a 为真(非零值)，就不再判别 b；只有在 a 为假时，才判别 b 的值。假设定义了如下语句：

```
int a=1,b=1;
++a||++b;
```

那么 a 和 b 的值分别为 2、1。

4.6 条件表达式与逗号表达式

4.6.1 条件表达式

1. 条件运算符

条件运算符?: 是 C 语言提供的唯一的三目(三元)运算符，它有 3 个运算对象。

2. 条件表达式

条件表达式(conditional expression)的一般形式如下：

表达式 1 ? 表达式 2 : 表达式 3

条件表达式的计算过程如下：先计算表达式 1 的值，若为真(非零值)，则计算表达式 2 的值并作为条件表达式的值，否则计算表达式 3 的值并作为条件表达式的值。

例如，条件表达式 x>0?x:-x 的值为 x 的绝对值。

对于整个条件表达式来说，表达式 1 起条件判别作用，系统将根据表达式 1 的值是否为 0 来决定执行表达式 2 还是表达式 3。请看下面的例子。

例 4.2 使用条件表达式求解下列问题。

(1) 求两个变量 a 和 b 的最大值。

```
s=(a>b)?a:b;
```

(2) 求 3 个变量 a、b 和 c 的最大值。

```
s=(s=a>b?a:b)>c?s:c;
```

上述语句先求出 a 和 b 中的较大者并赋给 s；再将 s 与 c 做比较，将其中的较大者再次赋给 s。因为条件运算符的优先级比赋值运算符高，所以 s=a>b?a:b 需要用括号括起来。

(3) 对于字符变量 ch，若为小写字母，则改为对应的大写字母，否则不变。

```
ch=(ch>='a'&&ch<='z')?(ch+'A'-'a'):ch;
```

(4) 输出整型变量 x 的绝对值。

```
(x>0)?printf("%d",x):printf("%d",-x);
```

例 4.3 任意输入 3 个整数，将它们按从大到小的顺序输出。

程序如下：

```
#include<stdio.h>
int main()
{    int a,b,c,m,n,k;
     scanf("%d%d%d",&a,&b,&c);
```

```
        m=(m=a>b?a:b)>c?m:c;          /* 将 a、b、c 中的最大数赋给 m */
        n=(n=a<b?a:b)<c?n:c;          /* 将 a、b、c 中的最小数赋给 n */
        k=a+b+c-m-n;                  /* 将 a、b、c 中的中间数赋给 k */
        printf("%d  %d  %d\n",m,k,n);  /* 从大到小输出这 3 个数 */
        return 0;
    }
```

程序运行结果如下：

```
3  -5  9↙
9  3  -5
```

3. 条件运算符的优先级和结合性

条件运算符的优先级比赋值运算符高，但比前面介绍的其他运算符低。

例如，s=(a>b)?a:b; 可写为 s=a>b?a:b;，而 ch=(ch>='a'&&ch<='z')?(ch+'A'-'a'):ch; 可写为 ch=ch>='a'&&ch<='z'?ch+'A'-'a':ch;。

条件运算符的结合性为"从右到左"。例如，a>b?a:c>d?c:d 相当于 a>b?a:(c>d?c:d)。

4.6.2 逗号表达式

1. 逗号运算符

逗号运算符的功能是将两个或两个以上的表达式连接起来，从左到右计算各个表达式，并将最后一个表达式的值作为整个逗号表达式的值。例如：

```
a=2,a+8
```

上述逗号表达式的值为 10，a 的值为 2。

逗号运算符的结合性为"从左到右"。

逗号运算符的优先级在所有运算符之后，换言之，逗号运算符的优先级是最低的。

2. 逗号表达式

逗号表达式的一般形式如下：

```
表达式 1,表达式 2,…,表达式 n
```

逗号表达式的计算过程是：先计算表达式 1，再计算表达式 2，以此类推，最后计算表达式 n，整个逗号表达式的值等于最后一个表达式的值。

1) int a=2,c; c=(b=a++,a+2);

上述语句首先将 a 的原值 2 赋给 b，然后 a 自增为 3；逗号表达式的值等于最后一个表达式 a+2 的值，也就是 5；最后将 5 赋给 c。

2) int a=2,c; c=b=a++,a+2;

上述语句首先将 a 的原值 2 赋给 b，然后 a 自增为 3，并将赋值表达式的值 2 赋给 c，最后计算 a+2 并将结果 5 作为整个表达式的值。

4.7　习题

一、选择题

1. 若变量已正确定义并赋值，则下列符合 C 语言语法的表达式是_____。
   A) a=a+7;　　　　B) a=7+b+c,a++　　C) int(12.3%4)　　D) a=a+7=c+b
2. 假设已经定义 double x=1,y;，那么表达式 y=x+3/2 的值是_____。
   A) 1　　　　　　B) 2　　　　　　C) 2.0　　　　　D) 2.5
3. 假设已经定义 int x;float y;，那么下列表达式中结果为整型的是_____。
   A) (int)y+x　　　B) (int)x+y　　　C) int(y+x)　　　D) (float)x+y
4. 假设已经定义 int x=3,y=4,z=5;，那么下列表达式中值为 0 的是_____。
   A) 'x'&&'y'　　　B) x<=y　　　　C) x||y+z&&y-z　　D) !((x<y)&&!z||1)
5. 已知 x=10、ch='A'、y=0，则表达式 x>=y&&ch<'B'&&!y 的值是_____。
   A) 0　　　　　　B) 1　　　　　　C) "假"　　　　D) "真"
6. 若 a、b、c、d 都是 int 型变量且初值为 0，则以下选项中不正确的赋值语句是_____。
   A) a=b=c=100;　　B) d++;　　　　C) c+b;　　　　D) d=(c=22)-(b++);
7. 判断字符型变量 c 为数字字符的正确表达式为_____。
   A) '0'<=c<='9'　　　　　　　　B) '0'<=c&&c<='9'
   C) c>='0'||c<='9'　　　　　　　D) c>=0&&c<=9
8. 下列运算符中，优先级最低的是_____。
   A) ? :　　　　　B) &&　　　　　C) ==　　　　　D) *=
9. 若有条件表达式 x?a++:b--，则下列表达式中的_____等价于表达式 x。
   A) x==0　　　　B) x!=0　　　　C) x==1　　　　D) x!=1
10. 假设已经定义 int k=4,a=3,b=2,c=1;，那么表达式 k<a?k:c<b?c:a 的值是_____。
    A) 4　　　　　　B) 3　　　　　　C) 2　　　　　　D) 1
11. 假设已经定义 int a=9;，那么语句 a+=a-=a+a;执行后，变量 a 的值是_____。
    A) 18　　　　　B) 9　　　　　　C) -18　　　　　D) -9
12. 对于整型变量 x，下列说法中错误的是_____。
    A) 5.0 不是表达式　　　　　　　B) x 是表达式
    C) !x 是表达式　　　　　　　　D) sqrt(x)是表达式
13. 假设已经定义 char x=040;，那么语句 printf("%d\n",x=x<<1); 执行后的输出结果是_____。
    A) 100　　　　　B) 160　　　　　C) 120　　　　　D) 64
14. 假设已经定义 char a=3, b=6, c; ，那么表达式 c=a^b<<2 的二进制值是_____。
    A) 00011011　　B) 00010100　　C) 00011100　　D) 00011000

二、填空题

1. 假设已经定义 int k=11;，进行 k++运算后表达式的值为_____，变量的值为_____。

2. C 语言使用_____表示逻辑值"真"，使用_____表示逻辑值"假"。

3. 将数学算式|x|>4 写成 C 语言中的逻辑表达式：_____。

4. 假设已经定义 float x=2.5,y=4.7; int a=7;，表达式 a%3*(int)(x+y)%2/4 的值为_____。

5. 假设已经定义 int x=8;且 y=8，执行语句 x+=x--+--y;后 x 的值为_____。

6. 假设已经定义 int a=2,b=4,x,y;，表达式!(x=a)||(y=b)&&!(2-3.5)的值为_____。

7. 假设已经定义 int m=2,n=1,a=1,b=2,c=3;，执行语句 d=(m=a==b)&&(n=b>c);后，m 和 n 的值分别为_____。

8. 假设已经定义 int a=2;，执行语句 a=3*5,a*4;后，a 的值为_____。

三、编程题

1. 输入华氏温度，要求输出对应的摄氏温度。计算公式如下：

$$t=\frac{5}{9}(tF-32)$$

其中，t 表示摄氏温度，tF 表示华氏温度。计算结果取两位小数。

2. 编写程序，输入一个实数，输出这个实数的绝对值。

3. 输入 3 个字符后，参考它们的 ASCII 码值，按从小到大的顺序输出这 3 个字符。

4. 输入一个实数，使这个实数保留两位小数，并对第三位小数进行四舍五入。

第 5 章

C语言的控制结构

　　C 语言程序是由语句组成的，每条语句代表了程序执行的操作步骤。通常，程序中的多数操作步骤不是按顺序执行的，这就需要由程序的控制结构来控制语句的执行顺序。C 语言程序一般有 3 种基本结构：顺序结构、选择结构和循环结构。在介绍这 3 种基本结构之前，我们先介绍算法的概念。

5.1　算法与程序

5.1.1　算法

　　广义地讲，算法(algorithm)就是为解决某个问题所做的流程安排——先做什么，后做什么；精确地讲，算法是为解决某个问题而定义的一组确定的、有限的操作步骤。算法具有以下特点。

1. 有穷性

　　算法通过执行有限的步骤来实现预定的目标，并且算法中的每一步都可以在合理的时间内完成。

2. 确定性

　　算法中的每一步应当是确定的，而不能是含糊的、模棱两可的。

3. 有效性

　　算法中的每一步都应当被执行并得到确定的结果。例如，假设 b=0，那么 a/b 是无法执行的。

4. 有零个或多个输入

　　算法可以有一个或多个输入，从而作为算法的操作数据，但是算法也可以没有输入。

5. 有一个或多个输出

　　算法总会产生一个或多个输出，从而表示算法的计算结果。

　　算法的分析设计一般采用自顶向下的方法：把将要解决的问题分解成若干子问题，并将大目标分解成若干子目标，从而最终分解成计算机能够处理的一系列操作步骤。

算法可以使用自然语言来描述，也可以使用流程图来描述。从算法的角度看，程序是算法的最终实现，也可以看作算法的一种描述形式。

5.1.2 程序

程序的作用是将算法用计算机语言表示出来，从而最终在计算机上按程序指定的操作完成对具体问题的求解工作。著名的计算机科学家 Nikiklaus Wirth 曾提出如下经典公式：

$$数据结构+算法=程序$$

以上公式说明程序应由两部分组成。

(1) 关于数据的描述，用于指定数据的类型及组织形式，也就是数据结构(data structure)。

(2) 关于操作的描述，用于指定操作步骤，也就是算法(algorithm)。

1. 程序设计的 3 种基本结构

程序一般由如下 3 种基本结构组成：顺序结构、选择结构和循环结构。

(1) 顺序结构是最基本、最简单的结构，这种结构由若干部分组成，按照各部分的排列次序依次执行，如图 5-1(a)所示。

(2) 选择结构又称分支结构，这种结构能根据给定的条件，从两条或多条路径中选择下一步将要执行的操作路径，如图 5-1(b)所示。其中的"表达式"表示给定的条件，当条件成立(即表达式的值为真)时，执行语句组 1，否则执行语句组 2。

(3) 循环结构则根据一定的条件，重复执行给定的一组操作，如图 5-1(c)所示。其中的"表达式"表示给定的条件，当条件成立(即表达式的值为真)时，重复执行接下来的语句组；一旦条件不成立，就离开循环结构。

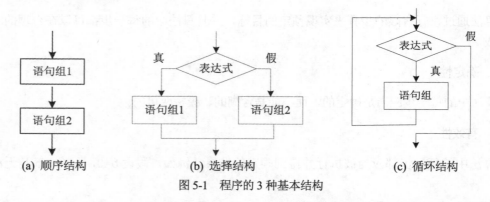

(a) 顺序结构   (b) 选择结构   (c) 循环结构

图 5-1 程序的 3 种基本结构

由这 3 种基本结构或这 3 种基本结构的复合嵌套构成的程序称为结构化程序。结构化程序的特点是结构清晰、层次分明，具有良好的可读性。

2. 程序设计的基本过程

在实际应用中，程序设计的基本过程可分为 3 个步骤：分析问题、设计算法、实现程序。

1) 分析问题

明确要解决的问题是什么，需要输入哪些数据，需要进行什么处理，以及最终要得到哪些处理结果。此外，对将要输入/输出的数据进行分析，确定数据类型。

2) 设计算法

在对将要输入/输出的数据进行分析之后，设计数据的组织方式，设计解决问题的操作步骤，并对操作步骤不断进行完善，最终得到一种完整的算法。

3) 实现程序

选择一种程序设计语言，通过描述数据的组织方式以及算法的具体步骤，实现整个程序。

5.2　顺序结构

顺序结构是最简单的一种程序结构。在 C 语言程序中，这种结构主要使用的是赋值语句以及由输入/输出函数构成的其他语句。

例 5.1　交换两个变量的值并输出结果。

分析：为了交换两杯水，需要第三个杯子才行。同样，为了交换两个变量 a 和 b 的值，也需要第三个变量 t，执行 t=a;a=b;b=t;语句即可交换 a 和 b 的值。算法流程图如图 5-2 所示。

程序如下：

```c
#include<stdio.h>
int main()
{
    int a,b,t;
    scanf("%d%d",&a,&b);
    printf("a=%d, b=%d\n",a,b);
    t=a;
    a=b;
    b=t;
    printf("a=%d, b=%d\n",a,b);
    return 0;
}
```

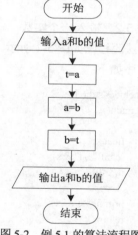

图 5-2　例 5.1 的算法流程图

程序运行结果如下：

```
5　9↙
a=5, b=9
a=9, b=5
```

5.3　选择结构

选择结构又称分支结构。在设计程序时，如果需要根据某些条件做出判断，从而决定使用哪一种处理方法，那么需要用到选择结构。下面介绍用于选择结构的各种语句。

5.3.1 if 语句

if 语句有单分支、双分支和嵌套 3 种形式。

1. if 语句的单分支形式

if(表达式) 语句

功能：计算表达式，当表达式的值为真时，执行分支中的语句，否则直接执行 if 语句的后续语句。

单分支 if 语句的执行流程图如图 5-3 所示。

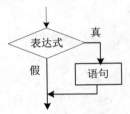

图 5-3　单分支 if 语句的执行流程图

例 5.2　输入一个实数，输出其绝对值。

算法流程图如图 5-4 所示。

程序如下：

```
#include<stdio.h>
int main()
{
    float x;
    scanf("%f",&x);
    if(x<0)
        x=-x;
    printf("%f\n",x);
    return 0;
}
```

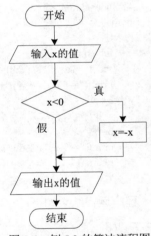

程序运行结果如下：

```
-5.6↙
5.600000
```

图 5-4　例 5.2 的算法流程图

程序说明：给 x 输入一个实数，如果是负数，程序会执行 if 语句中的赋值语句 x=-x;。如果 x 不是负数，就直接输出 x 的值。

2. 复合语句

复合语句(compound statement)是使用一对大括号括起来的语句序列，这些语句在执行时，将按大括号中语句的先后次序依次执行。复合语句在 C 语言程序中的语法地位相当于一条语句，常用于 if 语句、循环语句等。

if 语句中的分支语句既可以是一条单独的语句，也可以是复合语句。

例 5.3　输入两个实数，然后按从小到大的次序输出这两个实数。

程序如下：

```
#include<stdio.h>
int main()
{
    float x,y,t;
    scanf("%f%f",&x,&y);
    if(x>y)
    {
        t=x;
        x=y;
        y=t;
    }
    printf("%.2f, %.2f\n",x,y);
    return 0;
}
```

程序运行结果如下：

```
3.6    -3.2✓
-3.20, 3.60
```

程序说明：如果将语句 if(x>y) {t=x;x=y;y=t;}改为 if(x>y) t=x;x=y;y=t;，那么无论 x>y 是否成立，都将执行后两条语句 x=y;y=t;。

3. if 语句的双分支形式

if(表达式) 语句 1 else 语句 2

功能：计算表达式，当表达式的值为真时，执行语句 1，否则执行语句 2。

双分支 if 语句的执行流程图如图 5-5 所示。

例 5.4　从键盘输入一个字符，如果是数字字符，输出"It is a number."，否则输出"It is not a number."。

分析：当判断某个字符变量 ch 是否为数字字符时，可以通过对这个字符的 ASCII 码值进行大小比较来得出结果。判断条件为：既不小于字符'0'，又不大于字符'9'，也就是 ch>='0'&&ch<='9'）。算法流程图如图 5-6 所示。

程序如下：

```
#include<stdio.h>
int main()
{
```

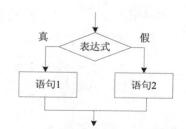

图 5-5　双分支 if 语句的执行流程图

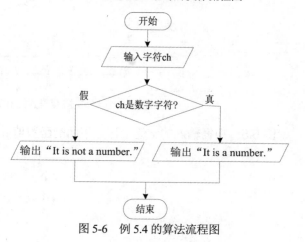

图 5-6　例 5.4 的算法流程图

```
    char ch;
    scanf("%c",&ch);
    if(ch>='0'&&ch<='9')
        printf("It is a number.\n");
    else
        printf("It is not a number.\n");
    return 0;
}
```

程序运行结果如下：

```
9✓
It is a number.
```

4. if 语句的嵌套形式

当 if 语句的单分支或多分支形式中的语句又是一条 if 语句时，就形成了 if 语句的嵌套。利用 if 语句的嵌套形式可解决多分支问题。双分支的 if 语句有两种常用的嵌套形式。

1) 单分支嵌套形式

```
if(表达式 1) 语句 1
else   if(表达式 2) 语句 2
    else   if(表达式 n-1) 语句 n-1
        else   语句 n
```

功能：计算表达式 1，若表达式 1 的值为真，则执行语句 1，整个 if 语句执行结束；否则计算表达式 2，以此类推；最后的 else 子句处理的是当表达式 1、表达式 2，直至表达式 n-1 的值都为假时，执行语句 n。当 n=5 时的单分支嵌套形式的 if 语句的执行流程图如图 5-7 所示。

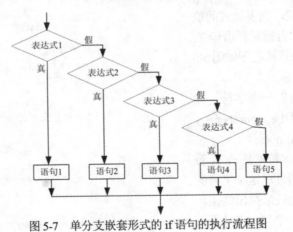

图 5-7　单分支嵌套形式的 if 语句的执行流程图

例 5.5　根据输入的 x 值，计算下面的函数值并输出结果。

$$y = \begin{cases} -1 & x < 0 \\ 0 & x = 0 \\ 1 & x > 0 \end{cases}$$

算法流程图如图 5-8 所示。
程序如下：

```c
#include<stdio.h>
int main()
{
    int x,y;
    scanf("%d",&x);
    if(x<0)
        y=-1;
    else if(x==0)
        y=0;
    else
        y=1;
    printf("x=%d,y=%d\n",x,y);
    return 0;
}
```

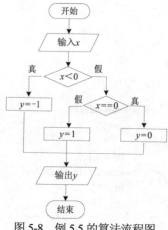

图 5-8　例 5.5 的算法流程图

程序运行结果如下：

```
-5✓
x=-5,y=-1
```

程序说明：上述程序采用了 if 语句的单分支嵌套形式来计算函数值。

2) 双分支嵌套形式

```
if(表达式 1)
    if(表达式 2)  语句 1
    else  语句 2
else
    if(表达式 3)  语句 3
    else  语句 4
```

功能：计算表达式 1，当表达式 1 的值为真时，计算表达式 2，当表达式 2 的值为真时，执行语句 1，否则执行语句 2；当表达式 1 的值为假时，计算表达式 3，当表达式 3 的值为真时，执行语句 3，否则执行语句 4。双分支嵌套形式的 if 语句的执行流程图如图 5-9 所示。

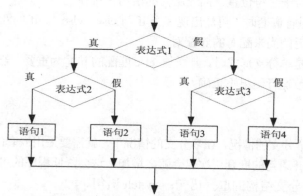

图 5-9　双分支嵌套形式的 if 语句的执行流程图

73

例 5.6 根据输入的 x 值和 y 值，计算下面的函数值并输出结果。

$$f(x,y) = \begin{cases} x^2 + y^2 & x > 0, y > 0 \\ x^2 - y^2 & x > 0, y \leqslant 0 \\ x + y & x \leqslant 0, y > 0 \\ x - y & x \leqslant 0, y \leqslant 0 \end{cases}$$

程序如下：

```
#include<stdio.h>
int main()
{
    float x,y,f;
    scanf("%f%f",&x,&y);
    if(x>0)
        if(y>0)
            f=x*x+y*y;
        else
            f=x*x-y*y;
    else
        if(y>0)
            f=x+y;
        else
            f=x-y;
    printf("x=%.1f, y=%.1f, f=%.1f\n",x,y,f);
    return 0;
}
```

程序运行结果如下：

```
-2 -5↙
x=-2.0, y=-5.0, f=3.0
```

程序说明：上述程序采用了双分支嵌套形式的 if 语句来计算函数值。

if 语句的嵌套有多种形式。在使用嵌套形式的 if 语句时，应注意如下两点。

(1) 为了分清结构的层次并提高程序的可读性，一般在编辑源程序时采用缩进格式：内层的分支语句向右缩进若干字符位置，同一层内的语句左对齐。

(2) 在对 if 语句进行嵌套时，可能出现多个 if 与 else。else 与 if 的匹配规则是：每个 else 总是与它前面相距最近的尚未配对的 if 配对。

当内层的 if 语句是单分支形式时，判断与 else 匹配的 if 尤为重要。若不能正确配对，程序将产生逻辑错误，导致运行结果不正确。

5.3.2 switch 语句

if 语句常用于两个分支的情况，在多分支的情况下，就需要采用嵌套的 if 语句形式。但是，如果分支较多，那么 if 语句的嵌套层次也会随之增加，这会降低程序的可读性。因此，C 语言提供了另一种用于多分支结构的选择语句：switch 语句。

1. switch 语句的一般形式

```
switch(表达式)
{    case 常量表达式 1：语句组 1
     case 常量表达式 2：语句组 2
     …
     case 常量表达式 n：语句组 n
     default：语句组 n+1
}
```

功能：计算表达式的值，当表达式的值与某个 case 后的常量表达式的值相等时，就从这个 case 进入，执行后面的语句组，直到 switch 语句中的所有语句组都执行完或遇到 break 语句。若表达式的值与所有 case 后的常量表达式的值都不相等，则从 default 部分进入，执行后面的"语句组 n+1"。switch 语句的执行流程图如图 5-10 所示。

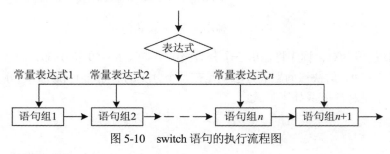

图 5-10　switch 语句的执行流程图

2. switch 语句的使用说明

(1) 表达式的计算结果必须为整型或字符型，case 后面的常量表达式 1~常量表达式 n 必须是整型常量表达式或字符型常量表达式。

(2) 常量表达式中不含变量，例如 8、'A'、6+3 等都是常量表达式。

(3) 当表达式的值与常量表达式 i 的值相等时，执行语句组 i(语句组可以为空，也可以包含若干条语句)。如果表达式的值与所有常量表达式的值都不相等，那么从 default 部分进入，执行语句组 n+1。

(4) default 部分可以省略。当省略 default 部分时，如果没有任何常量表达式的值能与表达式的值相等，那么 switch 语句将不起任何作用。

(5) break 语句在 switch 语句中的作用：在 switch 语句中，如果执行了 break 语句，就跳出 switch 语句，并执行其后的语句。

例如，下面根据学生成绩 grade 输出分数段，如果 switch 语句为：

```
switch(grade)
{
     case  'A' : printf("90~100\n");
     case  'B' : printf("80~89\n");
     case  'C' : printf("70~79\n");
     case  'D' : printf("60~69\n");
     case  'E' : printf("0~59\n");
}
```

那么流程图如图 5-11 所示。

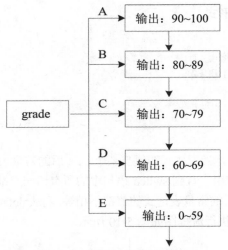

图 5-11　流程图(无 break 语句)

如果 grade 的值为'C'，程序将输出三个分数段：70~79、60~69 和 0~59，但我们实际上只需要输出分数段 70~79。解决该问题的办法就是在每个分支的后面加上 break 语句(其功能是终止 switch 语句)，于是程序变成如下形式：

```c
switch(grade)
{
    case 'A' : printf("90~100\n"); break;
    case 'B' : printf("80~89\n"); break;
    case 'C' : printf("70~79\n"); break;
    case 'D' : printf("60~69\n"); break;
    case 'E' : printf("0~59\n"); break;
}
```

流程图如图 5-12 所示。

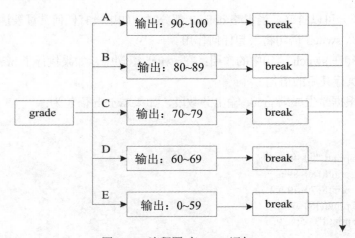

图 5-12　流程图(有 break 语句)

例 5.7　将输入的百分制成绩 score 转换成相应的五分制成绩 grade 并输出,转换规则如下:

$$grade = \begin{cases} A & 90 \leqslant score \leqslant 100 \\ B & 80 \leqslant score < 90 \\ C & 70 \leqslant score < 80 \\ D & 60 \leqslant score < 70 \\ E & 0 \leqslant score < 60 \end{cases}$$

程序如下:

```c
#include<stdio.h>
#include<stdlib.h>                      /* exit 函数所在的头文件 */
int main()
{
    float score;
    printf("Please input score:");
    scanf("%f",&score);
    if(score>100||score<0)
    {
        printf("The score is error\n");
        exit(0);                        /* 退出程序 */
    }
    switch( (int)score/10)
    {
        case 0:                         /* 当 score<10 时,语句组为空 */
        case 1:                         /* 语句组为空,程序将顺序往下执行 */
        case 2:
        case 3:
        case 4:
        case 5: printf("E\n"); break;
        case 6: printf("D\n"); break;
        case 7: printf("C\n"); break;
        case 8: printf("B\n"); break;
        case 9:
        case 10: printf("A\n");
    }
    return 0;
}
```

将程序运行两次,运行结果如下:

```
Please input score:35✓
E
Please input score:81✓
B
```

程序说明:这里利用了整除特性,从而使表达式(int)score/10 的值在 0 与 10 之间,这正好落在不同的分数段内,然后根据(int)score/10 的值分情况进行处理。当 case 后面的语句组为空时,程序将按顺序往下执行。break 语句的作用是跳出 switch 语句。

例 5.8 设计一个简易的计算器，用于进行两个实数的加、减、乘、除运算。

程序如下：

```c
#include<stdio.h>
#include<math.h>      /* 用于求绝对值的 fabs 函数所在的头文件 */
#include<stdlib.h>    /* 用于退出程序的 exit 函数所在的头文件 */
int main()
{
    float a,b,d;
    char ch;
    scanf("%f%c%f",&a,&ch,&b);
    switch(ch)
    {
        case  '+': d=a+b; break;
        case  '-': d=a-b; break;
        case  '*': d=a*b; break;
        case  '/': if(fabs(b)>1e-6) {d=a/b; break;}              /* 除数不能为 0 */
        default: printf("The operator or the data is error\n");
        exit(0);        /* 退出程序 */
    }
    printf("=%.2f\n",d);
    return 0;
}
```

程序运行结果如下：

```
5*8↙
=40.00
9%4↙
The operator or the data is error
```

5.4 循环结构

在实际编程中，我们经常遇到需要进行有规律的重复计算或操作的情况。利用计算机运算速度极快的特点，可以将这些计算或操作写成循环结构，从而使计算机重复地执行这些计算或操作。循环结构又称为重复结构，是结构化程序设计的基本结构之一。循环结构和顺序结构、选择结构一起，将共同作为各种复杂程序的基本构造单元。

C 语言提供了 3 种语句来实现循环结构：while 语句、do-while 语句和 for 语句。

5.4.1 while 语句

1. while 语句的一般形式

while(表达式) 语句

功能：计算表达式，若表达式的值为真，则执行语句；然后再次计算表达式，直到表达式的值为假才结束循环，并执行 while 语句的后续语句。

while 语句的执行流程图如图 5-13 所示。

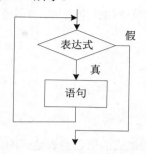

图 5-13　while 语句的执行流程图

其中的表达式可以是任意表达式，称为循环的条件，用于控制循环执行与否；语句则可以是任意 C 语言语句，称为循环体(loop body)。如果循环体包含多条语句，则必须使用大括号括起来，构成复合语句。

例 5.9　计算 1+2+3+…+100。

流程图如图 5-14 所示。

程序如下：

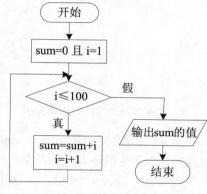

```c
#include<stdio.h>
int main()
{
    int i=1,sum=0;
    while(i<=100)
    {
        sum=sum+i;
        i++;
    }
    printf("sum=%d\n",sum);
    return 0;
}
```

图 5-14　例 5.9 的流程图

程序运行结果如下：

```
sum=5050
```

程序说明：循环体中应该有能使循环趋于结束的语句。例如在本例中，循环的结束条件是 i>100，因此在循环体中应使 i 递增，并最终出现 i>100 的情况，这里使用 i++;语句以达到此目的。如果没有这条语句，i 的值将始终不变，循环也将永不结束(死循环)。

2. while 语句的使用说明

(1) while 语句先判断，后执行。如果循环条件(也就是表达式的值)一开始就为假，那么循环体一次也不执行，而直接执行循环语句的后续语句。

(2) 为了使循环能够结束，应保证每次执行循环体后，表达式的值向假的方向变化。例如，对于 i=5; while(i>0){x++;}，由于每次循环体执行后，i 的值都不变，因此循环体不断地被执行，无法终止，成为死循环。

(3) 在进入循环体之前，应使各个变量具有初值。例如在例 5.9 中，sum 和 i 分别被初始化为 0、1。

(4) 循环体可以是复合语句、简单语句、空语句。单个分号就是一条空语句，表示不执行任何操作。

5.4.2 do-while 语句

1. do-while 语句的一般形式

do 语句 while (表达式);

功能：先执行循环体，再计算表达式的值。当表达式的值为真时，继续执行循环体，并再次计算表达式的值；当表达式的值为假时，循环结束，执行循环语句的后续语句。do-while 语句的执行流程图如图 5-15 所示。

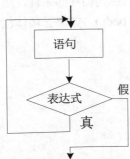

图 5-15 do-while 语句的执行流程图

2. do-while 语句的使用说明

do-while 语句的使用方法与 while 语句相似，不同之处在于 do-while 语句先执行，后判断。也就是说，不论循环条件是否成立，循环体至少被执行一次。

例 5.10 输入一个整数，判断它是几位数。例如，如果输入 32564，就输出 5。

流程图如图 5-16 所示。

程序如下：

```c
#include<stdio.h>
int main()
{
    long x;
    int n=0;
    printf("input x=");
    scanf("%ld",&x);
    do
    {
        n++;
        x/=10;
    }while(x!=0);
    printf("output n=%d\n",n);
    return 0;
}
```

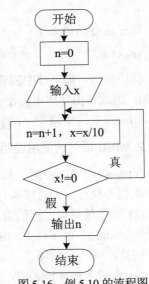

图 5-16 例 5.10 的流程图

程序运行结果如下：

```
input x=23461↙
output n=5
input x=-547↙
output n=3
input x=0↙
output n=1
```

程序说明：此处采用 do-while 语句比较合适，从而保证特殊情况(输入的 x 值为 0)下的输出也是正确的。

5.4.3　for 语句

1. for 语句的一般形式

for(表达式 1；表达式 2；表达式 3) 语句

功能：重复执行循环体，其中的表达式 2 是循环执行条件。

for 语句的执行过程如下：

(1) 计算表达式 1。

(2) 计算表达式 2。当表达式 2 的值为真时，执行循环体，否则结束循环，转到步骤(5)。

(3) 计算表达式 3。

(4) 转到步骤(2)，继续执行。

(5) 循环结束，执行循环语句的后续语句。

for 语句的执行流程图如图 5-17 所示。

2. for 语句的使用说明

(1) 执行 for 语句时，先计算表达式 1，并且只计算一次。表达式 1 一般用于为有关变量赋值，可以是赋值表达式、逗号表达式等。例如：

for(sum=0,i=1;i<=100;i++)sum=sum+i;

(2) 表达式 2 是循环执行条件，可以是任意表达式。在每次执行循环体之前,都要判断循环执行条件是否成立,只要表达式 2 的值为真，就执行循环体。

(3) 在循环体执行后，立即计算表达式 3。表达式 3 一般用于改变有关变量的值，特别是改变与循环执行条件有关的变量的值。

(4) 在 for 语句中，表达式 1、表达式 2、表达式 3 中

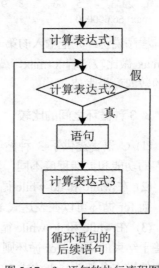

图 5-17　for 语句的执行流程图

的任意一个或多个可省略。其中，省略表达式 2，就相当于使表达式 2 的值为真，这有可能导致死循环。

例如：

```
s=0;i=1;for( ;i<=100;i++) s+=i;        /* 省略表达式 1 */
for(s=0,i=1;i<=100;){s+=i;i++;}        /* 省略表达式 3 */
```

(5) 执行次数已知或范围已知的循环，一般使用 for 语句比较合适。

例 5.11 输入 10 个数，输出其中的最大值。

流程图如图 5-18 所示。

程序如下：

```
#include <stdio.h>
int main()
{
    float x,max;
    int i;
    printf("input numbers:\n");
    scanf("%f",&x);
    max=x;
    for(i=1;i<=9;i++)
    {
        scanf("%f",&x);
        if(x>max) max=x;
    }
    printf("max=%f\n",max);
    return 0;
}
```

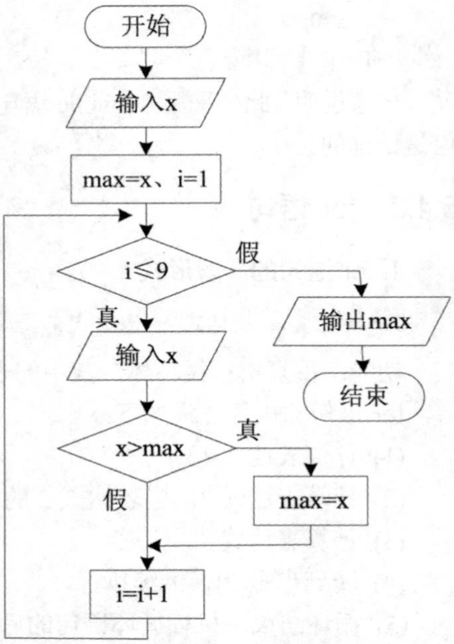

程序运行结果如下：

```
input numbers:
1 2 3 4 5 66 7 8 9 10↙
max=66.000000
```

图 5-18 例 5.11 的流程图

程序说明：先把输入的第一个数作为初始的最大值 max；再将后续输入给 x 的每个数逐个与 max 做比较，若 x>max，就把 x 赋值给 max；依次比较完所有输入的数之后，保存在 max 中的数即为最大值。

3.3 种循环之间的比较

(1) C 语言提供了 3 种循环，它们可以用来处理同一问题，并且一般情况下可以互换。但它们的功能和灵活程度不同，其中 for 循环的功能最强，并且也最为方便和灵活。

(2) 在 while 和 do-while 循环中，循环变量的初始化操作应在 while 和 do-while 语句之前完成，而 for 循环可以在表达式 1 中实现循环变量的初始化。

(3) 在 while 和 do-while 循环中，只在 while 的后面指定循环条件，循环体中应包含能使循环趋于结束的语句。for 循环则可以在表达式 3 中包含使循环趋于结束的操作，甚至可以将循环体中的操作全部放到表达式 3 中。因此，for 循环的功能最强，凡是能用 while 循环完成的任务，用 for 循环也都能完成。

(4) 这 3 种循环都可以通过 break 语句跳出循环，并通过 continue 语句结束此次循环。

5.4.4 break 语句

break 语句已在前面介绍 switch 语句时提到过，其功能是提前结束 switch 语句的执行，转而执行 switch 语句的后续语句。break 语句如果出现在循环语句的循环体中，那么功能就是结束循环语句，并转到循环语句的后续语句。

break 语句的一般形式如下：

```
break;
```

例 5.12　找出 100 与 300 之间第一个能被 17 整除的数。

流程图如图 5-19 所示。

程序如下：

```
#include<stdio.h>
int main()
{
    int i,m;
    for(i=100;i<=300;i++)
    if(i%17==0){m=i; break;}
    printf("m=%d\n",m);
    return 0;
}
```

程序运行结果如下：

```
m=102
```

程序说明：当 i 能被 17 整除时，执行复合语句{m=i; break;}，将 i 的值赋给 m 并退出循环，最后执行下面的输出语句。

使用 break 语句时应注意以下几点。

(1) break 语句只能用于 switch 语句或循环语句。当用于循环语句时，break 语句通常与 if 语句配合使用。

(2) 当用于嵌套的循环结构时，break 语句只能跳出(或终止)包含这条 break 语句本身的最内层循环。例如：

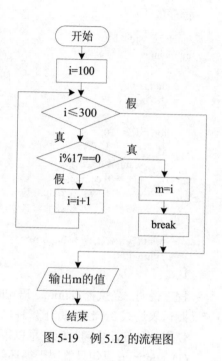

图 5-19　例 5.12 的流程图

```
while( )
{
    …
    for( )
    {
        …
        break;
    }
    …
}
```

上面的 break 语句只能从内层的 for 循环跳到外层的 while 循环，而无法同时跳出两层循环。

5.4.5　continue 语句

continue 语句的作用是结束此次循环，使得包含这条 continue 语句的循环开始下一次循环。也就是说，在 while 或 do-while 循环体中，当遇到 continue 语句时，就立即对表达式进行测试；而在 for 循环体中，当遇到 continue 语句时，就立即测试表达式 3。

continue 语句的一般形式如下：

```
continue;
```

例 5.13　输入 10 个数，计算并输出这 10 个数中非零数字的乘积，然后统计并输出非零数字的个数。流程图如图 5-20 所示。

程序如下：

```
#include <stdio.h>
int main()
{
    int i,n=0;
    float x,y=1;

    for(i=1;i<=10;i++)
    {
        scanf("%f",&x);
        if(x==0) continue;
        y*=x;        /* 计算非零数字的乘积 */
        n++;         /* 统计非零数字的个数 */
    }
    printf("y=%.2f, n=%d\n",y,n);
    return 0;
}
```

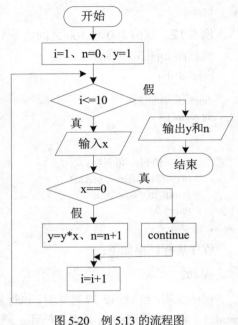

图 5-20　例 5.13 的流程图

程序说明：当执行 continue 语句时，循环体内位于 continue 语句后面的所有语句不再执行，转而测试表达式 3，也就是计算 i++ 并判断循环执行条件，从而决定是否继续执行循环。

使用 continue 语句时应注意以下两点。

(1) continue 语句只能用于循环结构，并且通常需要与 if 语句配合使用。

(2) continue 语句和 break 语句的区别如下：continue 语句只能结束此次循环，而不能终止整个循环语句的执行；break 语句则能够立即结束整个循环过程。

5.4.6　单重循环结构

下面举例说明单重循环结构的使用方法。

例 5.14　求 Fibonacci 数列的前 20 项。Fibonacci 数列如下：

1，1，2，3，5，8，13，21，…

Fibonacci 数列具有如下特点：第 1 项和第 2 项都是 1，其余每项都是前两项之和。

程序如下：

```
#include<stdio.h>
int main()
{
    long f1=1,f2=1;
    int i;
    for(i=1;i<=10;i++)
    {
        printf("%10ld%10ld",f1,f2);    /* 输出长整型数据时使用附加说明符 1，宽度为 10 */
```

```
        if(i%2==0) printf("\n");          /*  每行输出 4 个数  */
        f1=f1+f2;
        f2=f2+f1;
    }
    return 0;
}
```

程序运行结果如下：

1	1	2	3
5	8	13	21
34	55	89	144
233	377	610	987
1597	2584	4181	6765

程序说明：

(1) 观察 printf 函数中的格式说明符%10ld，这里在宽度 10 的后面加上了附加说明符 l(字母)，用于输出长整型数据。

(2) if 语句的作用是：每输出 4 个数之后就换行。i 是循环变量，当 i 为偶数时换行，而 i 每增加 1，就要计算和输出两个数(f1 和 f2)，因此 i 每增加 2 之后换行就相当于每输出 4 个数之后换行。

例 5.15　输入一个大于 1 的正整数，判断该数是否为素数。如果是素数，输出 yes，否则输出 no。

分析：素数是指只能被 1 或自身整除的大于 1 的正整数。例如，13 就是素数，除了 1 和 13，这个数不能被 2~12 的任何整数整除。根据素数的定义，可以得到如下判断素数的方法：假设 n 为大于 1 的正整数，如果 n 不能被 2~n-1 的任何整数整除，那么可以判定 n 是素数。事实上，判断次数还可减少。如果 n 能被某数 p 整除，假设商为 q，那么 q 也能整除 n，也就是说，$n=p*q$。假设 p 为 p 和 q 中的较小者，则有 $p*p \leq n$，即 $p \leq \sqrt{n}$。因此，对于任意一个大于 1 的正整数 n，只需要使用 2~$\sqrt{n}$ 的整数去除 n，即可得到正确的判断结果。

程序如下：

```
#include <stdio.h>
#include<math.h>                    /* sqrt 函数所在的头文件 */
int main()
{
    long n;
    int i,k;
    printf("input n:");
    scanf("%ld",&n);
    k=(int)sqrt((double)n);          /* sqrt 是求平方根函数 */
    for(i=2;i<=k;i++)
        if(n%i==0)   break;          /* 如果 n 能被某个数 i(2≤i≤k)整除，那么循环结束 */
    if(i<=k)                         /* 如果 i≤k，那么说明 n 不是素数 */
        printf("no\n");
    else
        printf("yes\n");
    return 0;
}
```

程序运行结果如下：

```
input n:21↙
no
input n:101↙
yes
```

程序说明：在 for 语句执行完之后，根据 i 的值即可判断 n 是否为素数：如果执行了 break 语句，那么 i≤k，这说明 n 不是素数；如果没有执行 break 语句，那么 i>k，这说明 n 是素数。

例 5.16　按下面的幂级数展开式计算 e 的值，要求误差小于 10^{-5}。

$$e = 1 + \frac{1}{1!} + \frac{1}{2!} + \frac{1}{3!} + \cdots + \frac{1}{n!} + \cdots$$

分析：这是一个求和问题。算法如下：

(1) t=1，e=1，i=1。

(2) t=t/i，e=e+t，i=i+1。

(3) 如果 t<1e-5，那么执行步骤(4)，否则转到步骤(2)。

(4) 输出 e，程序结束。

程序如下：

```c
#include <stdio.h>
int main()
{
    float t=1,e=1;
    int i=1;
    while(t>=1e-5)
    {   t=t/i;   e+=t;   i++; }
    printf("e=%.5f\n",e);
    return 0;
}
```

程序运行结果如下：

```
e=2.71828
```

程序说明：在 while 循环语句中，每执行一次循环体，就要计算一个新的级数项 t，并将 t 的值累加到变量 e 中。

5.4.7　多重循环结构

一个循环的循环体内又包含另一个循环，这种情况称为嵌套循环(nested loop)，又称为多重循环。内嵌的循环语句称为内层循环，包含循环的循环称为外层循环。下面举例说明多重循环结构的使用方法。

例 5.17　演示多重嵌套循环的执行过程。

程序如下：

```c
#include <stdio.h>
int main()
{
```

86

```
        int i,j;
        for(i=0;i<3;i++)                    /* 外循环 */
        {
            printf("i=%d: ",i);
            for(j=0;j<4;j++)                /* 内循环 */
                printf("j=%-3d",j);         /* 内循环的循环体 */
            printf("\n");
        }
        return 0;
    }
```

程序运行结果如下：

```
i=0: j=0    j=1    j=2    j=3
i=1: j=0    j=1    j=2    j=3
i=2: j=0    j=1    j=2    j=3
```

程序说明：外循环执行了 3 次，对于外循环的每一次执行，内循环都要执行 4 次。外循环执行完毕后，内循环的循环体共执行了 12 次。

例 5.18　每行 10 个，输出 1 和 100 之间的所有素数。

分析：我们在例 5.15 中已经设计出了用于判断一个自然数是否为素数的程序，只要在判断自然数 n 是否为素数的程序代码的外部加上外层循环，并由外层循环控制 n 产生 2~100 的自然数，然后使用循环体对 n 进行判断处理即可。

```
for(n=2;n<=100;n++)
{
    判断 n 是否为素数
    若 n 是素数，则输出 n
}
```

程序如下：

```
#include <stdio.h>
#include <math.h>
int main()
{
    int n,i,k,count=0;
    for(n=2;n<=100;n++)
    {
        k=(int)sqrt((double)n);
        for(i=2;i<=k;i++)
            if(n%i==0)    break;
        if(i>k)
        {
            printf("%5d",n);
            count++;
            if(count%10==0) printf("\n");
        }
    }
    return 0;
}
```

程序运行结果如下：

2	3	5	7	11	13	17	19	23	29
31	37	41	43	47	53	59	61	67	71
73	79	83	89	97					

程序说明：外循环产生 2~100 的自然数，然后使用循环体判断每一个自然数 n 是否为素数，最后输出指定范围内的所有素数。

例 5.19 编写程序，输出如下图形：

```
    *
   ***
  *****
 *******
*********
```

分析：第 1 行先输出 4 个空格，再输出一个*；第 2 行先输出 3 个空格，再输出 3 个*；以此类推。由此可以确定：第 i 行先输出 5-i 个空格，再输出 2i-1 个*。

程序如下：

```
#include <stdio.h>
int main()
{
    int i,j;
    for(i=1;i<=5;i++)
    {
        for(j=1;j<=5-i;j++)    putchar(' ');
        for(j=1;j<=2*i-1;j++)    putchar('*');
        putchar('\n');
    }
    return 0;
}
```

程序说明：外循环执行 5 次，共输出 5 行；循环体则由两个并列的循环组成，作用是分别输出每行的若干空格和若干*。

5.5 习题

一、选择题

1. 假设已经定义 int a=2,b=-1,c=2; ，那么在执行语句 if(a<b) if(b<0) c=0; else c+=1;后，变量 c 的值是 _____。

  A) 0   B) 1   C) 2   D) 3

2. 运行以下程序后，将输出_____。

```
int main()
{   int k=-3;
    if(k<=0)  printf("****\n")  else  printf("&&&&\n");
```

```
        return 0;
    }
```

   A) ****　　　　　　　　　　　　　B) &&&&

   C) ####&&&&　　　　　　　　　D) 有语法错误，程序无法通过编译

3. 以下程序的输出结果是_____。

```
int i,sum;
for(i=1; i<6; i++) sum+=sum;
printf("%d\n",sum);
```

   A) 15　　　　　　　B) 14　　　　　　　C) 不确定　　　　　D) 0

4. 下列语句中能够将小写字母转换为大写字母的是_____。

   A) if(ch>='a'&ch<='z') ch=ch-32;

   B) if(ch>='a'&&ch<='z') ch=ch-32;

   C) ch=(ch>='a'&&ch<='z')?ch-32;

   D) ch=(ch>'a'&&ch<'z')?ch-32:ch;

5. 下列语句中能够将变量 u 和 s 中的最大值赋给变量 t 的是_____。

   A) if(u>s) t=u;t=s;　　　　　　B) t=s;if(u>s) t=u;

   C) if(u>s) t=s;else t=u;　　　　D) t=u;if(u>s) t=s;

6. 下列选项中与语句 while(!s)中的条件等价的是_____。

   A) s==0　　　　　B) s!=0　　　　　C) s==1　　　　D) s=0

7. 下列语句中能够输出 26 个大写英文字母的是_____。

   A) for(a='A';a<='Z';printf("%c",++a));

   B) for(a='A';a<'Z';a++)printf("%c",a);

   C) for(a='A';a<='Z';printf("%c",a++));

   D) for(a='A';a<'Z';printf("%c",++a));

8. 下面的循环体执行的次数是_____。

```
i=0;k=10; while(i=8) i=k--;
```

   A) 8 次　　　　　B) 10 次　　　　　C) 2 次　　　　D) 无数次

9. 以下程序的输出结果是_____。

```
int k,j,s;
for(k=2; k<6; k++,k++)
   { s=1;   for(j=k; j<6; j++)   s+=j; }
printf("%d\n", s);
```

   A) 9　　　　　　　B) 1　　　　　　C) 11　　　　D) 10

10. 以下程序的输出结果是_____。

```
int i,j,m=0;
for(i=1; i<=15; i+=4)
    for(j=3; j<=19; j+=4) m++;
printf("%d\n", m);
```

   A) 12　　　　　　B) 15　　　　　C) 20　　　　D) 25

11. 以下程序的输出结果是_____。

```
int x=3;
do { printf("%3d",x-=2); } while(!(--x));
```

A) 1   B) 30   C) 1−2   D) 死循环

12. 以下程序的输出结果是_____。

```
int y=10;
for(; y>0; y--)   if(y%3==0)   {printf("%d", --y); continue; }
```

A) 741   B) 852   C) 963   D) 875421

13. 以下程序的输出结果是_____。

```
# include<stdio.h>
int main()
{
    int i;
    for(i=1; i<=5; i++) { if(i%2) printf("*"); else   continue;   printf("#"); }
    printf("$\n");
    return 0;
}
```

A) *#*#*#$ B) #*#*#*$ C) *#*#$ D) #*#*$

二、填空题

1. 以下程序的输出结果是_____。

```
int a=100;
if(a>100) printf("%d\n",a>100); else printf("%d\n",a<=100);
```

2. 当 a=1、b=2、c=3 时，语句 if(a>c) b=a; a=c; c=b;执行后，a、b、c 的值分别为_____、_____、_____。

3. 执行以下程序后，i 的值是_____，j 的值是_____，k 的值是_____。

```
int a,b,c,d,i,j,k;
a=10;  b=c=d=5;  i=j=k=0;
for( ; a>b; ++b) i++;
while(a>++c) j++;
do k++;   while(a>d++);
```

4. 以下程序的输出结果是_____。

```
int x=2;
while(x--);
printf("%d\n",x);
```

5. 以下程序的输出结果是_____。

```
int i=0,sum=1;
do { sum+=i++; }while(i<5);
printf("%d\n",sum);
```

三、编程题

1. 输入三角形的三条边长，计算并输出三角形的面积。

2. 使用 if 语句编写程序，输入 x 的值之后，按下式计算 y 的值并输出。

$$y=\begin{cases} x+2x^2+10 & 0\leqslant x\leqslant 8 \\ x-3x^3-9 & x<0或x>8 \end{cases}$$

3. 输入 10 名学生的成绩，输出最低分数。

4. 使用 for 循环语句输出 26 个大写字母，使用 while 循环语句输出 26 个小写字母。

5. 编写程序，输入一个三位的正整数，找出能够使用其各位数字组成的最大数和最小数。例如输入 517，那么最大数为 751，最小数为 157。

6. 输入 n 和 n 个数，输出其中所有奇数的乘积。

7. 输入 n 和 n 个数，统计其中负数、零及正数的个数。

8. 求数列的和。假设数列的首项为 81，以后各项为前一项的平方根(如 81,9,3,1.732,…)，求前 20 项之和。

9. 输出 3 位"水仙花数"。水仙花数是指这样的三位数：其各位数字的立方和等于这个三位数本身，例如，$153=1^3+5^3+3^3$。

10. 求算式 1-1/2+1/3-1/4+1/5-1/6+… 中的前 40 项之和。

11. 使用循环语句编写程序，输出如下图形：

```
      *
     * * *
    * * * * *
   * * * * * * *
    * * * * *
     * * *
      *
```

第6章

数　组

数组(array)是具有相同类型的一组变量的集合，这些变量又称为数组元素(element)。数组按下标个数可分类为一维数组、二维数组等。

6.1　一维数组

6.1.1　一维数组的定义

一维数组是数组名后只有一对方括号的数组，定义方式如下：

类型标识符　数组名[元素个数];

例如：

char str[20];

上述语句定义了一个名为 str 的一维数组，其中包含 20 个数组元素，分别为 str[0]、str[1]、str[2]、str[3]、…、str[19]，其中 0~19 称为数组的下标。根据上述定义，数组 str 的每个元素都是字符型变量。数组元素的个数也称为数组的长度。

关于数组的定义，应注意以下几点：

(1) 在数组名后只能使用方括号括住数组元素的个数，而不能使用圆括号。

(2) 元素个数可以是整型常量，也可以是整型常量表达式，但不能含有变量。C 语言不允许对数组的大小做动态定义。

(3) 数组元素的个数必须大于或等于 1。

(4) 数组元素的下标是从 0 开始编号的。

因此，根据数组定义 int a[6];，表示数组 a 的第一个元素是 a[0]而不是 a[1]，最后一个元素是 a[5]而不是 a[6]。初学者往往容易在这个地方出错。

下面的数组定义是错误的：

```
int m,n;
float x[m];          /* 使用变量说明数组元素个数是错误的 */
float y[m+n+1];      /* 使用包含变量的表达式说明数组元素个数是错误的 */
int number[-8];      /* 使用负数说明数组元素个数是错误的 */
int b(8);            /* 在数组名后使用圆括号是错误的 */
```

而下面的数组定义则是正确的：

```
#define SIZE 30          /* 定义符号常量 SIZE */
```

```
char string[SIZE];          /*  SIZE 是常量而不是变量  */
int a[15*SIZE];             /*  可使用整型常量表达式说明数组元素个数  */
double x[6*32-1];
```

6.1.2　一维数组的存储形式

一维数组在内存中存储时，按下标递增的次序连续存放。对于数组定义 int a[10];，数组名 a 表示数组在内存中的首地址，数组的第一个元素存放在地址&a[0]中。因此，数组名是地址常量而不是变量，因而不能进行赋值，也不能执行&运算。

对于数组定义 int a[10];，编译系统将在内存中为 int 型数组 a 分配 10*sizeof(int)字节的存储区域，如图 6-1 所示。

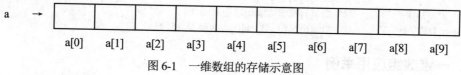

图 6-1　一维数组的存储示意图

6.1.3　一维数组的初始化

在定义数组时，为数组元素赋初值的过程称为数组的初始化，形式如下：

数据类型　数组名[元素个数]={值 1，值 2，…，值 n};

具体说明如下：

(1) 大括号中的值是初值，已用逗号隔开。例如：

int a[5]={10，20，30，40，50};

各数组元素的初值为：a[0]=10，a[1]=20，a[2]=30，a[3]=40，a[4]=50。

(2) 如果大括号中的值的个数少于数组元素的个数，那么多余的数组元素的初值为 0(字符型数组元素为'\0')。例如：

int a[5]={10，20，30};

各数组元素的初值为：a[0]=10，a[1]=20，a[2]=30，a[3]=0，a[4]=0。

再如：

char ch[5]={ '+'，'-'};

各数组元素的初值为：ch[0]= '+'，ch[1]= '-'，ch[2]= '\0'，ch[3]= '\0'，ch[4]='\0'。

(3) 在定义数组时，可省略方括号中的元素个数，而由大括号中初值的个数来决定数组元素的个数。例如，以下数组定义

int m[ ]={0，1，2};

相当于

int m[3]={0，1，2};

(4) 初值的个数不能多于数组元素的个数。例如：

int a[5]={1,2,3,4,5,6};

以上数组定义是错误的。

6.1.4　一维数组的引用

与变量类似，数组应先定义、后引用。在C语言中，不能对数组整体进行操作。例如，不能对整个数组进行赋值或执行其他各种运算。只能对数组元素进行操作。一维数组元素的引用形式如下：

数组名[下标]

其中，下标可以是非负的整型表达式，取值范围为0~数组长度-1(数组长度即数组元素的个数)。一个数组元素就是一个变量。例如：

```
int a[10];
a[0]=5;                   /* 给 a[0]赋值 5 */
a[1]=2*a[3/4];            /* 给 a[1]赋值 2*a[0]，也就是 10 */
a[6]=a[3%2]+a[6-6];       /* 给 a[6]赋值 a[1]+a[0]，也就是 15 */
```

6.1.5　一维数组应用举例

例6.1　使用选择排序法对n个数从小到大进行排序。

排序过程如下：首先扫描整个数组，从中选出最小的元素，将它与数组中的第一个元素交换；然后从剩下的$n-1$个元素中选出最小的元素，将它和第二个元素交换；以此类推，直到剩下最后一个元素。对于长度为n的数组，选择排序法需要扫描$n-1$遍。图6-2是这种排序法的示意图($n=6$)，在这里，方括号中是已经排好序的元素，带下画线的元素表示需要交换位置。

原序列	33	18	21	89	19	16
第1遍选择	[16]	18	21	89	19	33
第2遍选择	[16	18]	21	89	19	33
第3遍选择	[16	18	19]	89	21	33
第4遍选择	[16	18	19	21]	89	33
第5遍选择	[16	18	19	21	33]	89

图6-2　选择排序法的示意图

程序如下：

```
#include <stdio.h>
#define N 6                              /* 定义符号常量 N */
int main()
{
    float a[N],t;
    int i,j,k;
    printf("input %d numbers:\n",N);
    for(i=0;i<N;i++) scanf("%f",&a[i]);  /* 输入 N 个数 */
    for(i=0;i<N-1;i++)                    /* 进行 N-1 遍选择 */
    {
        k=i;                             /* k 为第 i+1 遍选择的最小元素的位置 */
        for(j=i+1;j<N;j++) if(a[j]<a[k]) k=j;
        t=a[k];
        a[k]=a[i];
```

```
        a[i]=t;                                    /* 交换 a[i]和 a[k] */
    }
    for(i=0;i<N;i++) printf("%.2f  ",a[i]);
    printf("\n");
    return 0;
}
```

程序运行结果如下：

```
input 6 numbers:
7  3  2  1  4  5✓
1.00   2.00   3.00   4.00   5.00   7.00
```

程序说明：程序的第 13~15 行可改为 if(i!=k) {t=a[k]; a[k]=a[i]; a[i]=t;}。

例 6.2　使用冒泡排序法对 n 个数从小到大进行排序。

排序过程如下：首先将这 n 个数按先后次序，对相邻的每两个数进行比较，将大数调换到后面，经过一遍这样的操作，最大数就被放到了最后；然后对前面的 $n-1$ 个数进行相同的比较和交换操作，将次大数放在倒数第二的位置；以此类推，直到所有的数都按顺序排列。在上述操作中，大数不断下沉，小数不断上升，故称冒泡排序法。图 6-3 是这种排序法的示意图($n=9$)，在这里，方括号中是已经排好序的元素。

原序列	6	2	8	1	3	1	9	5	7
第 1 遍	2	6	1	3	1	8	5	7	[9]
第 2 遍	2	1	3	1	6	5	7	[8	9]
第 3 遍	1	2	1	3	5	6	[7	8	9]
第 4 遍	1	1	2	3	5	[6	7	8	9]
第 5 遍	1	1	2	3	[5	6	7	8	9]
第 6 遍	1	1	2	[3	5	6	7	8	9]
第 7 遍	1	1	[2	3	5	6	7	8	9]
第 8 遍	1	[1	2	3	5	6	7	8	9]

图 6-3　冒泡排序法的示意图

程序如下：

```
#include <stdio.h>
#define N 9
int main()
{
    float a[N],t ;
    int i ,j,k ;
    printf("input %d numbers:\n",N);
    for(i=0;i<N;i++)   scanf("%f",&a[i]);
    for(i=0;i<N-1;i++)
        for(j=0;j<N-1-i;j++)
            if(a[j]>a[j+1]) {t=a[j]; a[j]=a[j+1] ; a[j+1]=t; }
    printf("the sorted numbers:\n");
    for(i=0;i<N;i++)   printf("%.2f  ",a[i]);
    printf("\n");
```

```
        return 0;
}
```

从图 6-3 可以看出，经过第 4 遍排序之后，数组已经有序。在进行某次排序时，如果不需要交换数据，那么排序可以提前终止。修改程序：

```
#include <stdio.h>
#define N 8
int main()
{
    float a[N],t;
    int i,j,k;
    printf("input %d numbers:\n",N);
    for(i=0;i<N;i++)
        scanf("%f",&a[i]);
    for(i=0,k=1;i<N-1&&k!=0;i++)
        for(j=0,k=0;j<N-1-i;j++)
            if(a[j]>a[j+1])
            {
                t=a[j];
                a[j]=a[j+1] ;
                a[j+1]=t;k=1;
            }
    printf("the sorted numbers:\n");
    for(i=0;i<N;i++) printf("%.2f    ",a[i]);
    printf("\n");
    rerurn 0;
}
```

在上述程序中，变量 k 的作用如下：若本次排序中有数据交换，则赋值为 1，然后继续排序；若本次排序中无数据交换，则赋值为 0，表示数组已经有序，排序可以提前结束。

例 6.3　在 n 个数中查找某个数。

分析：查找过程就是将这 n 个数依次与想要查找的数进行比较。

程序如下：

```
#include <stdio.h>
#include <stdlib.h>
#define N 5
int main()
{
    int a[N],i,x;
    printf("input %d numbers:\n",N);
    for(i=0;i<N;i++) scanf("%d",&a[i]);
    printf("input x to look for:");
    scanf("%d",&x);
    for(i=0;i<N;i++)
        if(a[i]==x)
        {
            printf("find: %d it is a[%d]\n",x,i);
            exit(0);
        }
```

```
        printf("%d not been found.\n",x);
        return 0;
}
```

程序运行结果如下：

```
input 5 numbers:
1  3  5  7  9✓
input x to look for:5✓
find: 5 it is a[2]
```

例 6.4　学校要举行校园歌手大赛，请为大赛组委会编写一个程序，计算并输出每位歌手的最终得分。要求输入并显示每位评委的评分，按比赛规则，去掉一个最高分，去掉一个最低分，计算歌手的最终平均分。

程序如下：

```
#include <stdio.h>
# define   N   7                          /* 宏定义 N，评委人数 */

int main()
{
    float J[N],sum,max,min,ave;
    int i,n;
    while(1)
    {
        printf("评分程序已启动，输入-1 退出系统！\n");
        printf("\n 请输入歌手号码： ");
        scanf("%d",&n);
        if(n==-1) break;
        printf("\n 请输入每位评委的评分： \n");
        sum=0.0;
        for(i=0;   i<N ;   i++)                /* 输入并显示每位评委的评分，求总分 */
        {
            printf("%d 号评委的评分是： ",i+1);
            scanf("%f", J+i);
            sum +=J[i];
        }
        max=J[0];min=J[0];
        for(i=1;i<N;i++)                       /* 求最高分和最低分 */
        {
            if(J[i]>max) max=J[i];
            if(J[i]<min) min=J[i];
        }
        ave=(sum-max-min)/(N-2) ;              /* 去掉一个最高分，去掉一个最低分，歌手的最终得分 */
        printf("\n 去掉一个最高分： %f\n",max);
        printf("去掉一个最低分： %f\n",min);
        printf("%d 号歌手最终得分为:%.2f\n\n",n,ave);
    }
    return 0;
}
```

程序运行结果如下：

```
评分程序已启动，输入-1 退出系统！
请输入歌手号码：1001✓
请输入每位评委的评分：
1 号评委的评分是：91✓
2 号评委的评分是：92✓
3 号评委的评分是：92✓
4 号评委的评分是：93✓
5 号评委的评分是：92✓
6 号评委的评分是：92✓
7 号评委的评分是：92✓
去掉一个最高分：93.000000
去掉一个最低分：91.000000
1001 号歌手最终得分为：92.00
评分程序已启动，输入-1 退出系统！
请输入歌手号码：
```

问题分析：

如果需要先去掉 2 个最高分和 2 个最低分，再求平均分，该怎么做？更进一步，如果想要像学校的学评教系统那样，去掉 10%的最高分和 10%的最低分，再求平均分，又该怎么做？

该程序虽然能按要求实现歌手的评分，但还不能将评委为每一位歌手打的分数以及歌手的得分情况保存下来，这是一个很大的缺陷，该如何弥补呢？

6.2 二维数组

6.2.1 二维数组的定义

二维数组(two-dimensional array)的一般定义形式如下：

类型标识符　数组名[常量表达式][常量表达式];

其中，类型标识符标识数组元素的类型；数组名为 C 语言中合法的标识符；常量表达式为正整型常量，第一个常量表达式表示数组的行数，第二个常量表达式表示每一行的元素个数。例如：

float a[3][4];

上述语句定义 a 为 3 行 4 列的数组，其中共有如下 12 个元素：

```
a[0][0] a[0][1] a[0][2] a[0][3]
a[1][0] a[1][1] a[1][2] a[1][3]
a[2][0] a[2][1] a[2][2] a[2][3]
```

这 12 个数组元素的类型均为 float。

一维数组在定义时需要注意的问题对多维数组也适用，此处不再一一举例。

6.2.2 二维数组的存储形式

定义完二维数组后，C 语言编译系统即在内存中为定义的二维数组分配一块连续的存储区域，这块存储区域的首地址由数组名表示，数组元素在这块存储区域内的存放顺序为按行存放。例如：

```
int b[2][3];
```

编译系统将在内存中为数组 b 分配 2*3*sizeof(int)字节的存储区域，其中数组名 b 表示这块存储区域的首地址，如图 6-4 所示。

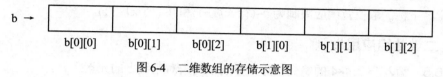

图 6-4 二维数组的存储示意图

6.2.3 二维数组的初始化

二维数组在定义的同时即可进行初始化。

(1) 按行给数组元素赋初值。例如：

```
int a[3][4]={{1,2,3,4},{5,6,7,8},{9,10,11,12}};
```

(2) 也可以将所有数据写在一对大括号内，从而按数组元素在内存中的存储顺序为它们赋初值。例如：

```
int a[3][4]={1,2,3,4,5,6,7,8,9,10,11,12};
```

效果与前面的相同，但第 1 种方法的可读性更强。

(3) 还可以为部分数组元素赋初值。例如：

```
int a[3][4]={{1},{5},{9}};
```

赋完初值后，数组 a 中的元素如下：

$$\begin{bmatrix} 1 & 0 & 0 & 0 \\ 5 & 0 & 0 & 0 \\ 9 & 0 & 0 & 0 \end{bmatrix}$$

(4) 在为数组元素赋初值时，第一维的长度可以不指定，但第二维的长度不能省略。系统会根据所赋初值的个数计算第一维的长度。例如：

```
int a[ ][4]={1,2,3,4,5,6,7,8,9,10,11,12};
```

上述数组定义语句与下面的语句等效：

```
int a[3][4]={1,2,3,4,5,6,7,8,9,10,11,12};
```

6.2.4 二维数组的引用

与一维数组相似，二维数组也是由一组相同类型的元素组成的，每个数组元素就是一个变量，对这些变量的引用和操作与一维数组相似。二维数组元素的引用方式如下：

数组名[下标 1][下标 2];

其中，下标 1 和下标 2 是值大于或等于 0 的整型表达式，这些整型表达式可以包含变量。例如，对于如下数组：

int n[10][15];

下面的引用方式都是正确的。

n[0][1]、n[k+1][0]、n[2*k+3][j+3]

当引用数组元素时，要特别注意下标越界的问题。因为系统不检查下标越界问题，所以用户要注意，下标的取值范围应限制为 0~(行长度-1)和 0~(列长度-1)。

6.2.5　二维数组应用举例

例 6.5　输入一个 4×4 的整数矩阵，分别求两条对角线上的元素之和。

注意：提示用户逐行输入矩阵元素。

分析：使用数组存放矩阵元素是非常合适的；不过需要注意一个问题，就是在求方形矩阵的对角线元素之和时，如果方形矩阵的行列数为奇数，那么当通过循环求两条对角线上的元素之和时，实际上两条对角线交叉点处的元素被重复计算了；当方形矩阵的行列数为偶数时，就不存在这个问题了。

程序如下：

```
#define N 4                          /* 定义符号常量 N 为 4 */
#include<stdio.h>
int main()
{
    int m[N][N];                     /* 定义 4×4 的数组 m */
    int i,j,r1=0,r2=0;
    for( i=0;i<N;i++)                /* 逐行输入数据 */
    {
        printf("one line:");
        for(j=0;j<N;j++)              /* 逐列输入数据 */
        {
            scanf("%d",&m[i][j]);
            if(i==j) r1+=m[i][j];     /* 累加对角线上的元素 */
            if(i+j==N-1) r2+=m[i][j]; /* 累加反对角线上的元素 */
        }
    }
    printf("the result: %d, %d\n",r1,r2);
    return 0;
}
```

程序运行结果如下：

```
one line: 1  1  1  1✓
one line: 2  2  2  2✓
one line: 3  3  3  3✓
one line: 4  4  4  0✓
the result: 6, 10
```

例 6.6 矩阵转置。

矩阵转置即行列互换，原矩阵的第 i 行数据转置后变成第 i 列，也就是将数组元素 a[i][j] 与 a[j][i] 互换。

程序如下：

```
#include <stdio.h>
#define N 4
int main()
{
    int a[N][N] , temp;
    int i ,j;
    printf("input matrix:\n");
    for(i=0;i<N;i++)
        for(j=0;j<N;j++) scanf("%d",&a[i][j]);       /* 输入 4×4 矩阵 */
    for(i=0;i<N;i++)
        for(j=0;j<i;j++)                             /* 注意 j<i 不能写成 j<N */
        {
            temp=a[i][j];
            a[i][j]=a[j][i];
            a[j][i]=temp;
        }
    printf("output matrix:\n");
    for(i=0;i<N;i++)
    {
        for(j=0;j<N;j++)
        printf("%5d",a[i][j]);
        printf("\n");                                /* 完成矩阵数据的换行 */
    }
    return 0;
}
```

程序运行结果如下：

```
input matrix:
1    2    3    4↙
5    6    7    8↙
9    10   11   12↙
13   14   15   16↙
output matrix:
1    5    9    13
2    6    10   14
3    7    11   15
4    8    12   16
```

例 6.7 有一个 3×4 的矩阵，要求编写程序，求出其中值最大的那个元素的值，以及这个元素所在的行号和列号。

分析：在查找矩阵中的最大值时，可首先取矩阵的第一个元素为存放最大值的变量的初值，然后逐一与其他元素进行比较，重新记录最大值，并记录对应的行号和列号。

程序如下：

```
#include <stdio.h>
int main()
{
    int i,j,row,colum,max;
    int a[3][4]={{1,2,3,4},{9,8,7,6},{-10,10,-5,2}};
    max=a[0][0]; row=0; colum=0;
    for(i=0;i<=2;i++)
        for(j=0;j<=3;j++)
            if(a[i][j]>max)
            {
                max=a[i][j];
                row=i; colum=j;
            }
    printf("max=%d,row=%d,colum=%d\n",max,row+1,colum+1);
    return 0;
}
```

程序运行结果如下：

max=10, row=3, colum=2

6.3 字符数组

6.3.1 字符数组的定义

字符数组是数据类型为 char 的数组。因此，之前介绍的数组的定义、存储形式和引用等也都适用于字符数组。

字符数组用于存放字符或字符串，每个数组元素就是一个字符，在内存中占用 1 字节。例如：

char a[10]; a[0]= 'C'; a[1]= 'H'; a[2]= 'T'; a[3]= 'N'; a[4]= 'A';a[5]= '\0';

上述语句定义的数组 a 在内存中的存储形式如图 6-5 所示。未初始化或未赋值的数组元素，其值是不确定的。

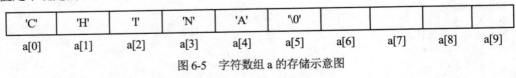

'C'	'H'	'T'	'N'	'A'	'\0'				
a[0]	a[1]	a[2]	a[3]	a[4]	a[5]	a[6]	a[7]	a[8]	a[9]

图 6-5 字符数组 a 的存储示意图

字符数组常用于存放字符串，由于 C 语言约定字符串以'\0'结尾，因此在使用字符数组存放字符串时，也要在字符串的末尾添加'\0'作为结束标志。另外，在定义用来存放字符串的字符数组时，字符数组的元素个数要比字符串中的字符数多 1，以便存放'\0'。

6.3.2 字符数组的初始化

字符数组的初始化有如下两种方式。

1. 使用字符常量初始化字符数组

例如：

```
char a[10]={ 'C', 'H', 'I', 'N', 'A', '\0'}
```

字符数组 a 被初始化为"CHINA"。

使用这种方式时应注意以下几点。

(1) 如果大括号中提供的初值个数(即字符数)大于数组长度，则按语法错误处理。

(2) 如果提供的初值个数小于数组长度，那么只将这些字符赋给数组中靠前的那些元素，其余元素被自动设定为空字符('\0')。

(3) 如果提供的初值个数与数组长度相同，那么在定义字符数组时可以省略数组长度，系统会自动根据初值个数确定数组长度。例如：

```
char a[]={'C', 'H', 'I', 'N', 'A', '\0'}
```

字符数组 a 的数组长度被自动设定为 6。

2. 使用字符串常量初始化字符数组

例如：

```
char a[6]={"CHINA"};
```

或

```
char a[6]="CHINA";
```

使用这种方式时应注意以下几点：

(1) 数组长度必须比字符串的长度(字符数)多 1，这样才能存放字符串的结束标志'\0'。例如，语句 char a[5]="CHINA";是错误的。

(2) 当使用字符串初始化字符数组时，可以省略数组长度的定义，如 char a[ ]="CHINA"。

(3) 数组名是地址常量，不能将字符串直接赋给数组名。例如，语句 char a[6]; a="CHINA"; 是错误的。

(4) 对于字符串，系统认为在遇到第一个'\0'时，字符串就结束了。例如，如果定义 char a[ ]="abc\0de\0f";，那么字符数组 a 的数组长度为 9，其中存放的字符串为"abc"。

6.3.3　字符数组的输入/输出

字符数组的输入/输出有如下几种方式。

1. 逐个字符的输入/输出

可以使用字符输入函数 getchar、字符输出函数 putchar 以及格式化输入/输出函数 scanf 和 printf 的格式说明符%c 来实现逐个字符的输入/输出。

　　例 6.8　输入一行字符，将其中的小写字母转换成大写字母，其余字符保持不变。

程序如下：

```
#include <stdio.h>
 int main()
```

```
{
    char c[81]; int i;
    for(i=0;(c[i]=getchar())!='\n';i++);        /* 输入字符串，遇回车键结束 */
    c[i]='\0';                                   /* 输入字符串的结束标志'\0' */
    for(i=0;c[i]!='\0';i++)
    {
        if(c[i]>='a'&&c[i]<='z')
            c[i]-=32;                            /* 如果是小写字母，就转换成相应的大写字母 */
        printf("%c",c[i]);
    }
    return 0;
}
```

程序运行结果如下：

```
abc,DEF!✓
ABC,DEF!
```

2. 整个字符串的输入/输出

可以使用 scanf 函数和 printf 函数中的格式说明符%s 实现整个字符串的输入/输出，对应的参数应该是数组名而不是数组元素。例 6.8 中的程序可修改为：

```
#include <stdio.h>
int main()
{
    char c[81]; int i;
    scanf("%s",c);
    for(i=0;c[i]!='\0';i++)
    {
        if(c[i]>='a'&&c[i]<='z')
            c[i]-=32;
    }
    printf("%s",c);
    return 0;
}
```

程序运行结果如下：

```
abc   DEF!✓
ABC
```

当使用 scanf 函数中的格式说明符%s 输入字符串时，一遇到空格、制表符或换行符就终止输入，并写入字符串结束标志'\0'。因此，要想在字符串中包含空格和制表符，就不能再使用 scanf 函数中的格式说明符%s 来输入字符串了，这个问题可以使用下面将要介绍的 gets 函数来解决。

6.3.4 常用字符串处理函数

C 编译系统为用户提供了一些用来处理字符串的函数，这些函数非常易用，可用来处理字符串的赋值、连接和比较运算等，对应的头文件为 string.h。

1. 字符串输出函数 puts

函数原型：

```
int puts(char *str);
```

其中，str 前面的 char *表示参数 str 是字符型指针(也就是字符型地址)，如字符串的首地址等。

使用方法：

```
puts(str);
```

其中，参数 str 为字符串中某个字符的地址。

函数功能：输出内存中从地址 str 开始的若干字符，直至遇到'\0'，并将'\0'转换成'\n'，这表示输出完字符串后换行。例如：

```
char str[ ]="Beijing\nChina";
puts(str);
```

输出结果如下：

```
Beijing
China
```

2. 字符串输入函数 gets

函数原型：

```
char *gets(char *str);
```

使用方法：

```
gets(str);
```

其中，参数 str 为字符数组中某个元素的地址。

函数功能：读入一串以回车结束的字符，将它们按顺序存入以 str 为首地址的内存单元中，最后写入字符串结束标志'\0'。例如：

```
gets(str);
```

从键盘输入：

```
Computer Science↙
```

即可将输入的字符串"Computer Science"存入字符数组 str。

gets 函数和 puts 函数所在的头文件为 stdio.h。

3. 字符串连接函数 strcat

函数原型：

```
char *strcat(char *str1, char *str2);
```

使用方法：

```
strcat(str1,str2);
```

其中，参数 str1 和 str2 分别为字符串中某个字符的地址。

函数功能：把从地址 str2 起到字符'\0'止的若干字符(包括'\0')复制到字符串 str1 之后。str1 一般为字符数组，并且必须定义得足够大，这样才能存放连接后的字符串，返回值为 str1。例如：

```
char str1[15]="Beijing ";        /* 注意：这个字符串中的最后一个字符为空格 */
char str2[ ]="China";
printf("%s", strcat(str1,str2));
```

输出结果如下：

```
Beijing China
```

连接前后数组 str1 中各个元素的值如图 6-6 所示。

'B'	'e'	'i'	'j'	'i'	'n'	'g'	' '	'\0'	'\0'	'\0'	'\0'	'\0'	'\0'	'\0'

(a) 连接前

'B'	'e'	'i'	'j'	'i'	'n'	'g'	' '	'C'	'h'	'i'	'n'	'a'	'\0'	'\0'

(b) 连接后

图 6-6　执行 strcat(str1,str2)前后数组 str1 中各个元素的值

4. 字符串复制函数 strcpy

函数原型：

```
char *strcpy(char *str1, char *str2);
```

使用方法：

```
strcpy(str1,str2);
```

其中，参数 str1 和 str2 分别为字符串中某个字符的地址。

函数功能：把从地址 str2 起到字符'\0'止的若干字符(包括'\0')复制到从地址 str1 起的内存单元中，返回值为str1。例如：

```
char str1[10]="012345678" , str2[ ]="China";
strcpy(str1,str2);              /* 或 strcpy(str1, "China"); */
```

执行 strcpy 函数前后数组 str1 中各个元素的值如图 6-7 所示。

'0'	'1'	'2'	'3'	'4'	'5'	'6'	'7'	'8'	'\0'

(a) 执行前

'C'	'h'	'i'	'n'	'a'	'\0'	'6'	'7'	'8'	'\0'

(b) 执行后

图 6-7　执行 strcpy(str1,str2)前后数组 str1 中各个元素的值

注意：C 语言不允许将字符串以赋值形式赋给数组名。例如，语句 char ch[10];ch="China"; 是非法的，因为数组名是地址常量。要将一个字符串存入字符数组中，除了可以使用初始化方法和逐个字符输入，还可以使用 strcpy 函数。

5. 字符串比较函数 strcmp

函数原型：

```
int strcmp(char *str1, char *str2);
```

使用方法：

```
strcmp(str1,str2);
```

其中，参数 str1 和 str2 分别为字符串中某个字符的地址。

函数功能：对处于 str1 和 str2 对应位置的字符，依次按 ASCII 码值的大小进行比较，直到出现不同的字符或遇到字符串结束标志'\0'。如果两个字符串中的所有字符都相同，则认为这两个字符串相等，函数的返回值为 0；如果出现不同的字符，就将第一个不同字符的 ASCII 码值的差作为函数的返回值。例如：

- strcmp("abc","abc")的返回值为 0(即表达式'\0'-'\0'的值)。
- strcmp("abc","abcd")的返回值为-100(即表达式'\0'-'d'的值)。
- strcmp("abc","aBef")的返回值为 32(即表达式'b'-'B'的值)。

6. 字符串长度函数 strlen

函数原型：

```
int strlen(char *str);
```

使用方法：

```
strlen(str);
```

其中，参数 str 为字符串中某个字符的地址。

函数功能：求字符串的长度，也就是字符串中所含字符的个数(不包括'\0')。例如：

```
char str[10]= "China";
printf("%d",strlen(str));
```

输出结果为 5。

6.3.5 二维字符数组

一维字符数组可存放一个字符串，二维字符数组可存放若干字符串。例如：

```
char str[3][10]={ "China","Holland","America"};
```

上述语句定义的二维字符数组 str 在内存中的存放形式如图 6-8 所示。

str[0] →	'C'	'h'	'i'	'n'	'a'	'\0'	'\0'	'\0'	'\0'	'\0'
str[1] →	'H'	'o'	'l'	'l'	'a'	'n'	'd'	'\0'	'\0'	'\0'
str[2] →	'A'	'm'	'e'	'r'	'i'	'c'	'a'	'\0'	'\0'	'\0'

图 6-8 二维数组 str 在内存中的存放形式

二维数组 str 可以理解为由 3 个一维字符数组 str[0]、str[1]、str[2]组成，它们分别相当于一维字符数组的数组名，并且分别是 3 个字符串的首地址。因此，在引用二维字符数组 str 时，既可以与其他二维数组一样引用其中的元素 str[i][j]($0 \leq i \leq 2$，$0 \leq j \leq 9$)，也可以使用 str[0]、str[1]、

str[2]作为字符串处理函数中的参数并对其中的每个字符串进行处理。例如，语句
printf("%s",str[0]);和 puts(str[0]);都会输出字符串"China"。

例 6.9 输入 3 个字符串，要求找出其中最大的那个字符串。

程序如下：

```
#include <string.h>
#include <stdio.h>
int main()
{
    char string[20],str[3][20];
    int i;
    for(i=0;i<3;i++)
        gets(str[i]);
    if(strcmp(str[0],str[1])>0)
        strcpy(string,str[0]);
    else
        strcpy(string,str[1]);
    if(strcmp(str[2],string)>0)
        strcpy(string,str[2]);
    printf("\n the largest string is: \n%s\n",string);
    return 0;
}
```

程序运行结果如下：

```
China✓
Holland✓
America✓
the largest string is:
Holland
```

程序说明：在定义了二维字符数组 str 后，str[0]、str[1]、str[2]分别表示各自字符串的首地址，在使用字符串处理函数时可将它们作为参数。

例 6.10 社会主义核心价值观的基本内容是富强、民主、文明、和谐、自由、平等、公正、法治、爱国、敬业、诚信、友善，共 12 项内容，涉及国家层面的价值目标、社会层面的价值取向和公民个人层面的价值准则。

请编写一个简单的知识问答程序，每次只回答 1 项内容，并判断回答是否正确。当问答将要结束时，输出问题的答案和回答次数。

问题分析：

类似这样的知识问答程序，一定要设计成死循环的形式才方便使用。当然，还需要设计一种用于退出循环的机制。

程序如下：

```
#include<stdio.h>
#include<string.h>
int main()
{
    char c_value[12][5] = {"富强","民主","文明","和谐","自由","平等","公正","法治",
```

```
                    "爱国","敬业","诚信","友善"};
    char answer[10] = {0};
    int p,flag;                          /* 变量 p 用于存储字符串比较后的结果 */
    int count = 0,i;                     /* 变量 count 用于统计答对的次数 */
    int number = 0;                      /* 变量 number 用于统计回答次数 */

    printf("请输入一项社会主义核心价值观的内容(输入 q 结束)：");
    gets(answer);
    while(answer)
    {
        flag=0;                          /* flag 的初值为 0，如果回答正确，就将 flag 赋值为 1 */
        if(!strcmp(answer,"q"))          /* 若输入 q，则退出程序 */
        {
            printf("你已退出程序！\n");
            break;
        }
        else
        {
            for(i=0;i<12;i++)
            {
                p = strcmp(c_value[i],answer);    /* 使用 strcmp 函数逐个比较输入的字符串与二维数组
                                                     中每一行的字符串是否相同，如果相同，就返回 0 */
                if(p==0)
                {
                    flag=1;              /* 将 flag 赋值为 1，表示回答正确 */
                    break;
                }
            }
            if(flag==1)
            {
                printf("你答对了！请继续。\n");
                number++;
                count++;
            }
            else
            {
                printf("你答错了！请继续。\n");
                number++;
            }
        }
        printf("请输入一项社会主义核心价值观的内容：");
        gets(answer);                    /* 继续输入答案 */
    }
    printf("你一共回答了%d 次，答对了%d 次。\n",number,count);
    printf("\n 社会主义核心价值观的基本内容是：\n");
    for(i=0;i<12;i++)
    printf("%s   ",c_value[i]);
    printf ("\n");
    return 0;
}
```

程序运行结果如下：

> 请输入一项社会主义核心价值观的内容(输入 q 结束)：富强↙
> 你答对了！请继续。
> 请输入一项社会主义核心价值观的内容：民主↙
> 你答对了！请继续。
> 请输入一项社会主义核心价值观的内容：民族↙
> 你答错了！请继续。
> 请输入一项社会主义核心价值观的内容：公正↙
> 你答对了！请继续。
> 请输入一项社会主义核心价值观的内容：q↙
> 你已退出程序！
> 你一共回答了 4 次，答对了 3 次。
> 社会主义核心价值观的基本内容是：
> 富强 民主 文明 和谐 自由 平等 公正 法治 爱国 敬业 诚信 友善

思考：程序是不是还有可以改进的地方？比如，当多次输入"富强"时，程序还无法判断出回答是重复的，这个问题如何解决呢？

6.3.6 字符串应用举例

例 6.11 将字符数组中的字符串逆序存放。

分析：为了将字符串逆序存放，可以先找出最后那个字符的位置，然后将第一个字符与最后一个字符交换，再将第二个字符和倒数第二个字符交换，以此类推。如果原来的字符串包含 n 个字符，那么只要交换 $n/2$ 次，即可将原来的字符串逆序存放。

程序如下：

```c
#include <stdio.h>
int main()
{
    char s[81],t;
    int i,j;
    gets(s);                        /* 输入字符串 */
    for(j=0;s[j]!='\0';j++);        /* 统计字符串的长度(等于 j 的值) */
    for(i=0,j--;i<j;i++,j--)        /* 将 i 与 j 对应的字符交换 */
    {
        t=s[i]; s[i]=s[j]; s[j]=t;
    }
    printf("the reverse string:%s\n",s);
    return 0;
}
```

程序运行结果如下：

> abcdef↙
> the reverse string:fedcba

例 6.12 从输入的字符串中删除指定的字符。

分析：输入一个字符串并指定想要删除的字符，然后从这个字符串的第一个字符开始逐一比较是否为想要删除的字符。如果是，就将从下一个字符开始的所有字符往前移一位，直至检查到字符串结束标志为止。

110

程序如下：

```
#include <string.h>
#include <stdio.h>
int main()
{
        char s[81],ch;
        int i;
        printf("input string: ");
        gets(s);
        printf("delete character: ");
        ch=getchar();
        for(i=0;s[i]!='\0'; )
        {
                if(s[i]==ch)
                        strcpy(s+i,s+i+1);          /* s+i 表示 s[i]的地址 */
                else
                        i++;                         /* 注意 i++不能放在 for 语句中表达式 3 的位置 */
        }
        puts(s);
        return 0;
}
```

程序运行结果如下：

```
input string:abcdef↙
delete character:c↙
abdef
```

程序说明：对数组名加上整数 i，即可表示第 i+1 个数组元素的地址，比如 s+i 表示&s[i]。

6.4　习题

一、选择题

1. 下列语句中能够正确定义一维数组 a 的是_____。
    A) int a(10);   B) int n=10, a[n];
    C) int n;scanf("%d"，&n);   D) # define n 10
       int a[n];   int a[n];
2. 下列语句中能够对一维数组 a 正确进行初始化的是_____。
    A) int a[6]={6*1}   B) int a[6]={1...3}
    C) int a[6]={}   D) int a[6]=(0，0，0)
3. 若有定义语句 int a[10];，则下列选项中能够对数组元素进行正确引用的是_____。
    A) a[10/2-5]   B) a[10]   C) a[4.5]   D) a(1)
4. 若有定义语句 char array[ ]="China";，则数组 array 所占的存储空间为_____。
    A) 4 字节   B) 5 字节   C) 6 字节   D) 7 字节

5. 下列语句中，合法的数组定义语句是_____。

    A) char a[ ]="string";   B) int a[5]={0,1,2,3,4,5};

    C) char a="string";   D) char a[ ]=[0,1,2,3,4,5];

6. 若有定义语句 int a[5],i;，则能够输入数组 a 的所有元素的语句是_____。

    A) scanf("%d%d%d%d%d",a[5]);

    B) scanf("%d",a);

    C) for(i=0;i<5; i++) scanf("%d",&a[i]);

    D) for(i=0;i<5; i++) scanf("%d",a[i]);

7. 下列语句中能够正确定义二维数组的是_____。

    A) int a[][];   B) int a[][4];   C) int a[3][]   D) int a[3][4];

8. 若有定义语句 int a[3][4];，则下列选项中能够对数组元素进行正确引用的是_____。

    A) a[3][1]   B) a[2,1]   C) a[3][4]   D) a[3-1][4-4]

9. 下列语句中能够对二维数组 a 进行正确初始化的是_____。

    A) int a[2][ ]={{1}，{4，5}};   B) int a[2][3]={1，2，3，4，5，6，7};

    C) int a[ ][ ]={1，2，3，4，5，6};   D) int a[ ][3]={1，2，3，4，5};

10. 下列用于对字符数组 s 进行初始化的语句中，不正确的是_____。

    A) char s[5]="abc";   B) char s[5]={'a','b','c','d','e'};

    C) char s[5]="abcde";   D) char s[ ]="abcde";

11. 当判断字符串 s1 与 s2 是否相等时，应当使用的语句是_____。

    A) if(s1==s2)   B) if(s1=s2)

    C) if(s1[ ]=s2[ ])   D) if(strcmp(s1,s2)==0)

12. 下列语句的运行结果为_____。

```
char s[ ]= "ab\0cd"; printf("%s"，s);
```

    A) ab0   B) ab   C) abcd   D) ab cd

13. 下列语句的运行结果为_____。

```
char s[]="a\128b\\tcd\n";printf("%d", strlen(s));
```

    A) 8   B) 9   C) 10   D) 14

14. 以下程序的输出结果是_____。

```
int main()
{
    int n[2]={0},i,j,k=2;
    for(i=0;i<k;i++)
        for(j=0;j<k;j++)    n[j]=n[i]+1;
    printf("%d\n",n[k]);
    return 0;
}
```

    A) 不确定的值   B) 3   C) 2   D) 1

15. 以下程序的输出结果是_____。

```
int main()
```

```
    {
        int i,x[3][3]={1,2,3,4,5,6,7,8,9};
            for(i=0; i<3; i++)
        printf("%d,",x[i][2-i]);
        return 0;
    }
```

A) 1,5,9   B) 1,4,7   C) 3,5,7   D) 3,6,9

二、填空题

1. 在 C 语言中，一维数组的定义形式为：类型标识符　数组名＿＿＿＿＿＿。

2. 构成数组的各个元素必须具有相同的＿＿＿＿＿＿。

3. 在 C 语言中，数组名是＿＿＿＿＿＿，因而不能对其执行赋值操作。

4. 若有定义语句 int a[10]={1，2};，则数组元素 a[2]的值为＿＿＿＿＿＿。

5. 若有定义语句 int a[3][4];，则数组 a 的行下标的上限为＿＿＿＿＿＿，列下标的上限为＿＿＿＿＿＿。

6. C 语言程序在执行过程中，不检查数组下标是否＿＿＿＿＿＿。

7. 在 C 语言中，二维数组元素在内存中的存放顺序是＿＿＿＿＿＿。

8. 若有定义语句 int a[3][4];，则位于数组元素 a[2][2]前的元素个数为＿＿＿＿＿＿。

9. 若有定义语句 char s1[10]="aaa",s2[]="bbb";，则表达式 strcmp(strcat(s1,s2),s2)的值为＿＿＿＿＿＿。

10. 若有定义语句 char s1[]="abc",s2[]={'a', 'b', 'c'};，则数组 s1 与数组 s2 的长度分别是＿＿＿＿＿＿。

三、编程题

1. 将 5 个数 21、32、35、18、40 存放到一个数组中，求这 5 个数的和以及平均值。

2. 输入 $n(n \leqslant 100)$个数并存放到一个数组中，求这 n 个数中的最大数和最小数。

3. 将数组中的元素按逆序重新存放。例如，假设原来的存放顺序为 9、1、6、4、2，要求改为 2、4、6、1、9。

4. 假设有 $n(n \leqslant 10)$个数，它们已按从小到大的顺序排成数列，要求输入一个数，把它插到这个数列中，使数列仍然有序，然后输出新的数列。

5. 输入 $n(n \leqslant 50)$名职工的工资(单位为元，一元以下部分舍去)，首先计算工资总额，然后计算在给职工发放工资时所需的各种面额人民币的最少张数(分 100 元、50 元、10 元、5 元、1元 5 种)。

6. 假设有 $n(n \leqslant 20)$名学生，每人考 $m(m \leqslant 5)$门课，求每名学生的平均成绩和每门课的平均成绩，并输出每门课的成绩均在平均成绩以上的学生的编号。

7. 输入一个字符串，统计其中数字字符出现的次数。

8. 输入一个字符串，判断它是不是 C 语言中的合法标识符。

9. 输入一个字符串并保存到字符数组中，查找其中最大的那个元素，在这个元素的后面插入字符串"(max)"。

10. 学校要举行校园歌手大赛，请为大赛组委会编写一个程序，计算并输出每位歌手的平均分。要求输入并显示每位评委的评分。评委人数比较多(不妨假设为 10 人)，按比赛规则，去掉两个最高分和两个最低分，计算歌手的最终平均分。

第 7 章

函　　数

一个 C 语言程序由一个 main 函数和若干其他函数组成。函数是 C 语言程序中的独立模块。每个函数用来完成某一特定的功能，如 scanf 函数用来实现格式化输入，sqrt 函数用来求非负实数的平方根。

C 语言程序中的函数有两种：库函数和自定义函数。

1. 库函数

C 语言编译系统已将一些常用的操作或计算功能编写成函数，这些函数统称为库函数，并被放在指定的库文件中供用户使用。

2. 自定义函数

除了使用 C 语言编译系统提供的库函数，用户也可以自己编写函数，从而完成指定的任务。

7.1　函数定义和函数调用

7.1.1　函数定义

函数定义(function definition)就是对函数所要完成的操作进行描述，之后就可以通过编写一段程序来完成函数想要执行的操作。函数必须先定义、后使用，没有定义过的函数不能使用。下面我们通过一个例子来了解函数的定义和使用。

例 7.1　已知一个五边形的各边长度及对角线长度,计算这个五边形的面积,如图 7-1 所示。

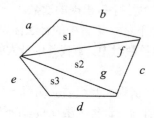

图 7-1　五边形

分析：假设五边形的 5 条边为 a、b、c、d、e，用两条对角线 f、g 将五边形分成 3 个三角形 s1、s2、s3。先定义求三角形面积的函数 area，之后便可通过调用 area 函数来计算三角形的面积。
程序如下：

```
#include <stdio.h>
#include <math.h>
float area(float x,float y,float z)              /* 定义求三角形面积的函数 */
{
    float s,a;
    s=(x+y+z)/2.0;
    a=sqrt(s*(s-x)*(s-y)*(s-z));                 /* 计算三角形面积 */
    return a;
}
int main()
{
    float a,b,c,d,e,f,g;
    float s1,s2,s3,s;
    scanf("%f%f%f%f%f",&a,&b,&c,&d,&e);          /* 输入 5 条边 */
    scanf("%f%f",&f,&g);                         /* 输入两条对角线 */
    s1=area(a,b,f);                              /* 调用计算三角形面积的函数 */
    s2=area(c,g,f);
    s3=area(d,e,g);
    s=s1+s2+s3;
    printf("s=%.2f\n",s);
    return 0;
}
```

程序运行结果如下：

```
1  1  1  1  1↙
1.62  1.62↙
s=1.72
```

程序说明：首先定义求三角形面积的函数 area；然后在 main 函数中就像调用库函数一样，分 3 次调用 area 函数，分别计算三角形 sl、s2、s3 的面积；最后在 main 函数中输出五边形的面积。
函数定义的一般形式如下：

```
类型标识符  函数名(类型 形参，类型 形参，…)
{
    定义部分
    语句序列
}
```

1. 类型标识符

类型标识符用来定义函数的类型，也就是函数返回值的类型。函数的类型应根据函数的具体功能而定。比如在例 7.1 中，area 函数的功能是计算三角形的面积，调用后返回的值一般为实数，所以 area 函数的类型被定义为 float，当然也可以定义为 double 类型。在定义函数时，如果省略类型标识符，那么系统将指定函数的返回值为 int 类型。

2. 函数名

函数名是用户为函数取的名称，除 main 函数外，程序中的其余函数可以任意命名，但必须符合标识符的命名规则。

3. 形参及其类型的定义

形参(formal parameter)又称形参变量。形参的个数及类型是由具体的函数功能决定的，形参名由用户决定。函数可以有形参，也可以没有形参。定义函数时，如何设置形参是必须考虑的要点之一。对于初学者，可以这样考虑，需要从函数外部传入函数内部的数据适合设置为形参。比如在例 7.1 中，area 函数用于计算三角形的面积，因而必须将三角形的 3 条边长传入 area 函数，才能完成对三角形面积的计算。为此，area 函数需要设置 3 个形参，分别用于存储三角形的 3 条边长。

函数在执行后也可以没有返回值，而仅仅完成一组操作，如例 7.2 所示。

例 7.2 编写函数，在一行中输出 10 个*字符。

程序如下：

```
#include <stdio.h>
void print()                    /*  无返回值，无形参 */
{
    int i;
    for(i=0;i<10;i++) printf("%c",'*');
    printf("\n");
    return;                     /*  返回调用处 */
}
int main()
{
    print();                    /*  调用 print 函数 */
    return 0;
}
```

程序运行结果如下：

```
**********
```

程序说明：print 函数是无参函数。在调用 print 函数时，不需要传入外部数据，而仅仅在屏幕上输出一行*字符(共 10 个)。print 函数无返回值，因而其类型被定义为 void。

7.1.2 return 语句

return 语句一般放在函数体内，当执行 return 语句时，系统就结束当前函数的执行，并返回到主调函数(calling function)的调用处。

return 语句的一般使用形式如下：

```
return;
```

或者

```
return 表达式;或 return(表达式);
```

return 语句的作用是结束函数的执行，并返回到主调函数的调用处。如果执行的是带表达式的 return 语句，就同时将表达式的值带回到主调函数的调用处。

定义函数时，如果函数为非空类型，那么函数需要返回一个值，函数体中必须有"return 表达式;"语句；如果函数为 void 类型，那么函数不用返回任何值，函数体中可以有 return 语句，也可以省略。函数执行完之后，系统将自动返回到主调函数的调用处。

7.1.3　函数调用

在程序中使用已经定义的函数称为函数调用。如果函数 A 调用了函数 B，就称函数 A 为主调函数，函数 B 为被调函数。比如在例 7.1 中，main 函数调用了 area 函数，于是我们称 main 函数为主调函数，area 函数为被调函数。除了 main 函数，其他函数都必须通过函数调用来执行。

有参函数调用的一般形式如下：

函数名(实参，实参，…)

无参函数调用的一般形式如下：

函数名()

其中，实参(actual parameter)可以是常量、变量或表达式。有参函数在调用时，实参与形参的个数必须相等，类型应一致(若形参与实参的类型不一致，系统将按照类型转换原则，自动将实参转换为形参的类型)。C 程序主要通过函数调用来转移程序控制，并实现主调函数和被调函数之间的数据传递。当函数被调用时，系统会自动将实参传给相应的形参，程序控制也将从主调函数转移到被调函数；当调用结束时，程序控制又转回到主调函数的调用处，继续执行主调函数中未执行的部分。

根据函数在程序中出现的位置，函数调用方式有以下 3 种。

1. 表达式方式

函数调用出现在表达式中。这类函数必须有返回值，以便参与表达式运算。比如例 7.1 中的语句 s1=area(a,b,f);，area 函数就出现在赋值表达式中。

2. 语句方式

函数调用作为一条独立的语句，一般用在仅仅要求函数完成一定的操作，并且丢弃函数的返回值或函数本身没有返回值的场景中。scanf 函数、printf 函数以及例 7.2 中的 print 函数，都是以语句方式调用的。

3. 参数方式

函数调用作为另一个函数调用的实参。这类函数必须有返回值，从而将返回值作为另一个函数调用的实参。

例 7.3　编写函数，求 3 个数中的最大值。可在 main 函数中输入 3 个数，然后使用函数调用方式求其中的最大值并输出结果。

程序如下：

```
#include <stdio.h>
float max(float x,float y)        /* 定义求 3 个数中最大值的函数 */
```

```
{
    float maxvale;
    maxvale=x>y?x:y;
    return (maxvale);
}
int main()
{
    float a,b,c,m;
    scanf("%f%f%f",&a,&b,&c);
    m= max(a,max(b,c));          /* 将函数的返回值用作实参 */
    printf("m=%f\n",m);          /* 输出 3 个数中的最大值 */
    return 0;
}
```

程序说明：这里通过函数调用 max(a,max(b,c))来求 a、b、c 三个数中的最大值，其中，函数调用 max(b,c)的返回值被作为外层 max 函数调用的实参。

7.1.4 函数声明

在 C 程序设计中，为了调用某个已经定义的函数，一般应在主调函数中对被调函数进行函数声明。函数声明(function declaration)的作用是告知编译系统有关被调用函数的属性，以便在进行函数调用时检查调用是否正确。

函数声明的一般形式如下：

```
类型标识符 函数名(类型 形参名，类型 形参名，…);
```

或

```
类型标识符 函数名(类型，类型，…);
```

例如：

```
float max(float x,float y);
```

或

```
float max(float x,float y);
float max(float,float);
```

在 C 语言中，以上函数声明语句又称函数原型(function prototype)。使用函数原型是 C 语言的重要特征之一。通过进行函数声明，可向编译系统提供被调函数的信息，包括函数返回值的类型、函数名、参数个数及参数类型等。编译系统以此与函数调用语句进行核对，检查调用是否正确。在进行函数调用时，如果实参与形参的类型不完全一致，系统将自动对实参的类型进行转换，等到类型一致后，再将实参传给形参。

注意：函数定义和函数声明不是一回事。函数定义是对函数的功能进行确立，包括指定函数的名称、类型、形参个数及形参类型，以及编写函数体等。

如果被调函数定义在主调函数之前，那么当调用被调函数时，系统便有了被调函数的全部信息，因此函数声明可以省略。

例 7.4　对被调函数进行声明。

程序如下：

```
/*  求两数之和  */
#include<stdio.h>
int main()
{
    float add(float x,float y);        /*  函数声明  */
    float a,b,c;
    scanf("%f,%f",&a,&b);
    c=add(a,b);
    printf("sun is %f",c);
    return 0;
}
float add(float x,float y)             *  函数定义  */
{
    float z;
    z=x+y;
    return(z);
}
```

程序运行结果如下：

```
2.4, 5.7✓
sum is 8.100000
```

7.1.5　函数间的参数传递

在程序运行过程中，当调用有参函数时，存在实参与形参间的参数传递。当函数未被调用时，函数的形参是不分配存储单元的，也没有实际值。只有当函数被调用时，系统才为形参分配存储单元，并完成实参与形参之间数据的传递。函数调用的整个执行过程如图 7-2所示。

图 7-2　函数调用的整个执行过程

从图 7-2 可知，函数调用的整个执行过程分为以下 4 个步骤：

(1) 创建形参变量，为每个形参变量分配相应的存储空间。

(2) 进行值传递，也就是将实参的值复制到对应的形参变量中。

(3) 执行函数体，也就是执行函数体中的语句。

(4) 返回(返回函数值、返回到调用处、撤销形参以释放形参占用的内存空间)。

例 7.5　编写函数 reverse，求尾数不是 0 的正整数的逆序数，例如 reverse(1234)=4321。请在 main 函数中输入正整数。

程序如下：

```
#include <stdio.h>
int main()
{
    long a,reverse(long);           /* 函数声明 */
    scanf("%ld",&a);                /* 为变量 a 输入一个正整数 */
    printf("%ld\n", reverse(a));    /* 输出这个正整数的逆序数 */
    printf("a=%ld\n",a);
    return 0;
}
long reverse(long n)                /* 定义函数 */
{
    long k=0;
    while(n)
    {
        k=k*10+n%10;
        n/=10;
    }
    return k;
}
```

程序运行结果如下：

```
12345678↙
87654321
a=12345678
```

程序说明：当调用 reverse 函数时，实参 a 的值 12345678 被传给形参变量 n。在执行 reverse 函数的过程中，形参 n 的值不断改变，最终为 0，但实参 a 的值并没有随之发生改变。形参和实参是各自独立的变量，它们占用的是不同的存储空间。

在函数调用中，通过参数传递数据的方式有两种：传值方式和传址方式。使用传值方式在参数间传递数据时，是把数据本身作为实参传递给形参。使用传址方式时，传递的不是数据本身，而是数据所在内存单元的地址。传址方式的一般形式将在第 9 章介绍，这里只对使用数组作为参数的情况进行简单说明。

数组代表内存中的一块存储区域，数组名表示这块存储区域的首地址，通过首地址可以实现对数组中各个元素的访问。将数组名作为函数的参数时，在本质上是把数组的首地址传给形参，使形参数组与实参数组成为同一个数组，从而使用同一块存储区域。因此，在被调函数中对形参数组的访问，就是对主调函数中数组的访问，从而达到引用主调函数中的数组元素的目的。

例 7.6 编写函数，为数组赋值。

程序如下：

```
#include <stdio.h>
void inputd(int a[],int n)
{
    int i;
    for(i=0;i<n;i++)
        scanf("%d",&a[i]);
}
```

```
int main()
{
    int b[5],i;
    inputd(b,5);
    for(i=0;i<5;i++)
        printf("%d    ",b[i]);
    printf("\n");
    return 0;
}
```

程序运行结果如下：

```
1 2 3 4 5✓
1   2   3   4   5
```

程序说明：在形参数组的定义中，方括号中用于说明数组大小的常量可省略(如 int a[])，而改用另一变量(如 int n)表示想要操作的数组元素个数。在进行函数调用时，若实参是数组名，则形参数组和实参数组共享同一个数组。实际上，C 语言把形参中定义的数组作为指针变量处理(详见第 9 章)。

7.2　函数的嵌套调用和递归调用

7.2.1　函数的嵌套调用

在 C 语言程序中，被调用的函数还可以继续调用其他函数，这称为函数的嵌套调用(nested call)，如图 7-3 所示。

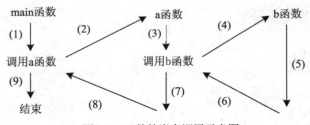

图 7-3　函数的嵌套调用示意图

图 7-3 展示的是两层嵌套(包括 main 函数在内共 3 层函数)，执行过程如下：

(1) 执行 main 函数的开头部分。

(2) 遇到调用 a 函数的操作语句，程序跳转到 a 函数。

(3) 执行 a 函数的开头部分。

(4) 遇到调用 b 函数的操作语句，程序跳转到 b 函数。

(5) 执行 b 函数，如果没有其他嵌套函数，则完成 b 函数的全部操作。

(6) 返回到 a 函数中的 b 函数调用处。

(7) 继续执行 a 函数中尚未执行的部分，直到 a 函数结束。

(8) 返回到 main 函数中的 a 函数调用处。

(9) 继续执行 main 函数中尚未执行的部分，直到 main 函数结束。

注意：函数可以嵌套调用，但不能嵌套定义，C 语言中的各个函数应当分别定义、互不从属。也就是说，在定义函数时，函数体内不能再定义其他函数，但可以调用已定义的函数。

例 7.7　编写程序，输入 m 和 n，求组合数 C_m^n

$$C_m^n = \frac{m!}{n!(m-n)!}$$

程序如下：

```c
#include <stdio.h>
int main()
{
    int n,m;
    long cmn(int,int);              /* 函数声明 */
    printf("Please input m & n:\n");
    scanf("%d%d",&m,&n);
    printf("cmn=%ld\n",cmn(m,n));   /* 调用 cmn 函数 */
    return 0;
}
long jc(int n)                      /* 定义求阶乘的函数 jc */
{
    int i;long t=1;
    for(i=1;i<=n;i++) t*=i;
    return (t);
}
long cmn(int m,int n)               /* 定义求组合数的函数 cmn */
{
    return (jc(m)/(jc(n)*jc(m-n)));
}
```

程序运行结果如下：

```
Please input m & n:
9    5↙
cmn=126
```

程序说明：程序中分别定义了求阶乘的函数 jc 和求组合数的函数 cmn，在 main 函数中调用 cmn 函数后，将由 cmn 函数调用 jc 函数。

7.2.2　函数的递归调用

当函数直接或间接地调用自身时，称为函数的递归调用(recursive call)。前者称为直接递归，如图 7-4(a)所示；后者称为间接递归，如图 7-4(b)所示。

(a) 直接递归　　　　　　　　　　　(b) 间接递归

图 7-4　函数的递归调用示意图

递归(recursion)在解决某些问题时十分有用。下面举例说明。

例 7.8　使用递归计算 $n!$。

分析：$n!$ 的递归定义公式为

$$n! = \begin{cases} 1 & n=0或1 \\ n(n-1)! & n>1 \end{cases}$$

程序如下：

```c
#include <stdio.h>
long jc(int n)                  /* 定义 jc 函数来求 n! */
{
    long f;
    if(n==1||n==0) f=1;
    else f=n*jc(n-1);           /* 进行递归调用，求(n-1)! */
    return f;
}
int main()
{
    long y;
    int n;
    scanf("%d",&n);
    y=jc(n);                    /* 调用 jc 函数，求 n! */
    printf("%d!=%ld",n,y);
    return 0;
}
```

程序运行结果如下：

```
3↙
3!=6
```

程序说明：为了解释递归调用的执行过程，下面参照图 7-5 做如下说明。

在 main 函数中执行 y=jc(3)，引起第 1 次 jc 函数调用，进入 jc 函数后，形参 n=3，应执行 f=3*jc(2)。

为了计算 jc(2)，又引起第 2 次 jc 函数调用(递归调用)，进入 jc 函数后，形参 n=2，应执行 f=2*jc(1)。

为了计算 jc(1)，又引起第 3 次 jc 函数调用(递归调用)，进入 jc 函数后，形参 n=1，应执行 f=1，然后执行 return 1，完成第 3 次调用，返回到第 2 次调用。

计算 2*jc(1)=2*1=2，执行 return 2，完成第 2 次调用，返回到第 1 次调用。

计算 3*jc(2)=3*2=6，执行 return 6，完成第 1 次调用，返回到 main 函数。

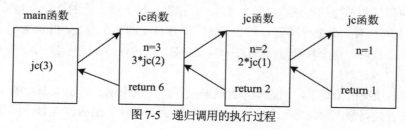

图 7-5　递归调用的执行过程

在对函数进行递归调用时，虽然函数代码一样，变量名也相同，但对于每一次函数调用，系统都会为函数的形参以及函数体内的变量分配相应的存储空间。因此，每次调用函数时，使用的都是系统为该次调用新分配的存储单元。当递归调用结束时，就释放系统为该次调用分配的形参变量以及函数体内的其他变量，并带着此次计算的值返回到上次调用处。

由图 7-5 可以看出，函数递归调用的过程可分为递归过程和回溯过程两个阶段。

(1) 递归过程：将原始问题不断转换为规模更小且处理方式相同的新问题。

(2) 回溯过程：从已知条件出发，沿递归的逆过程，逐一求值并返回，直至递归初始处，完成递归调用。

通过对 jc 函数的执行过程进行分析，可以看出递归算法解决问题的方式如下：将原始问题转换为处理方式相同的新问题，而新问题的规模比原始问题小；接下来，新问题又可以转换为规模更小的问题，就这样继续下去，直至转换为可以解决的简单问题——递归的终止条件。

例 7.9 编写程序，用递归算法求解汉诺塔(Hanoi Tower)问题。

汉诺塔(又称河内塔)问题是一个经典问题，源于印度的一个古老传说。相传在古印度圣庙里，有一种被称为汉诺塔的游戏。在一块铜板装置上，有三根杆(编号为 A、B、C)，在 A 杆上自下而上、由大到小按顺序放置了 64 个金盘。游戏的目标是，把 A 杆上的金盘全部移到 C 杆上，并按原有顺序放置好。操作规则是，每次只能移动一个金盘，并且在移动过程中，三根杆上都始终保持大盘在下、小盘在上。也就是说，任何时候，在小盘上都不能放大盘，且在三根杆之间一次只能移动一个金盘。在操作过程中，金盘可以置于 A、B、C 中的任何一个杆上。应该如何操作？

问题分析：

初看起来，这是一个很复杂的问题。如果一开始就想着如何才能将 64 个金盘从 A 杆移到 C 杆上，我们可能很快就会陷入僵局。我们虽然知道第一步一定是移动 A 杆上最上面的那个金盘，但是对于应该将其移到 B 杆还是 C 杆上，很难确定；并且接下来的第二步、第三步等步骤，都是很难确定的。如果你抱着试着移动一下的想法，接下来将面临越来越多的选择。如果对每一种选择都"试一下"的话，很快你就会发现，游戏将无法进行下去。我们不应该这样盲目地进行尝试，而应当寻求一种可操作的方法。不妨从最简单的情况开始。

假如 A 杆上只有 1 个金盘，则只需要移动 1 次，就可将这个金盘移到 C 杆上，我们记这个移动过程为 A→C。

假如 A 杆上只有 2 个金盘，也不难解决。首先将 A 杆上最上面的金盘移到 B 杆上，然后将 A 杆上剩下的那个金盘移到 C 杆上，最后将 B 杆上的金盘移到 C 杆上，实现整体移动。我们记这个移动过程为 A→B、A→C、B→C，一共需要移动 3 次。

假如 A 杆上只有 3 个金盘，我们该怎么操作呢？先不要急着去试。我们先想一下，对于 1 个金盘、2 个金盘的情况我们已经会操作，对于 3 个金盘的情况能不能借鉴一下前面的办法呢？其实，我们可以按照前面的办法，借助 C 杆，首先将 A 杆上最上面的 2 个金盘移到 B 杆上，然后将 A 杆上的最后一个金盘移到 C 杆上，最后将 B 杆上的 2 个金盘，借助 A 杆移到 C 杆上，实现整体移动。我们记这个移动过程为(A→C, A→B, C→B)、A→C、(B→A, B→C, A→C)，一共需要移动 7 次。

3 个金盘的情况搞清楚了，问题基本上就解决了。一般来说，对于 A 杆上有 n 个金盘的情况，可以假设首先将最上面的 n-1 个金盘借助 C 杆移到 B 杆上，然后将 A 杆上的最后一个金盘移到 C 杆上，最后将 B 杆上的 n-1 个金盘，借助 A 杆移到 C 杆上，实现整体移动。

这是一种典型的递归算法，需要构建递归函数。对于将 A 杆上的 n 个金盘借助 B 杆移到 C 杆上的移动过程用函数 hanoi(n,a,b,c)表示，这样 hanoi(n-1,a,c,b)就表示将 A 杆上的 n-1 个金盘借助 C 杆移到 B 杆上；当 n=1 时，hanoi(1,a,b,c)表示将 A 杆上的最后 1 个金盘移到 C 杆上，我们用 A→C 表示，这是递归函数的出口。

程序如下：

```
#include <stdio.h>
void hanoi(int n,char start,char temp,char end)          /* 定义 hanoi 递归函数 */
{
    if(n==1)
        printf("%c-->%c\n",start,end);                    /* 将一个金盘由 start 移到 end */
    else
    {
        hanoi(n-1,start,end,temp);                        /* 借助 end 将 n-1 个金盘由 start 移到 temp */
        printf("%c-->%c\n",start,end);                    /* 将一个金盘由 start 移到 end */
        hanoi(n-1,temp,start,end);                        /* 借助 start 将 n-1 个金盘由 temp 移到 end */
    }
}
int main()
{
    int n;
    char start='A',temp='B',end='C';
    printf("请输入金盘的个数：");
    scanf("%d",&n);
    printf("金盘的移动顺序为：\n");
    hanoi(n,start,temp,end);
    return 0;
}
```

程序运行结果如下：

```
请输入金盘的个数：3↙
金盘的移动顺序为：
A--> C
A--> B
C--> B
A--> C
B--> A
B--> C
A--> C
```

问题的进一步分析：

示例给出了 3 个金盘的移动顺序，共移动了 7 次。我们先不要急着去看 64 个金盘的移动顺序，而是静下心来分析一下金盘的个数与需要移动的次数的关系。1 个金盘移动 1 次，2 个金盘移动 3 次，3 个金盘移动 7 次，4 个金盘就应该移动 7×2+1＝15 次，假设 n-1 个金盘移动 $2^{n-1}-1$ 次，那么 n 个金盘就应该移动 $(2^{n-1}-1)×2+1＝2^n-1$ 次，由数学归纳法可知，n 个金盘的移动次数为 2^n-1。

64 个金盘需要移动 $2^{64}-1＝18\ 446\ 744\ 073\ 709\ 551\ 615$ 次。如果假设每秒移动一次，一年总

共 31 536 000 秒，那么一刻不停地移动完 64 个金盘，需要 584 942 417 355 年。这是一个天文数字。即使借助于计算机，假设计算机每秒能移动 1 亿次，也需要大概 5849 年才能移动完。

7.3　局部变量和全局变量

7.3.1　局部变量

在函数内部定义的变量是局部变量(local variable)，又称为内部变量，其作用域就是所在函数本身。也就是说，只有在函数内部才能使用它们，在函数外部是不能使用这些变量的。例如：

```
float f1(float x)          /* 变量 x 只在 f1 函数中有效 */
{
    int a,b;              /* 变量 a 和 b 只在 f1 函数中有效 */
    ...
}
int main()
{
    int m,n;             /* 变量 m 和 n 只在 main 函数中有效 */
    ...
}
```

说明：

(1) main 函数中定义的变量 m 和 n 不能在 f1 函数中使用；同样，f1 函数中定义的变量 x、a 和 b 也不能在 main 函数中使用。

(2) 形参也是局部变量。例如，f1 函数中的形参 x 仅在 f1 函数中有效。

(3) 在不同的函数中可以使用名称相同的变量，因为它们代表不同的对象，互不干扰。

(4) 在函数内部，C 语言允许在复合语句中定义变量，但这些变量只在定义它们的复合语句中有效。例如：

```
int main()
{
    int a,b;
    ...
    {
        int c;         /* 变量 c 仅在这条复合语句中有效 */
        c=a+b;
        ...
    }
    ...
}
```

7.3.2　全局变量

C 程序的编译单位是源文件，一个源文件可以包含一个或多个函数。在函数内部定义的变量是局部变量，而在函数外部定义的变量是全局变量，又称为外部变量(external variable)。全局变量的有效范围是：从定义它们的位置开始直到所在的源文件结束。在一个函数中，既可以使用这个函数中的局部变量，也可以使用有效的全局变量。例如：

```
int a1=1,a2=5;              /*  a1 和 a2 是全局变量，可在 f1、f2 和 main 函数中引用  */
float f1(float x)
{
    int i,j;
    ...
}
char c1,c2;                /*  c1 和 c2 也是全局变量，可在 f2 和 main 函数中引用  */
char f2(int a, int b)
{
    int c,d;
    ...
}
int main()
{
    int m,n;
    ...
}
```

a1、a2、c1、c2 都是全局变量，但它们的作用域(即有效范围)不同：在 f2 和 main 函数中可以使用全局变量 a1、a2、c1、c2；但在 f1 函数中，只能使用全局变量 a1 和 a2，而不能使用全局变量 c1 和 c2。

在使用全局变量时，需要注意如下几个问题。

(1) 设置全局变量是为了增加函数间传递数据的通道。由于全局变量可以被同一源文件中的不同函数引用，因此，如果在某个函数中改变了全局变量的值，就可以通过全局变量在其他函数中得到这个值。

例 7.10　编写函数，求两个数的和与积。

程序如下：

```
#include <stdio.h>
float add, mult;              /*  定义全局变量  */
void func(float x, float y)
{
    add=x+y;
    mult=x*y;
}
int main()
{
    float a,b;
    scanf("%f%f", &a,&b);
    func(a,b);
    printf("%.2f    %.2f\n",add,mult);
    return 0;
}
```

程序运行结果如下：

```
3   8↙
11.00   24.00
```

　　程序说明：函数通过 return 语句只能返回一个值。为了返回多个值，可以使用全局变量。比如在本例中，可以使用 func 函数将计算结果分别赋给全局变量 add 和 mult，然后在 main 函数中输出全局变量 add 和 mult 的值。

　　全局变量虽然可以加强函数间数据的联系，但却导致函数依赖于这些变量，这会降低函数的独立性。在实践中，应尽量少用全局变量。

　　(2) 局部变量若在定义时未初始化，其值将变得不确定；而全局变量若在定义时未初始化，系统将为它们赋初值 0。

　　(3) 在同一个源文件中，如果全局变量与局部变量同名，那么在局部变量的作用域内，同名的全局变量将暂时被屏蔽，因而不起作用。

　　例 7.11　对例 7.10 中的程序进行如下修改。

```
#include <stdio.h>
float add, mult;              /* 定义全局变量 add 和 mult */
void func(float x, float y)
{
    float add,mult;           /* 定义局部变量 add 和 mult */
    add=x+y;                  /* 给局部变量 add 赋值，全局变量 add 将被屏蔽，因而不起作用 */
    mult=x*y;
}
int main()
{
    float a,b;
    scanf("%f%f", &a,&b);
    func(a,b);
    printf("%.2f   %.2f\n",add,mult);    /* 输出全局变量的值 */
    return 0;
}
```

程序运行结果如下：

```
3  8✓
0.00   0.00
```

　　程序说明：全局变量 add 和 mult 与 func 函数中的局部变量同名，func 函数中引用的是局部变量，因而给局部变量 add 和 mult 赋值，同名的全局变量则保持不变。返回 main 函数后，引用的是全局变量 add 和 mult。这两个全局变量在定义时没有进行初始化，因而值为 0。

　　(4) 当全局变量定义在后、引用函数在前时，应该在引用函数中使用 extern 对全局变量进行声明，以便通知编译程序，这是一个已定义的全局变量，并且系统已经为其分配了存储单元。这时，全局变量的作用域将从 extern 声明处起，直至引用函数的末尾。

　　例 7.12　使用 extern 声明外部变量，扩展它们在源文件中的作用域。

　　程序如下：

```
#include<stdio.h>
int max(int x, int y)
{
    int z;
    z=x>y?x:y;
    return(z);
```

```
    }
    int main()
    {
        extern int A, B;              /* 声明外部变量 */
        printf("%d", max(A, B));
        return 0;
    }
    int A=8, B=2;                     /* 定义外部变量(全局变量) */
```

程序运行结果如下：

```
8
```

程序说明：当使用 extern 声明外部变量时，类型名可以省略。例如，例 7.12 中的 extern int A,B;可以写成 extern A,B;。

7.4 变量的存储类别

从变量值存在的时间(即生命期)来看，变量的存储方式可以分为静态存储方式和动态存储方式。静态存储方式是指在程序运行期间分配固定的存储空间，而动态存储方式是指在程序运行期间根据需要动态分配存储空间。

在计算机内存中，供用户使用的空间可分为程序区、静态存储区和动态存储区 3 部分。程序代码被存放在程序区。数据分别被存放在静态存储区和动态存储区。静态存储区存放的是全局变量和静态变量，系统在程序开始执行时就会给全局变量和静态变量分配存储空间。在程序执行过程中，它们占据固定的存储单元，程序执行完毕后，这些存储单元则被释放。

在 C 语言中，每个变量和函数都有两个属性：数据类型和数据的存储类别。对于数据类型，大家已经比较熟悉(如整型、字符型等)。存储类别是指数据在内存中的存储方式，分为静态存储方式和动态存储方式，具体则包括 4 种存储类别：自动(auto)、静态(static)、寄存器(register)和外部(extern)。

定义变量的一般形式如下：

存储类别标识符 类型标识符 变量名列表;

其中，存储类别标识符用来定义变量的存储类别，可以是 auto、static、register 或 extern。

7.4.1 自动变量

定义自动变量时，前面可加也可不加 auto 存储类别标识符，一般在函数或复合语句内部使用。系统在每次进入函数或复合语句时，都会为定义的自动变量在动态存储区分配存储空间。当函数或复合语句执行结束并返回时，存储空间将得以释放。例如：

{int i,j,k; char c; …}

等价于

{auto int i,j,k; auto char c; … }

7.4.2 静态变量

静态变量分为静态局部变量和静态全局变量。

1. 静态局部变量

定义静态局部变量时，前面要加 static 存储类别标识符，一般在函数或复合语句内部使用，特点如下：在程序执行前，变量的存储空间将被分配在静态存储区，并赋初值一次，若未显式地赋初值，则系统自动赋值为 0。当包含静态变量的函数调用结束后，静态变量的存储空间不释放，所以其值仍然存在；当再次调用该函数时，静态变量在上一次函数调用结束时的值将作为此次调用的初值使用。

例 7.13 观察静态局部变量的值。

程序如下：

```c
#include<stdio.h>
int func(int a)
{
    int b=0;
    static int c=1;              /* 定义静态局部变量 */
    b=b+1;
    c=c+1;
    return (a+b+c);
}
int main()
{
    int a=2,i;
    for(i=0;i<3;i++)   printf("  %d",func(a));
    return 0;
}
```

程序运行结果如下：

```
5  6  7
```

程序说明：

(1) 在第 1 次调用 func 函数时，b 的初值为 0，c 的初值为 1；第 1 次调用结束时，b=1，c=2，a+b+c=5。由于 c 是静态局部变量，因此在函数调用结束后，变量 c 所占的存储空间并不释放，仍保留 c=2。

(2) 在第 2 次调用 func 函数时，b 的初值为 0，而 c 的初值为 2(上次调用结束时的值)；第 2 次调用结束时，b=1，c=3，a+b+c=6。

(3) 在第 3 次调用 func 函数时，b 的初值为 0，而 c 的初值为 3(上次调用结束时的值)；第 3 次调用结束时，b=1，c=4，a+b+c=7。

2. 静态全局变量

定义静态全局变量时，前面要加 static 存储类别标识符，特点如下：静态全局变量只能被它们所在源文件中的函数引用，而不能被其他源文件中的函数引用。

如果已知其他源文件不会引用某个源文件中的外部变量，那么可以为这个源文件中的外部变量加上 static 存储类别标识符，使它们成为静态外部变量，以免被其他源文件误用。

7.4.3　寄存器变量

寄存器变量和自动变量的区别在于：寄存器变量被存放在寄存器中，因此比自动变量的存取速度快得多。通常，我们将频繁使用的变量存放在寄存器中，以提高程序的执行速度。例如，循环体内涉及的局部变量可定义为寄存器变量：

```
int fac(int n)
{
    register int i,f=1;                    /* 定义寄存器变量 */
    for(i=1;i<=n;i++)    f=f*i;
    return (f);
}
```

在使用寄存器变量时，需要注意以下几点：

(1) 计算机中的寄存器数量是有限的，因此寄存器变量不能定义太多。

(2) 只有局部自动变量和形参可以作为寄存器变量。

通常，我们不必定义寄存器变量，因为优秀的编译系统能够识别使用频繁的变量，并将它们存放在寄存器中。

7.5　内部函数和外部函数

所有函数在本质上都是外部函数，因为终究都要被其他函数调用。但是，也可以指定函数不能被其他源文件中的函数调用。根据函数能否被其他源文件调用，可将函数分为内部函数和外部函数。

1. 内部函数

如果一个函数只能被所在源文件中的其他函数调用，就称这个函数为内部函数。在定义内部函数时，在函数名和函数类型前要加 static：

static　类型标识符　函数名(形参表)

例如：

static float fun(float x, float y)

内部函数又称静态函数。通过使用内部函数，可使函数的作用域仅限于所在的源文件，这样即便不同的源文件中存在同名的内部函数，它们也互不干扰。

2. 外部函数

(1) 在定义函数时，如果在函数名和函数类型前加上 extern，就表示定义的函数为外部函数，可供其他源文件调用。例如：

extern float fun(float x, float y)

C 语言规定，如果在定义函数时省略 extern，那么定义的函数默认为外部函数。本书前面使用的函数都是外部函数。

(2) 在需要调用外部函数的源文件中，可使用 extern 声明将要使用的函数是外部函数。例如：

```
extern float fun(float x, float y);
```

实际上，所有函数在本质上都是外部函数，程序中经常需要调用外部函数，为方便编程，C 语言允许在声明函数时省略 extern，只需要在使用了函数的文件中包含相应的函数原型即可。

7.6 习题

一、选择题

1. 以下说法中正确的是_____。
   A) C 语言程序总是从第一个定义的函数开始执行。
   B) 在 C 语言程序中，将要调用的函数必须在 main 函数中定义。
   C) C 语言程序总是从 main 函数开始执行。
   D) C 语言程序中的 main 函数必须放在程序的开始部分。

2. 下列叙述中正确的是_____。
   A) 定义函数时，必须有形参。
   B) 函数中可以没有 return 语句，但也可以有多条 return 语句。
   C) 函数 f 可以使用 f(f(x)) 的形式进行调用，这种调用形式是递归调用。
   D) 函数必须有返回值。

3. 下列叙述中不正确的是_____。
   A) 在进行函数调用时，形参只有在被调用时才会创建(分配存储单元)。
   B) 在进行函数调用时，实参可以是常量、变量或表达式。
   C) 在定义局部变量时，若省略对变量存储类别的定义，则定义的变量是自动变量。
   D) 使用了语句 return(a,b); 的函数可以返回两个值。

4. 以下函数的类型是_____。

```
fun(float x)
{
    printf("%d\n",x*x);
}
```

   A) 与参数 x 的类型相同   B) void 类型
   C) int 类型   D) 无法确定

5. 在 max((a,b),max((c,d),e)) 函数调用中，实参的数量是_____。
   A) 2 个   B) 3 个   C) 4 个   D) 5 个

6. 如果在函数的复合语句中定义一个变量，那么有关这个变量的作用域的正确说法是_____。

    A) 仅在复合语句中有效　　　　　　　B) 在函数中有效

    C) 在整个程序中有效　　　　　　　　D) 为非法变量

7. 对于下面定义的函数 f，f(f(3)) 的值是_____。

```
int f(int x)
{
    static int k=0;
    x+=k--;
    return x;
}
```

    A) 5　　　　　　　　B) 3　　　　　　　　C) 2　　　　　　　　D) 4

8. 以下程序的输出结果是_____。

```
main()
{
    int i=2,p;
    p=f(i,i+1);
    printf("%d",p);
}
int f(int a, int b)
{
    int c;
    c=a;
    if(a>b) c=1;
    else   if(a==b)   c=0;
    else   c=-1;
    return(c);
}
```

    A) −1　　　　　　　B) 0　　　　　　　　C) 1　　　　　　　　D) 2

9. 以下程序的输出结果是_____。

```
fun(int a,int b,int c)
{
    c=a*b;
}
main()
{
    int c;
    fun(2,3,c);
    printf("%d\n",c);
}
```

    A) 0　　　　　　　　B) 1　　　　　　　　C) 6　　　　　　　　D) 无定值

10. 以下程序的输出结果是_____。

```
#include <stdio.h>
int fun(int a,int b)
```

```
    {
        if(b==0)
        return a;
        else
        return(fun(--a,--b));
    }
    main()
    {
        printf("%d\n", fun(4,2));
    }
```

A) 1   B) 2   C) 3   D) 4

二、填空题

1. 程序的执行是从_____开始的。

2. 当函数调用在前、函数定义在后时，必须在主调函数中_____函数。

3. 在进行函数调用时，如果实参的类型与形参不一致，C 语言采用的处理方法是_____。

4. 以下程序的输出结果是_____。

```
unsigned fun6(unsigned num)
{
    unsigned k=1;
    do {
        k*=num%10;
        num/=10; } while(num);
        return k;
}
main()
{
    unsigned n=26;
    printf("%d\n",fun6(n));
}
```

5. 以下程序的输出结果是_____。

```
double sub(double x,double y,double z)
{
    y-=1.0;
    z=z+x;
    return z;
}
main()
{
    double a=2.5,b=9.0;
    printf("%f\n",sub(b-a,a,a));
}
```

6. 以下程序的输出结果是_____。

```
fun1(int a,int b)
{
    int c;
```

```
        a+=a; b+=b;
        c=fun2(a,b);
        return c*c;
    }
    fun2(int a,int b)
    {
        int c;
        c=a*b%3;
        return c;
    }
    main()
    {
        int x=11,y=19;
        printf("%d\n",fun1(x,y));
    }
```

7. 以下程序的输出结果是＿＿＿＿。

```
#include <stdio.h>
int fun(int x)
{
    static int t=0;
    return(t+=x);
}
main()
{
    int s,i;
    for(i=1;i<=5;i++)    s=fun(i);
    printf("%d\n",s);
}
```

三、编程题

1. 编写函数，计算正整数的各位数字之和。

2. 编写程序，输出 3 个数中的最小值，要求通过编写函数来求两个数中的较小值。

3. 编写程序，连续将某个字符输出 n 次后换行(该字符和 n 的值由主调函数指定)。

4. 输入 5 个实数，分别对这 5 个实数的小数点后的第一位数进行四舍五入，并在转换成整数后进行累加。要求编写函数 long round(float x)，实现把实数的小数点后的第一位数四舍五入成整数的操作。

5. 编写程序，在 main 函数中输出 1!+2!+3!+…+15! 的值。要求将计算阶乘的运算写成函数。

6. 编写函数 int digit(long n, int k)，作用是返回 n 中从右边开始的第 k 位数字的值。例如，digit(231456,3) 的返回值为 4，digit(1456,5) 的返回值为 0。

7. 输入 5 个数，要求编写一个排序函数，作用是按绝对值从大到小进行排序。在 main 函数中输入 5 个数，输出排序后的这 5 个数。

8. 编写函数，计算 x^n(可以使用两种方法：非递归方法和递归方法)。

9. 编写函数，判断正整数 a 是否为完数。如果是完数，函数的返回值为 1，否则返回值为 0(完数的定义：一个数的所有因子之和等于这个数本身。例如，6 和 28 就是完数：6=1+2+3,

28=1+2+4+7+14)。

10. 编写函数，完善第 6 章编程题中的第 10 题，使得校园歌手大赛的评分程序的逻辑更清晰，结构更合理，更具通用性。

其中各函数原型及功能如下：

void input(float a[],int n)：向数组 a 输入 n 个数。

void order(float a[],int n)：对数组 a 的数值排序。

float average(float a[],int n,int m)：去掉有序数组 a 中前 m 个数和后 m 个数后求平均值。

第 8 章

编译预处理

"编译预处理"是指在 C 编译程序对 C 源程序进行编译之前，对预处理命令进行"预先"处理的过程。编译预处理是通过编译预处理程序实现的。

预处理命令(preprocessor directive)不是 C 语言的组成部分，C 语言的编译程序无法识别它们。例如，#include<stdio.h>就是一条预处理命令，其功能是在将源程序编译成目标程序之前，使用头文件 stdio.h 中的内容替换该命令，然后由编译程序将源程序翻译成目标程序。

C 语言中的编译预处理命令主要有以下 3 种。

- 宏定义
- 文件包含
- 条件编译

为了与一般的 C 语句进行区别，编译预处理命令必须以#为首字符、尾部不加分号(C 语句必须加分号)，并且一行只能写一条编译预处理命令。

编译预处理命令可以出现在源程序中的任何位置，作用域如下：从出现的位置开始直至所在源程序文件的末尾。

C 语言的编译预处理功能为程序的调试和移植提供了便利，正确地使用编译预处理功能可以有效提高程序的开发效率。

8.1 宏定义

8.1.1 不带参数的宏定义

不带参数的宏定义形式如下：

#define 宏名 字符串

其中，宏名为标识符。

功能：在进行编译预处理时，将程序中所有与宏名相同的文本用字符串替换。

例如：

#define PI 3.1415926

上述宏定义的功能是在程序中使用宏名 PI 代替字符串 3.1415926，在进行编译预处理时，程序中出现的所有 PI 都会被 3.1415926 代替。有了宏定义(macro definition)，就可以通过一个简单的宏名代替一个较长的字符串，以增强程序的可读性。

在进行编译预处理时，将宏名替换成字符串的过程称为"宏展开"。

以下是关于宏定义和宏展开的说明：

(1) 宏名一般习惯用大写字母表示，以便与变量名相区别。但这并非规定，也可用小写字母。

(2) 宏名只能被定义一次，否则会出错，被认为是重复定义。

(3) 在进行宏定义时，可以引用已经定义的宏，还可以层层替换。

(4) 字符串常量及用户标识符中与宏名相同的部分不做替换。例如，对于如下宏定义：

```
#define L 1234
```

变量 Length 中的 L 不做替换。同样，printf("L=", …)中的 L 也不做替换。

(5) 宏定义的作用域：从定义的位置开始直到程序结束。

(6) 当宏定义在一行中写不下必须换行时，需要在行尾加换行符\。

例 8.1 使用宏定义。

程序如下：

```
#include<stdio.h>
#define R 3.0            /* 定义宏 R */
#define PI 3.1415926     /* 定义宏 PI */
#define L 2*PI*R          /* 可使用已经定义的宏来定义新的宏 */
#define S PI*R*R
int main()
{
    printf("L=%.2f\nS=%.2f\n",L,S);    /* 字符串常量中的 L 和 S 不做替换 */
    return 0;
}
```

程序运行结果如下：

```
L=18.85
S=28.27
```

程序说明：经过宏展开后，printf 函数中的输出项 L 被展开为 2*3.1415926*3.0，S 被展开为 3.1415926*3.0*3.0，printf 函数调用语句被展开为

```
printf("L=%.2f\nS=%.2f\n", 2*3.1415926*3.0, 3.1415926*3.0*3.0);
```

8.1.2 带参数的宏定义

带参数的宏定义形式如下：

```
#define 宏名(形参表)  字符串
```

其中，形参表中的不同形参之间用逗号隔开，字符串中包含了形参表中的参数。

在进行编译预处理时，程序中所有与宏名相同的文本将被字符串替换，但字符串中的形参要用相应的实参替换。例如：

```
#define M(a,b) a*b
area=M(3,7);
```

经过宏展开后，area=M(3,7);被替换成 area=3*7;。也就是说，实参 3 替换了形参 a，实参 7 替换了形参 b。

例 8.2　分析如下程序的执行结果。

```
#include <stdio.h>
#define M(x,y) (x*y)                /* 带参数的宏定义 */
int main()
{
    int a=2,b=3,c,d;
    c=M(a,b);                       /* 宏展开后：c=(a*b) */
    d=M(a+1,b+1);                   /* 宏展开后：d=(a+1*b+1) */
    printf("c=%d, d=%d\n",c,d);
    return 0;
}
```

程序运行结果如下：

```
c=6, d=6
```

程序说明：带参数的宏与函数虽然形式相似，但本质不同，区别如下。

(1) 在进行函数调用时，将首先求实参表达式的值，然后传递给形参。带参数的宏则只是进行简单的字符串替换。

(2) 函数调用是在程序运行时进行的,并分配临时的内存单元。宏展开则是在预处理阶段(编译之前)进行的，在展开时并不分配内存单元。

当使用带参数的宏时，需要注意括号的使用，示例如下。

- 宏定义：#define MU(x,y) x*y
  宏调用：6/MU(2+3,4+5)
  宏展开：6/2+3*4+5
- 宏定义：#define MU(x,y) (x*y)
  宏调用：6/MU(2+3,4+5)
  宏展开：6/(2+3*4+5)
- 宏定义：#define MU(x,y) (x)*(y)
  宏调用：6/MU(2+3,4+5)
  宏展开：6/(2+3)*(4+5)
- 宏定义：#define MU(x,y) ((x)*(y))
  宏调用：6/MU(2+3,4+5)
  宏展开：6/((2+3)*(4+5))

在进行程序设计时，我们经常会把那些反复使用的运算表达式定义为带参数的宏。这样一方面能使程序更加简洁，另一方面还可以使运算的意义更加明显。

当定义带参数的宏时，系统对形参的数量没有限制，但是一般情况下以不超过 3 个为宜。下面给出几个常用的带参数的宏定义：

```
#define   MAX(x,y)    ((x>y)?x:y)       /* 求 x 和 y 中的较大值 */
#define   ABS(x)      ((x>=0)?x: -x)    /* 求 x 的绝对值 */
#define   PERCENT(x,y)  (100.0*x/y)     /* 求 x 除以 y 的百分值 */
```

```
#define   ISODD(x)   ((x%2==1)?1:0)      /*  判断 x 是否为奇数  */
```

在上面给出的宏定义中，运算表达式里出现的形参使用的都是单纯的形式。在实际应用中，可根据使用情况加上保证运算顺序的圆括号。

8.1.3   终止宏定义的作用域

可以使用#undef 来终止宏定义的作用域，一般形式如下：

```
#undef  宏名
```

例如：

```
#define PI 3.14
int main()
   …
#undef PI
   …
```

说明：PI 的作用域从#define PI 3.14 命令行开始，到#undef PI 命令行结束。

8.2   文件包含

文件包含(file inclusion)预处理命令有如下两种格式：

```
#include "文件名"
#include <文件名>
```

功能：在进行编译预处理时，把文件包含命令中指定文件的内容复制到命令所在位置，使指定文件的内容成为当前源文件的一部分。

执行第 1 种格式(用双引号将文件名括起来)的文件包含命令时，系统将首先在当前目录中查找文件，如果没有找到，就到系统指定的标准目录中进行查找(通常是 include 目录)。

执行第 2 种格式(用尖括号将文件名括起来)的文件包含命令时，仅在系统指定的标准目录中进行查找。

一般来说，如果为了调用库函数而使用#include 命令包含相关的头文件，建议使用尖括号形式以节省查找时间。如果要包含的是用户自己编写的文件(这种文件一般都在当前目录中)，建议使用双引号形式。若文件不在当前目录中，则可以在双引号内给出文件路径。

使用文件包含的方法，可以减少重复性劳动，有利于程序的维护和修改。在进行程序设计时，可以把一批常用的符号常量、函数声明、宏定义以及一些有用的数据类型声明和类型定义等，组织到独立的文件中，等到程序需要使用这些信息时，便可使用#include 命令在所需的位置包含它们，从而免去每次使用它们时都要重新定义或声明的麻烦。

在使用#include 命令时，还需要注意以下两点：

(1) 每个#include 命令只能包含一个文件。

(2) 文件包含可以嵌套。换言之，一个被包含的源文件可以包含另一个源文件。

例 8.3　将一个程序写在多个文件中。

源文件 ex803.c 中的内容如下：

```
#include<stdio.h>
#include"ex8031.h"
#include"ex8032.h"
int main()
{
    printf("%d\n",fun1(3,5));
    printf("%d\n",fun2(3,5));
    return 0;
}
```

源文件 ex8031.h 中的内容如下：

```
int fun1(int a,int b)
{
    return a+b;
}
```

源文件 ex8032.h 中的内容如下：

```
int fun2(int a,int b)
{
    return a*b;
}
```

源文件 ex803.c 经过编译预处理后，内容如下：

```
...                       /*  文件 stdio.h 中包含的内容  */
int fun1(int a,int b)     /*  文件 ex8031.h 中包含的内容  */
{
    return a+b;
}
int fun2(int a,int b)     /*  文件 ex8032.h 中包含的内容  */
{
    return a*b;
}
int main()
{
    printf("%d\n",fun1(3,5));
    printf("%d\n",fun2(3,5));
    return 0;
}
```

程序说明：经过编译预处理后，在源文件 ex803.c 的编译过程中，C 编译程序处理的将是一个完整的程序。

8.3　条件编译

一般情况下，源程序中的所有行都将参与编译过程。但在特殊情况下，可能需要根据不同的条件编译源程序的不同部分。也就是说，源程序中的一部分内容仅在满足一定条件时才进行编译：当条件成立时编译一组语句，而当条件不成立时编译另一组语句，这就是"条件编译"。

条件编译有 3 种形式。

第 1 种形式如下：

```
#ifdef 标识符
程序段1
#else
程序段2
#endif
```

功能：当指定的标识符在此之前已经被#define 语句定义时，程序段 1 就被编译，否则程序段 2 被编译。其中的#else 部分可以省略，省略后的形式如下：

```
#ifdef  标识符
程序段1
#endif
```

例如，在调试程序时，经常需要输出一些信息，但一旦调试结束，这些信息就不再需要了。为此，可以采用条件编译。只要在源程序中插入如下语句：

```
#ifdef  DEBUG
printf("a=%d, b=%d\n",a,b);
#endif
```

然后在程序的开头添加以下命令行：

```
#define  DEBUG
```

程序在运行时就会输出 a 和 b 的值，以便在调试程序的过程中进行问题分析。

在程序中，只要有需要输出信息的地方，就可以使用相同的方法输出所需的信息。调试结束后，将#define DEBUG 语句删除即可，而不必一一删除相关的 printf 语句，这样可以简化调试工作。

第 2 种形式如下：

```
#ifndef 标识符
程序段1
#else
程序段2
#endif
```

功能：当指定的标识符在此之前没有被#define 语句定义时，程序段 1 就被编译，否则程序段 2 被编译。类似于#ifdef，#else 部分也可以省略。

第 3 种形式如下：

```
#if 表达式
程序段1
#else
程序段2
#endif
```

功能：如果指定的表达式的值为真(非零值)，那么编译程序段 1，否则编译程序段 2。

8.4 习题

一、选择题

1. 以下叙述中正确的是_____。
   A) 使用#include 包含的头文件的后缀不可以是.a。
   B) 如果一些源程序中包含某个头文件，那么当这个头文件存在错误时，只需要对这个头文件进行修改即可，包含这个头文件的所有源程序不必重新进行编译。
   C) 可以将宏命令看作一行 C 语句。
   D) C 语言中的编译预处理是在编译之前进行的。

2. 下列宏定义中，格式正确的是_____。
   A) #define pi=3.14159;   B) define pi=3.14159
   C) #define pi="3.14159"   D) #define pi (3.14159)

3. 假设宏定义为#define div(x,y) x/y;，对语句 printf("div(x,y)=%d\n", div(x+3,y-3));进行宏替换之后的结果是_____。
   A) printf("x/y%d\n",(x+3)/(y-3));
   B) printf("x/y=%d\n", x+3/y-3);
   C) printf("div(x,y)=%d\n ",x+3/y-3;);
   D) printf("x/y=%d\n",x+3/y-3;);

4. 定义带参数的宏以计算两个表达式的乘积，下列宏定义中正确的是_____。
   A) #define mult(u,v) u*v   B) #define mult(u,v) u*v;
   C) #define mult(u,v) (u)*(v)   D) #define mult(u,v)=(u)*(v)

5. 如果在程序中调用了库函数 strcmp，那么必须包含的头文件是_____。
   A) stdlib.h   B) math.h   C) ctype.h   D) string.h

6. 以下程序的输出结果是_____。

```
#define   MIN(x,y)   (x)<(y)?(x):(y)
main()
{
    int i,j,k;
    i=10;   j=15;   k=10*MIN(i,j);
    printf("%d\n",k);
}
```

   A) 15   B) 100   C) 10   D) 150

7. 在以下程序中，for 循环的执行次数是_____。

```
#define   N    2
#define   M    N+1
#define   NUM   (M+1)*M/2
main()
{
    int i;
```

```
        for(i=1; i<=NUM; i++);
    }
```

  A) 5   B) 6   C) 8   D) 9

8. 以下程序的输出结果是_____。

```
#include<stdio.h>
#define f(x) x*x*x
main()
{
    int a=3,s,t;
    s=f(a+1);
    t=f((a+1));
    printf("%d,%d",s,t);
}
```

  A) 10,64   B) 10,10   C) 64,10   D) 64,64

二、填空题

1. 定义一个宏，用于判断给出的年份 year 是否为闰年：

```
#define LEAP_YEAR(y)    _____
```

2. 定义如下带参数的宏：

```
#define MAX(a,b) ((a)>(b)?(a):(b))
```

对表达式 MAX(a, MAX(b, MAX(c,d))) 进行宏替换之后的结果是(用文字进行描述)_____。

3. 定义一个带参数的宏，作用如下：如果变量中的字符为大写字母，就转换为对应的小写字母。该宏可以定义为_____。

4. 以下程序能够对 a 和 b 进行互换，请给出 SWAP(a,b)的宏定义。

```
#include<stdio.h>
_____
int main()
{
    int a,b;
    scanf("%d,%d",&a,&b);
    SWAP(a,b);
    printf("%d,%d\n",a,b);
    return 0;
}
```

三、编程题

1. 输入两个整数，求它们相除的余数。要求使用带参数的宏来实现。

2. 输入 5 个整数，输出其中绝对值最小的那个整数。要求定义带参数的宏，用于找出 3 个整数中绝对值最小的那个整数。

第 9 章

指　针

指针是 C 语言中的一个重要概念，也是 C 语言中的难点之一。指针用于描述存储单元的地址。通过正确而灵活地运用指针，可以有效地表示复杂的数据结构。此外，使用指针带来的好处还包括：能动态分配计算机的内存；能方便灵活地使用数组、字符串；能编写简洁、紧凑且高效的 C 语言程序。

9.1　指针概述

9.1.1　指针的概念

计算机的内存是以字节为单位的一片连续的存储区域，每一字节都有一个编号，这个编号称为内存地址(address)。就像旅馆的每个房间都有房间号一样，如果没有房间号，旅馆的工作人员就无法对房间进行管理；同理，如果内存字节没有编号，系统就无法对内存进行管理。

使用 C 语言定义的每个变量都将被分配确定的存储区域，占一个或多个字节。每个变量所占存储区域的第一个字节的地址称为变量的地址。变量中存储的内容(即数据)称为变量的值。观察如下程序：

```
#include<stdio.h>
int main()
{
    short int a=10;
    float x=20.5;
    …
}
```

上面的程序分别定义了 short int 型变量 a 和 float 型变量 x，变量所占的字节数由变量的类型和编译系统决定。比如在 Visual C++ 6.0 中，上述程序中的变量 a 占 2 字节，变量 x 占 4 字节。假设在进行编译时，系统分配地址为 2000 和 2001 的 2 字节给变量 a，分配地址为 2002~2005 的 4 字节给变量 x，则变量 a 的地址为 2000，变量 x 的地址为 2002。图 9-1 展示了变量、内容及地址示意图。

图9-1　变量、内容及地址示意图

在计算机中，对内存单元的访问(即存取数据)是通过地址来实现的，地址"指向"需要操作的内存单元。因此，C语言把地址形象地称为指针。例如，变量a的指针就是变量a的地址。

9.1.2　指针变量

一般情况下，在程序中只需要指出变量名，而不需要知道每个变量在内存中的具体地址，每个变量与具体地址的联系由编译系统负责管理。用户在程序中对变量进行存取操作，实际上也就是对某个地址的存储单元进行操作。这种直接按变量的地址存取变量值的方式称为"直接访问"方式。

在C语言中，还可以定义一种特殊的变量，这种变量用来存放变量地址，我们把这样的变量称为指针变量(pointer variable)。指针变量与变量间的指向关系如图9-2所示，假设定义了一个指针变量p，它有自己的地址(2006)；将变量a的地址(2000)存放到指针变量p中，这时如果要访问变量a所占的存储单元，那么可以先找到指针变量p的地址(2006)，从中取出变量a的地址(2000)，之后再访问以2000为首地址的存储单元。这种通过指针变量p间接访问变量a的方式称为"间接访问"方式，并称p指向a。

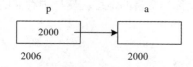

图9-2　指针变量与变量间的指向关系

打个比喻，假设变量a所占的存储单元是抽屉A，并假设指针变量p所占的存储单元是抽屉B。打开抽屉A有两种方式：一是直接访问，也就是把抽屉A的钥匙带在身上，可直接打开抽屉A；二是间接访问，先把抽屉A的钥匙放在抽屉B中，身上带着抽屉B的钥匙，要想打开抽屉A，需要先打开抽屉B，从中取出抽屉A的钥匙，之后打开抽屉A。

1. 指针变量的定义

定义指针变量的一般形式如下：

```
类型标识符　*变量名;
```

例如：

```
int *p1,*p2;
```

上述语句定义了两个指向int型数据的指针变量p1和p2，它们只能存放int型变量的地址。

在定义指针变量时，可以对其进行初始化。例如，对图 9-2 所示的变量可进行如下定义：

```
int a; int *p=&a;
```

或

```
int a,*p=&a;
```

上述语句的作用是定义 int 型变量 a 和指向 int 型数据的指针变量 p(p 中只能存放 int 型变量的地址)，同时将 p 赋值为变量 a 的地址。其中，&a 表示获取变量 a 的地址。

注意，上述语句如果写成 int *p=&a; int a;或 int *pa=&a, a;，则是错误的，必须先定义变量 a，再使指针变量 p 指向 a。

2. 指针变量的引用

指针变量的引用与运算符&和*有密切关系。

(1) &：取址运算符，用于求变量在内存中的地址，操作对象必须是存储单元(如变量、数组元素等)。

(2) *：指针运算符(又称间接访问运算符)，用于间接访问指针变量指向的对象，操作对象必须是指针。

例如：

```
int a=6, *pa;          /* 定义 pa 为指向 int 型数据的指针变量 */
pa=&a;                 /* 将 a 的地址赋给 pa */
*pa=28;                /* 将 28 赋给 pa 指向的变量 a，*pa 即为 a */
```

当指针变量 pa 指向变量 a 时，引用变量 a 可用*pa 表示，这表示通过指针变量 pa 间接引用变量 a。此时，*pa 与变量 a 表示的是同一个存储单元，改变*pa 的值相当于改变 a 的值。

3. 使用指针时需要注意的几种情况

1) 指针变量只能存储地址
指针变量中存储的地址，必须是已明确定义过的对象(如变量、数组等)的地址。例如：

```
int a，*p，*q;
p=2000;            /* 不正确 */
q=&a;              /* 正确 */
```

语句 p=2000;是不正确的。初学者可能会认为，这是把内存中编号为 2000 的存储单元地址赋值给变量 p。但事实上，程序运行时所需存储区域的具体分配不能由用户指定，而必须由系统负责管理和分配。因此，必须先定义对象，之后才能把对象的地址存储到指针变量中。

2) 初始化指针变量与使用赋值语句为指针变量赋值在表示方法上的区别

语句 int a,*p=&a;与 int a,*p; p=&a;是等价的，它们都定义 a 为 int 型变量，定义 p 为指向 int 型数据的指针变量，并且都使 p 指向 a。

但 int a,*p; *p=&a;中的赋值语句是错误的：错在把定义语句 int *p=&a;与赋值语句*p=&a;混淆了。在定义语句中，变量名前的*用于指明定义的变量 p 是指针变量，&a 的值被存放到 p 中；而在赋值语句中，变量名前的*是间接访问运算符，表示利用指针变量 p 间接访问它所指向的对象，&a 的值被存放到 p 指向的对象*p 中。

3) 悬挂指针

指针变量的值不确定的指针称为悬挂指针。在定义语句中，如果没有对指针变量 p 进行初始化，那么变量 p 中的地址是不确定的，此时 p 就是悬挂指针。

若有定义语句 int *p;，并且此时 p 是悬挂指针，语句*p=56;将如何执行？不同版本的 C 语言处理系统可能对此做出不同的处理：一种处理方式是编译显示出错信息；另一种处理方式是继续执行。后一种处理方式可能会导致系统错误，因为 p 可能指向某存储区域，强行向该存储区域写入数据的话，就有可能改写系统中原有的数据，导致系统被破坏、死机等后果。

9.1.3 指针运算

指针也是一种数据类型，对于指针类型的数据，只能执行以下几种运算。

1. 指针之间的赋值运算

指针之间可以进行赋值运算，但必须是同一类型。例如：

```
int a,b,*pi=&a;        /* 初始化 pi 为 a 的地址 */
float x,*p1,*p2=&x;
p1=p2;                 /* 正确 */
p1=pi;                 /* 错误，因为赋值运算符左右两边的指针类型不同 */
```

2. 指针与整数的加减运算

对指针与整数进行加减运算后，结果仍是指针。一般来说，当指针指向数组时，指针与整数的加减运算才有意义。如果指针 p 指向数组中的某个元素，那么加上整数 n 后，新的指针 p+n 将指向后续的第 n 个元素。例如：

```
short int a[4]={1,2,3,4},*pa;
char c[4]={ 'A', 'B', 'C', 'D'}, *pc;
pa=a;          /* 数组名 a 是地址常量，其值是数组的首地址，即&a[0] */
pa=pa+1;       /* 进行赋值后，pa 指向元素 a[1] */
pc=c;          /* c 为数组的首地址，即&c[0] */
pc=pc+3;       /* 进行赋值后，pc 指向元素 c[3]  */
```

一维数组的数组名是数组中第一个元素的地址，执行 pa=a;后，pa 指向元素 a[0]，而 pa+1 指向元素 a[1]，如图 9-3(a)所示；执行 pc=c;后，pc 指向元素 c[0]，而 pc+3 指向元素 c[3]，如图 9-3(b)所示。

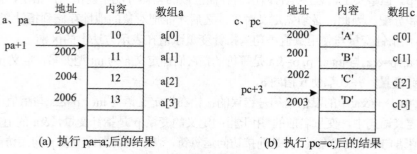

(a) 执行 pa=a;后的结果   (b) 执行 pc=c;后的结果

图 9-3   指针加整数示意图

若 p 为指针、n 为整数，则 p±n 在编译系统内部是按 p±n*sizeof(T)进行计算的，其中 T 是指针变量 p 的类型，而 sizeof(T)为 T 所占内存的字节数。在上面的例子中，pa 是 short int 型指针变量，a 是 short int 型数组，所以当 pa 指向数组的首地址时，假设其值为 2000，那么 pa+1 是按 pa+1*2 计算的(short int 型数据在内存中占用 2 字节)，值为 2002，如图 9-3(a)所示。

3. 指针相减运算

如果两个指针指向同一数组中的元素，那么对它们进行相减后，所得绝对值的物理意义是这两个指针之间相距多少个元素。

4. 在指针之间进行关系运算

通过在指针之间进行关系运算，可以判断指针是否指向同一数组或同一元素。

关于上面介绍的指针的 4 种运算，需要说明的是：由于数组元素在内存中将按一定的规律被分配到连续的存储单元内，因此通常只有当指针指向数组时，指针与整数的加减运算以及指针相减运算才有意义，否则可能导致系统中尚未分配的存储单元被错误引用，甚至有可能意外破坏存储单元中的数据或代码。

9.1.4 将指针作为函数的参数

通过学习第 7 章，我们知道了函数的参数可以是整型、实型、字符型等数据，作用则是将一个函数中的数据传递到另一个函数中，这种传递方式为"传值"。实际上，函数的参数还可以是指针类型。如果将指针作为函数的参数，那么函数调用时的实参就必须是指针，也就是将存储单元的地址传给形参变量。这种传递方式为"传址"。

通过传址方式，在被调函数中，可以间接访问主调函数中的对象。因为从实参传给形参的是主调函数中对象的地址，所以实现了在被调函数中修改主调函数中对象的值。

例 9.1 编写函数 swap1，交换两个变量的值。

程序如下：

```
#include <stdio.h>
int main()
{
    float a, b;
    void swap1(float *x, float *y);      /* 函数声明，参数为指针类型 */
    scanf("%f%f",&a,&b);
    swap1(&a,&b);                        /* 把变量 a 和 b 的地址传给形参 */
    printf("a=%.1f    b=%.1f\n",a,b);
    return 0;
}
void swap1(float *x,float *y)            /* 定义形参为指针变量 */
{
    float t;
    t=*x; *x=*y; *y=t;                   /* 交换指针 x 和 y 指向的对象 */
}
```

程序运行结果如下：

```
3.4   5.6✓
a=5.6   b=3.4
```

程序说明：swap1 函数完成的是交换两个指针 x 和 y 指向的对象*x 和*y，也就是通过实参，把变量 a 和 b 的地址传给形参变量 x 和 y。在函数体中，可利用形参 x 和 y 间接访问 main 函数中的变量 a 和 b，并对变量 a 和 b 的值进行交换。图 9-4 演示了 swap1 函数调用过程中的 4 个步骤。

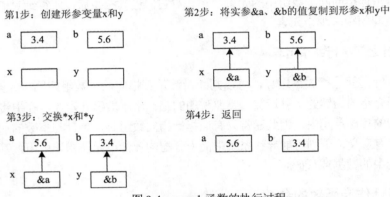

图 9-4   swap1 函数的执行过程

将例 9.1 中的 swap1 函数修改成如下所示的 swap2 函数：

```
void swap2(float *x,float *y)          /* 定义形参为指针变量 */
{
    float *t;
    t=x; x=y; y=t;                     /* 交换形参变量 x 和 y 的值 */
}
```

程序运行结果如下：

```
3.4   5.6✓
a=3.4   b=5.6
```

程序说明：swap2 函数完成的是交换形参变量 x 和 y 的值，但没有改变 main 函数中变量 a 和 b 的值。图 9-5 演示了 swap2 函数调用过程中的 4 个步骤。

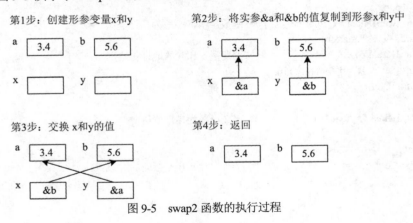

图 9-5   swap2 函数的执行过程

在 C 语言中，实参和形参之间的数据传递无论是传值还是传址，都是单向的"值传递"方式，函数调用的 4 个基本步骤是一样的。两者的区别在于：传值时，被调函数无法改变主调函数中变量的值；传址时，被调函数可以改变主调函数中变量的值。

通过进行函数调用，我们可以(而且只可以)得到一个返回值(即函数值)；但是，当使用指针变量作为函数的参数时，我们可以得到多个变化的值。不使用指针变量的话，我们很难做到这一点。

9.2　指针与一维数组

变量都有地址，而数组包含若干元素，并且每个数组元素也是变量，因而它们也都有相应的地址。数组名是地址常量，代表数组的首地址，即第一个数组元素的地址。在引用数组元素时，除了使用第 6 章介绍的下标表示法，还可以使用下面介绍的指针表示法。

9.2.1　一维数组元素的表示

在对数组元素进行引用时，除了使用下标表示法，也可以使用指针表示法。若有如下定义语句 short int a[5];，那么为了引用数组 a 的第 i+1 个元素(i 从 0 开始编号)，可以使用如下两种方式。

- 下标表示法：a[i]。
- 指针表示法：*(a+i)。

以上两种方式是等效的。a[i] 和 *(a+i) 只是表示形式不同，但实质都是利用地址间接引用数组元素。无论是使用 a[i] 还是使用 *(a+i) 的形式引用数组元素，编译系统在进行处理时，都是首先根据数组的首地址计算 a+i 的值(即 a[i] 元素的地址)，然后根据地址标识的存储单元引用数组元素。假设系统分配给数组 a 的地址为 2000，那么数组 a 的地址与内容之间的关系如图 9-6 所示。

图 9-6　数组 a 的地址与内容之间的关系

对于赋值语句 a[3]=55; 或 *(a+3)=55;，系统在进行处理时，将首先按 a+3*2(short int 型元素占 2 字节空间)计算出 a+3 的值为 2006，然后根据地址 2006 标识的存储单元，为数组元素赋值 55。

如果将数组元素的地址存放在指针变量中，就可以通过指针变量引用数组中的各个元素。

例 9.2　使用指针变量给一维数组元素赋值，并输出各个元素的值及元素之和。

程序如下：

```
#include <stdio.h>
int main()
```

```
{    int a[10],i,j,s;
     int *p;
     for(p=a;p<a+10;p++) scanf("%d",p);
     p=a;                          /* 使 p 重新指向第 1 个元素 */
     for(s=0,i=0;i<10;i++) s+=*(p+i);          /* *(p+i)表示 a[i] */
     for(i=0;i<10;i++)   printf("%3d",p[i]);        /* p[i]表示 a[i] */
     printf("\ns=%d",s);
     return 0;
}
```

程序运行结果如下:

```
1 2 3 4 5 6 7 8 9 10↙
1 2 3 4 5 6 7 8 9 10
s=55
```

程序说明:

(1) scanf 语句中的 p 是某个元素的地址,所以 p 的前面不能再有取址运算符&。由于每一次循环都会使 p 加 1 以指向后一个元素,因此当循环终止时,p 的值等于 a+10,此时指针变量 p 已指向数组 a 以外的存储单元。p 需要被重新赋值,从而再次指向数组的首地址。

(2) 如果指针变量 p 的当前值与数组 a 的首地址相等,那么*(p+i)和 p[i]都表示元素 a[i]。

例 9.3 输入一组数据,将它们存放在数组中,找出其中的最大值,然后与数组中第 1 个元素的值进行交换,其他数据不变,最后输出所有数据。

程序如下:

```
#include <stdio.h>
int main()
{
    int i,t,a[10],*p,*max;
    for(i=0;i<10;i++)
        scanf("%d",a+i);
    max=a;                      /* 使 max 指向数组中的第 1 个元素 */
    for(p=a+1,i=0;i<9;i++)
    {
        if(*max<*p)
            max=p;
        p++;
    }
    t=*a; *a=*max;*max=t;       /* 将最大值与 a[0]交换 */
    for(p=a,i=0;i<10;p++,i++)
        printf("%3d",*p);
    return 0;
}
```

程序运行结果如下:

```
1 2 3 5 9 6 0 4 7 8↙
9 2 3 5 1 6 0 4 7 8
```

程序说明:

(1) 程序中设置的指针变量 max 用于存放具有最大值的元素的地址,刚开始时 max 指向第

1 个元素。可利用指针 p 将后续元素逐个与 max 指向的元素进行比较，每次比较后，使 max 指向两者中具有较大值的元素。当全部元素比较完之后，max 便指向具有最大值的元素。

(2) 数组名是地址常量，代表数组的首地址，a+1 表示数组中第 2 个元素的地址，但 a++是错误的，因为数组名 a 是地址常量。数组一旦建立，系统就会为其分配确定的存储区域，其地址不能改变。改变数组名就相当于改变数组的存储区域的地址，这是非法操作。

(3) 注意有关指针变量的运算。如果先使指针 p 指向数组的第 1 个元素(使 p=a)，则可以进行如下运算：

① *p++。由于运算符*和++的优先级相同，并且结合方向均为右结合，因此*p++等价于*(p++)。作用是首先得到 p 所指变量的值(也就是*p)，然后使 p 加 1。例如，程序中的最后一条 for 语句可改写为：

```
for(p=a,i=0;i<10;i++) printf("%3d",*p++);
```

作用和之前完全一样。

② *(p++)与*(++p)的作用不同。前者先获取*p，再使 p 加 1；后者先使 p 加 1，再获取*p。

③ (*p)++表示对 p 所指元素的值加 1，而不是对 p 加 1。

④ 如果 p 指向数组 a 中的第 i 个元素，那么

　　*(p--)相当于 a[i--]，先对 p 进行*运算，再使 p 自减。

　　*(++p)相当于 a[++i]，先使 p 自加，再进行*运算。

　　*(--p)相当于 a[--i]，先使 p 自减，再进行*运算。

++和--运算符对于指针变量十分有效，它们可以使指针变量自动向前或向后移动，从而指向下一个或上一个数组元素。但使用它们时必须谨慎，否则容易出错。

9.2.2 将数组名作为函数的参数

由于数组名是地址常量，因此使用数组名作为函数的参数，实际上就是使用指针作为函数的参数。下面使用函数改写第 6 章的例 6.1。

例 9.4 编写函数，将数组中的 n 个整数从小到大进行排序。

程序如下：

```
#include <stdio.h>
int main()
{
    int t,b[10]={2,6,7,0,9,5,3,1,8,4};
    int i,j,k;
    void sort(int a[],int n);        /* 函数声明 */
    for(i=0;i<10;i++)
        printf("%3d",b[i]);
    printf("\n");
    sort(b,10);                      /* 将数组名作为参数，传递数组的首地址 */
    for(i=0;i<10;i++)
        printf("%3d",b[i]);
    printf("\n");
    return 0;
}
void sort(int a[],int n)             /* 定义 sort 函数，对数组 a 中的 n 个元素进行排序 */
```

```
{
    int i,k,t,j;
    for(i=0;i<n-1;i++)
    {
        k=i;
        for(j=i+1;j<n;j++)
            if(a[k]>a[j])
                k=j;
        t=a[k];a[k]=a[i];a[i]=t;
    }
}
```

程序运行结果如下：

```
2 6 7 0 9 5 3 1 8 4
0 1 2 3 4 5 6 7 8 9
```

程序说明：

(1) C 编译系统将形参数组名作为指针变量来处理，方括号中的长度不起任何作用，因此通常可省略。我们为 sort 函数定义了形参 int a[ ]，这实际上与使用 int *a 作为函数形参的效果完全相同。

当进行函数调用时，实参是数组名，可将数组 b 的首地址传给形参指针变量 a(也就是形参数组 a)，使指针变量 a 指向数组 b，如图 9-7 所示。

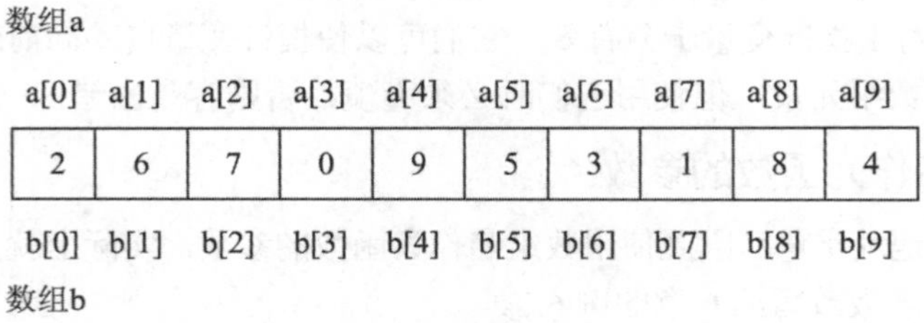

图 9-7　实参数组和形参数组是同一数组

(2) sort 函数中的形参 n 用来存放实参传来的元素个数，这样可使 sort 函数更具有灵活性——可以指定对数组中的前 n 个元素进行排序。例如，可将 main 函数中的调用语句 sort(b,10);改写为 sort(b,5);，运行结果如下：

```
2 6 7 0 9 5 3 1 8 4
0 2 6 7 9 5 3 1 8 4
```

(3) 可对数组 b 中的部分元素进行排序。例如，要对数组中的 b[1]~b[5]这 5 个元素进行排序，可将程序中的函数调用语句改写为 sort(b+1,5);，运行结果如下：

```
2 6 7 0 9 5 3 1 8 4
2 0 5 6 7 9 3 1 8 4
```

(4) sort 函数也可按如下方式编写，效果一样。

```
void sort(int *a,int n)
{
    int i,k,t,j;
```

```
        for(i=0;i<n-1;i++)
        {
            k=i;
            for(j=i+1;j<n;j++)
                if(*(a+k)>*(a+j))
                    k=j;
            t=*(a+k);
            *(a+k)=*(a+i);
            *(a+i)=t;
        }
}
```

例9.5　编写函数，使得在有序数组中插入一个数据之后，数组仍然有序(升序)。
程序如下:

```
#include <stdio.h>
int main()
{
    int i,n,x;
    void insert(int *a, int x, int *m);        /* 函数声明 */
    int b[10]={2,3,6,9,21,30};
    n=6;                                        /* 使用 n 表示数组 b 中数据的个数 */
    scanf("%d",&x);                             /* 输入想要插入的数据 x */
    insert(b,x,&n);                             /* 函数调用 */
    for(i=0;i<n;i++)
        printf("%d    ",b[i]);
    return 0;
}
void insert(int *a, int x, int *m)
{
    int i,j,k;
    for(i=*m-1;i>=0;i--)
    {
        if(x<*(a+i))
            *(a+i+1)=*(a+i);
        else
            break;
    }
    *(a+i+1)=x;
    (*m)++;
}
```

程序运行结果如下:

```
5↙
2  3  5  6  9  21  30
```

程序说明: 在 main 函数中，使用 n 表示数组 b 中已有数据的个数。在 insert 函数中，将想要插入的数据 x 与数组中的最后一个数据进行比较，如果 x<*(a+i)，就将*(a+i)的值往后移动一个元素的位置；将 x 依次与前面的元素做比较，直到 x>=*(a+i)，此时将 x 插入地址为 a+i+1 的元素位置。(*m)++的作用是间接访问 main 函数中的变量n，使 n 加 1。

9.3 指针与二维数组

9.3.1 二维数组中的指针

使用指针变量可以指向一维数组中的元素,也可以指向二维数组中的元素。但在概念和使用方面,二维数组中的指针相比一维数组中的指针更复杂一些。观察如下语句定义的二维数组:

```
short int a[3][4]={{1,2,3,4},{5,6,7,8},{9,10,11,12}};
```

a 是数组名。数组 a 包含 3 个元素——a[0]、a[1]、a[2],而且其中的每个元素又是一个一维数组,它们各自包含 4 个元素。例如,a[0]代表的一维数组包含 4 个元素——a[0][0]、a[0][1]、a[0][2]、a[0][3],如图 9-8 所示。图 9-8 展示了数组 a 的逻辑示意图。图 9-9 展示了数组 a 的内存排列示意图,在内存中,二维数组元素的排列方式是按行顺序方式。

数组a

a[0]	a[0][0]	a[0][1]	a[0][2]	a[0][3]
a[1]	a[1][0]	a[1][1]	a[1][2]	a[1][3]
a[2]	a[2][0]	a[2][1]	a[2][2]	a[2][3]

图 9-8　数组 a 的逻辑示意图

图 9-9　数组 a 的内存排列示意图

从二维数组的角度看,a 代表二维数组中首元素的地址,但现在的首元素不是整型变量,而是由 4 个短整型元素组成的一维数组,因此 a 代表的是首行(第 1 行)的首地址。a+1 代表第 2 行的首地址。如果第 1 行的首地址为 2000,那么第 2 行的首地址为 2008,因为第 1 行有 4 个短整型数据,而 a+1 代表的是 a[1]的首地址,所以值为 a+4*2=2008。a+2 代表 a[2]的首地址,值为 2016,如图 9-9 所示。

a[0]、a[1]、a[2]既然是一维数组名,而 C 语言规定数组名代表数组中首元素的地址,因此 a[0]代表一维数组 a[0]中第 1 个元素的地址,于是 a[0]的值为&a[0][0]。同样,a[1]的值为&a[1][0],a[2]的值为&a[2][0]。

众所周知,a[i]和*(a+i)等效。因此,a[i]+j 和*(a+i)+j 的值是&a[i][j]。例如,a[1]+1 和*(a+1)+1

的值是&a[1][1](也就是图 9-9 中的 2010)。注意，不要将*(a+1)+1 错写成*(a+1+1)，后者为 a[2]。

由于 a[i]+j 和*(a+i)+j 是 a[i][j]的地址，因此*(a[i]+j)和*(*(a+i)+j)的值就是 a[i][j]。

表 9-1 总结了数组、指针和数组名之间的关系(针对上面的数组 a)。

表 9-1　指针、数组名和数组之间的关系

表 示 形 式	含　　义	值
a	二维数组名，指向一维数组 a[0]，也就是二维数组 a 中第 1 行的首地址	2000
a[0]、*(a+0) 、*a、&a[0][0]	第 1 行第 1 列元素 a[0][0]的地址	2000
a+1、&a[1]	第 2 行的首地址	2008
a[1]、*(a+1)、&a[1][0]	第 2 行第 1 列元素 a[1][0]的地址	2008
a[1]+2、*(a+1)+2、&a[1][2]	第 2 行第 3 列元素 a[1][2]的地址	2012
(a[1]+2)、(*(a+1)+2)、a[1][2]	第 2 行第 3 列元素 a[1][2]的值	7

为了方便起见，一般把二维数组中的指针分为元素指针和行指针两种类型。

1. 元素指针

二维数组中每个元素的地址称为元素指针(或列指针)。

例如，对于元素 a[i][j]的指针，有如下 3 种表示方法：

- &a[i][j]
- a[i]+j
- *(a+i)+j

元素指针加 1 后，便指向下一个元素。例如，&a[i][j]+1 的值就是 a[i][j+1]的地址。

二维数组中的每个元素也有 3 种表示方法：

- a[i][j]
- *(a[i]+j)
- *(*(a+i)+j)

2. 行指针

二维数组中每一行的首地址称为行指针。二维数组的数组名是行指针。

例如，二维数组 a 的第 i+1 行的指针为 a+i。

行指针加 1 后，便指向数组的下一行。

9.3.2　指向二维数组元素的指针变量

在了解了二维数组中的指针之后，就可以使用指针变量指向二维数组及其元素。

1. 指向数组元素的指针变量

例 9.6　输入一个 3×4 的矩阵到二维数组中，然后输出这个矩阵，并且输出其中具有最大值的元素及其行列号。

程序如下：

```
#include <stdio.h>
int main()
{
    int a[3][4], i,j,*maxp;                    /* maxp 为指向元素的指针 */
    for(i=0;i<3;i++)                           /* 输入矩阵 */
        for(j=0;j<4;j++)
            scanf("%d",*(a+i)+j);              /* *(a+i)+j 是 a[i][j]的地址 */
    for(i=0;i<3;i++)                           /* 输出矩阵 */
    {
        for(j=0;j<4;j++)
            printf("%3d",*(*(a+i)+j));         /* *(*(a+i)+j)即元素 a[i][j] */
        printf("\n");
    }
    maxp=*a;                                   /* 指针变量 maxp 指向元素 a[0][0] */
    for(i=0;i<3;i++)
        for(j=0;j<4;j++)
            if(*maxp<*(*(a+i)+j))
                maxp=*(a+i)+j;
    i=(maxp-*a)/4;                             /* 计算行号 */
    j=maxp-*(a+i);                             /* 计算列号 */
    printf("max=%d,i=%d,j=%d\n",*maxp,i+1,j+1);
    return 0;
}
```

程序运行结果如下：

```
1  2  3  4  5  6  7  8  9  10  12  11✓
1  2  3  4
5  6  7  8
9 10 12 11
max=12,i=3,j=3
```

程序说明：*a 或*(a+0)是元素 a[0][0]的地址，*(a+i)是元素 a[i][0]的地址，*(a+i)+j 是元素 a[i][j]的地址。指针变量 maxp 指向具有最大值的数组元素。另外，利用元素指针，可计算出最大值元素所在的行列位置。

2. 定义行指针变量

行指针变量又称为指向一维数组的指针变量，定义形式一般如下：

类型标识符 (*指针变量名)[常量表达式];

其中，常量表达式表示一行含有多少个元素。在定义行指针变量时，必须确定每一行所含元素的个数。例如：

```
int (*p)[4], (*q)[6], a[3][4], b[2][6];
p=a;     /* p 指向二维数组 a 的第 1 行的地址 */
q=b;     /* q 指向二维数组 b 的第 1 行的地址 */
```

p 和 q 虽然都是行指针变量，但 p 指向的行只能有 4 个 int 型元素，q 指向的行则只能有 6

个 int 型元素。

当行指针变量指向二维数组的第 1 行时，行指针变量可以作为数组名使用。例如，当 p 和 q 分别指向二维数组 a 和 b 的第一行时，可以使用 p[i][j] 和 q[i][j] 来分别引用数组元素 a[i][j] 和 b[i][j]。

例 9.7　输入一个 4×4 的矩阵到二维数组中，然后分别计算出二维数组中指定行或指定列的元素之和。

程序如下：

```
#include<stdio.h>
int main()
{
    int a[4][4],(*p)[4], s1,s2,i,j,n,m;          /* p 为行指针变量 */
    for(i=0;i<4;i++)                             /* 输入 4×4 矩阵 */
        for(j=0;j<4;j++)
            scanf("%d",*(a+i)+j);                /* *(a+i)+j 是元素 a[i][j] 的地址 */
    scanf("%d%d",&n,&m);                         /* 输入指定的行和列 */
    p=a+n-1;                                      /* p 指向第 n 行 */
    for(s1=0,j=0;j<4;j++)                         /* 计算第 n 行元素之和 */
        s1+=*(*p+j);                             /* *(*p+j)即元素 a[n-1][j] */
    p=a;                                          /* p 指向第 1 行 */
    for(s2=0,i=0;i<4;i++)                         /* 计算第 m 列元素之和 */
        s2+=*(*(p+i)+m-1);                       /* *(*(p+i)+m-1)即元素 a[i][m-1] */
    printf("%d %d",s1,s2);
    return 0;
}
```

程序运行结果如下：

```
1   2   3   4✓
2   3   4   5✓
4   5   6   7✓
5   6   7   8✓
1   1✓
10   12
```

9.3.3　将二维数组的行指针作为函数的参数

1. 将行指针变量作为函数的形参

例 9.8　编写函数，将一个 4×4 矩阵的右上三角元素都设置成 0(包括对角线上的元素)，其余元素不变。

程序如下：

```
#include <stdio.h>
void change(int (*x)[4],int n,int m)             /* 将行指针变量 x 作为函数的形参 */
{
    int i,j;
    for(i=0;i<n;i++)                             /* 将矩阵的右上三角元素都设置成 0 */
        for(j=0;j<m;j++)
            if(i<=j)
                *(*(x+i)+j)=0;                   /* *(*(x+i)+j)即元素 x[i][j] */
```

```
    }
    int main()
    {
        int a[4][4],i,j;
        printf("\n");
        for(i=0;i<4;i++)
        {
            for(j=0;j<4;j++)
            {
                a[i][j]=1+i+j;                    /* 输入矩阵 */
                printf("%3d",a[i][j]);           /* 输出矩阵 */
            }
            printf("\n");
        }
        change(a,4,4);                            /* 调用函数 */
        printf("\n");
        for(i=0;i<4;i++)                          /* 输出修改后的矩阵 */
        {
            for(j=0;j<4;j++)
            printf("%3d",a[i][j]);
            printf("\n");
        }
        return 0;
    }
```

程序运行结果如下:

```
  1  2  3  4
  2  3  4  5
  3  4  5  6
  4  5  6  7
  0  0  0  0
  2  0  0  0
  3  4  0  0
  4  5  6  0
```

程序说明: 形参 x 是指向 4 个 int 型元素的行指针变量。在调用函数 change(a,4,4)时, 实参 a 是指向数组第一行的指针, 将行指针传给行指针变量 x, 使其指向数组 a 的第一行, 所以 change 函数中的*(*(x+i)+j)就是 main 函数中的元素 a[i][j]。形参 n 和 m 分别用于控制对数组进行处理时的行数和列数, 从而使函数更具有灵活性。例如, 若将函数调用语句 change(a,4,4);修改为 change(a,3,3);, 则修改后的矩阵如下:

```
  0  0  0  4
  2  0  0  5
  3  4  0  6
  4  5  6  7
```

2. 将二维数组的数组名作为函数的形参

由于二维数组的数组名就是行指针,因此在定义函数时可以将二维数组的数组名作为形参。

将二维数组的数组名作为形参的一般格式如下：

类型标识符　数组名[ ][长度],int n, int m

在将二维数组的数组名作为形参时，必须指定第二维的长度，且指定的长度必须与对应的实参数组第二维的长度一致。形参 n 和 m 分别用于控制对二维数组进行处理时的行数和列数。

对例 9.8 中的 change 函数进行如下修改：

```
void change(int x[][4],int n,int m)        /* 定义函数 */
{
    int i,j;
    for(i=0;i<n;i++)
        for(j=0;j<m;j++)
            if(i<=j) x[i][j]=0;            /* 将矩阵的右上三角元素都设置成 0 */
}
```

例 9.8 中的 main 函数保持不变，程序的运行结果与之前相同。

程序说明：

(1) 在进行函数调用时，将实参数组 a 的首地址传给形参数组 x，形参数组 x 共享实参数组 a 的存储区域，在函数中对形参数组 x 进行操作，实际上相当于对实参数组 a 进行操作。

(2) 将二维数组的数组名作为函数的形参，实际上相当于将行指针变量作为函数的形参。在形参中，第一维的长度不起作用，但第二维的长度必须明确，并且需要与实参数组第二维的长度保持一致。

9.4　指针与字符串

字符串是由若干字符组成的字符序列，比如字符串常量 "Beijing China"。字符串在内存中按字符的排列顺序存放，每个字符占 1 字节，并在末尾添加'\0'作为结束标志。只要知道字符串在内存中的首地址(第一个字符的地址)，就可以对字符串进行处理。利用指针的特点，如果能使指针变量指向字符串中的第一个字符，就可以方便地处理字符串。

9.4.1　字符串的表示形式

1. 字符串指针

字符串在内存中的首地址(第一个字符的地址)即为字符串指针。对于字符串常量来说，其值就是一个字符串指针，表示这个字符串在内存中的首地址。如果在字符数组中存放一个字符串，那么数组名就是字符串指针，指向字符串中的第一个字符。

2. 使用字符数组存放字符串

第 6 章介绍了使用字符数组存储字符串的方法，例如：

char a[ ]= "Beijing China";

在这里，数组名 a 就代表字符串的首地址(也就是字符'B'的地址)。

3. 使用字符指针变量指向字符串

使用字符指针变量指向字符串的形式有两种：

```
char *p="a string";              /* 在定义的同时进行初始化 */
```

或

```
char *p;   p="a string";        /* 先定义，后赋值 */
```

在这里，变量 p 指向字符串"a string"在内存中的首地址。

4. 字符串的引用

字符串一般存放在字符数组中，也可以使用指针变量指向字符串，这样就可以通过字符数组名或指向字符串的指针变量来引用字符串。

例 9.9　使用字符数组名或字符指针变量引用字符串。

程序如下：

```
#include<stdio.h>
int main()
{
    char a[]="Hello,Everyone";
    char *p=a;              /* p 和 a 指向同一个字符串 */
    printf("%s\n%s\n",a,p);
    return 0;
}
```

程序运行结果如下：

```
Hello,Everyone
Hello,Everyone
```

程序说明：

(1) 虽然 p 和 a 指向同一个字符串，但 a 是常量，p 是变量。

(2) 由于 a 和 p 都是指针，因此 a+1 和 p+1 都指向下一个字符，它们依然是指向字符串的指针。如果将程序中的语句 printf("%s\n%s\n",a,p);修改为 printf("%s\n%s\n",a+1,++p);，那么程序运行结果如下：

```
ello,Everyone
ello,Everyone
```

(3) 如果将语句 printf("%s\n%s\n",a,p);修改为 printf("%c\n%c\n",*(a+1),*(++p));，那么程序运行结果如下：

```
e
e
```

注意：当使用指针变量输入字符串时，必须先给指针变量赋值。在指针定义语句 char *s;之后，如果没有对 s 进行赋值，那么使用 gets(s);或 scanf("%s", s);输入字符串就是错误的，因为指针变量的指向不明确，这会导致所输入字符串的存储位置无法确定。

9.4.2 将字符串指针作为函数的参数

在将一个字符串从一个函数传递到另一个函数时，可以使用传址方式，也就是将字符数组名或指向字符串的指针变量作为参数。在被调函数中可以改变字符串的内容，在主调函数中可以得到已经发生改变的字符串。

例 9.10 编写函数，计算字符串的长度。

程序如下：

```
#include <stdio.h>
int length(char *s)
{
    int k=0;
    while(*s!='\0'){ k++; s++;}     /* k 表示字符数 */
    return k;
}
int main()
{
    char a[80]={"Beijing\nChina"};
    printf("length: %d\n",length(a));
    return 0;
}
```

程序运行结果如下：

```
length: 13
```

程序说明：

(1) 在字符数组 a 中存储字符串之后，a 就是字符串指针。在调用 length 函数时，将指针 a 赋值给指针变量 s，s 与 a 都指向同一个字符串。

(2) 一般在使用函数处理字符串时，不需要通过设置形参 n 来传递字符串的长度。在处理字符串的过程中，可以通过字符串的结束标志'\0'来控制字符串的处理是否结束。

例 9.11 编写函数，比较两个字符串的大小。

程序如下：

```
#include <stdio.h>
int compare(char *a,char *b)
/* 比较字符串 a 和 b 的大小，a>b 时返回 1，a=b 时返回 0，a<b 时返回-1 */
{
    for(;(*a==*b)&&(*a!='\0')&&(*b!='\0');a++,b++);
    /* 使指针指向第一个不同的字符 */
    if(*a>*b) return 1;
    else
        if(*a==*b)
            return 0;
        else
            return -1;
}
int main()
{
```

```
        char a[80],b[80];
        int flag;                    /* 变量 flag 用于存放 compare 函数的调用结果 */
        printf("Enter the first string:");
        gets(a);                     /* 输入第一个字符串 */
        printf("Enter the second string:");
        gets(b);                     /* 输入第二个字符串 */
        flag=compare(a,b);
        printf("the first string");  /* 输出比较结果 */
        if(flag==0)
            printf("=");
        else
            if(flag<0)
                printf("<");
            else
                printf(">");
        printf("the second string\n");
        return 0;
    }
```

程序运行结果如下：

```
Enter the first string:abcdef✓
Enter the second string:cdef✓
the first string< the second string
```

9.5 指针与函数

9.5.1 指向函数的指针

函数在编译时会被分配一个入口地址。这个入口地址就称为函数的首地址。实际上，编译系统会将组成函数的一组指令存储在内存的一块区域中，这组指令的首地址就是函数的入口地址。调用函数就是找到这组指令的首地址，并依次执行指令。和数组名代表数组的首地址一样，函数名代表函数的入口地址。既可以使用函数名调用函数，也可以使用指向函数的指针来调用函数。

定义指向函数的指针变量的一般形式如下：

类型标识符 (*指针变量名)(函数形参类型)

其中，类型标识符表示指针变量所指向函数的返回值类型，函数形参类型表示指针变量指向的函数所具有的参数类型。例如：

char (*f1) (int);
int (*f2) (float, int);

上述语句定义了两个指向函数的指针变量 f1 和 f2。其中：f1 所指向函数的返回值必须是 char 类型，形参为 int 类型；f2 所指向函数的返回值必须是 int 类型，形参依次为 float 和 int 类型。f1 和 f2 是两个不同类型的指针变量。

将函数的入口地址赋给同类型的函数指针变量，就可以通过指针变量调用函数了，例如：

```
double (*fun)(double);
fun=sqrt;              /* 使 fun 指向函数 sqrt */
```

可以使用指针变量 fun 调用函数 sqrt。例如，fun(5)或(*fun)(5)与 sqrt(5)的作用一样。

9.5.2 返回指针的函数

函数不仅可以返回整型、实型、字符型等类型的数据，也可以返回指针类型的数据。
返回指针的函数的一般定义形式如下：

```
类型标识符 *函数名(类型标识符  形参, 类型标识符  形参, … )
```

其中的*表示函数的返回值是指针，例如：

```
int *fun(float x, float y)
```

fun 是函数名，调用后即可得到一个指向 int 型数据的指针(地址)。

例 9.12 编写函数，返回给定的字符在字符串中第一次出现时的地址。
程序如下：

```
#include<stdio.h>
char *find(char *p, char c)         /* 查找字符变量 c 中的字符在 p 所指字符串中的地址 */
{
    char *pc;
    pc=p;                           /* 将字符串的首地址赋给指针变量 pc */
    while(*pc!='\0')
    {
        if(*pc!=c)
            pc++;
        else
            return pc;              /* 返回找到的字符地址 */
    }
    return NULL;                    /* 没找到，返回空指针 */
}
int main()
{
    char s[80],c,*p;
    printf("Enter a string:\n");
    gets(s);                        /* 输入一个字符串 */
    printf("Enter a character:\n");
    scanf("%c",&c);                 /* 输入想要查找的字符 */
    p=find(s,c);                    /* 调用函数，将返回的指针赋给 p */
    if(p==NULL) printf("no find\n");
    else
    {
        printf("the address of %c is: %x\n",c,p);
        printf("is the %dth character\n",p-s+1);
    }
    return 0;
}
```

程序运行结果如下：

```
Enter a string:
china✓
Enter a character:
n✓
the address of n is: f8e
is the 4th character
```

9.6 指针数组与多级指针

9.6.1 指针数组的概念

如果一个数组的元素均为指针类型，则称之为指针数组。也就是说，指针数组中的每个元素都相当于一个指针变量。指针数组通常用于字符串数组的相关操作。

1. 指针数组的定义

指针数组的一般定义形式如下：

类型标识符　*数组名[常量表达式];

例如：

int *p[10];

由于[ ]的优先级比*高，因此 p 先与[10]结合，形成 p[10]，这是数组形式；之后再与前面的*结合，表示数组是指针类型，其中的每个数组元素都指向一个 int 型变量。

注意：不要写成 int (*p)[10];，因为这是指向一维数组的指针变量(行指针变量)。

指针数组在定义时就可以进行初始化，例如：

char *p[5]={ "China", "Canada", "Singapore", "Romania", "Mexico" };

指针数组 p 中的每个元素都是一个指针，它们分别指向各自字符串的第一个字符，这些数据在内存中的分配情况如图 9-10 所示。

图 9-10　指针数组元素的指向

2. 指针数组应用举例

例 9.13 将若干字符串按字母顺序(由小到大)输出。
程序如下：

```c
#include <stdio.h>
#include <string.h>
int main()
{
    char *p[5]={"Singapore", "China", "Mexico", "Canada", "Romania"};
    char *temp;
    int i,j,k;
    for(i=0;i<4;i++)
    {
        k=i;
        for(j=i+1;j<5;j++)
        if(strcmp(p[j],p[k])<0) k=j;        /* strcmp 为字符串比较函数 */
        temp=p[k];p[k]=p[i];p[i]=temp;      /* 交换指针数组中元素的指向 */
    }
    for(i=0;i<5;i++) puts(p[i]);            /* 输出指针数组指向的字符串 */
    return 0;
}
```

程序运行结果如下：

```
Canada
China
Mexico
Romania
Singapore
```

程序说明：指针数组 p 指向的字符串如图 9-10 所示，上述程序利用选择排序法，通过改变指针数组元素的指向，实现了将字符串按字母顺序(由小到大)输出。排序后的指针数组元素的指向如图 9-11 所示。

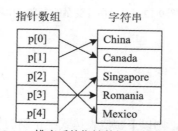

图 9-11 排序后的指针数组元素的指向

9.6.2 多级指针的概念

前面介绍了指针数组的概念。指针数组中的元素存放的内容是指向某一数据类型的指针，如果定义一个指向这个指针数组的指针，那么这个指针就是指向指针的指针。指向指针的指针称为二级指针，二级以上的指针称为多级指针。多级指针的一般定义形式如下：

类型标识符 ** … * 指针变量名;

指针变量名前有一个*的称为一级指针，简称指针；有两个**的称为二级指针，以此类推。二级指针变量用于存储一级指针变量的指针(即一级指针变量的地址)。

例 9.14 二级指针变量的定义与引用。

程序如下：

```
#include <stdio.h>
int main()
{
    int a=5,*pa,**ppa;          /* 定义 pa 为一级指针变量、ppa 为二级指针变量 */
    pa=&a;                      /* 使 pa 指向 a */
    ppa=&pa;                    /* 使 ppa 指向 pa */
    printf("%d,%x,%x,%x\n",a,pa,ppa,&ppa);
    printf("%d,%d,%d\n",a,*pa,**ppa);
    return 0;
}
```

程序运行结果如下：

```
5, fd8, 65d6, fda
5, 5, 5
```

程序说明：

(1) 变量 pa 和 ppa 在定义后，它们在未执行赋值语句前为悬挂指针，因而值还不确定，如图 9-12(a)所示。

(2) 执行赋值语句后，各变量的值如图 9-12(b)所示。

(3) 变量 ppa 做一次间接引用后的值为 fd8，*ppa 与 pa 等价。

(4) 变量 ppa 做两次间接引用后的值为 5，**ppa 与 a 等价。

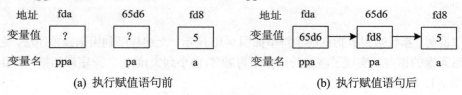

(a) 执行赋值语句前　　　　　　　　　　　　(b) 执行赋值语句后

图 9-12　二级指针变量的定义与引用

9.7 习题

一、选择题

1. 若有定义语句 int x,*pb;，则以下赋值表达式中正确的是_____。

    A) pb=&x　　　　　　B) pb=x　　　　　　C) *pb=&x　　　　　　D) *pb=*x

2. 假设想要定义 p 为指向 float 型变量 d 的指针，则下列语句中正确的是_____。

    A) float d,*p=d;　　　　　　　　　　B) float *p=&d,d;

    C) float d,*p=&d;　　　　　　　　　D) float d,p=d;

3. 指针变量 p1 和 p2 的类型相同，假设想要使 p2 和 p1 指向同一变量，则下列语句中正确的是_____。

    A) p2=*&p1;　　　　B) p2=**p1;　　　　C) p2=&p1;　　　　D) p2=*p1;

4. 若有定义语句 float a=1.5, b=3.5,*pa=&a;*pa*=3;pa=&b;，则下列说法中正确的是_____。

    A) pa 的值是 1.5   B) *pa 的值是 4.5

    C) *pa 的值是 3.5   D) pa 的值是 3.5

5. 若有定义语句 int a[ ]={0,1,2,3,4,5,6,7,8,9},*p=a, i;，其中 $0 \leq i \leq 9$，则下列选项中对数组元素引用不正确的是_____。

    A) a[p-a]   B) *(&a[i])   C) p[i]   D) *(*(a+i))

6. 假设数组被定义为 int a[4][5];，则下列引用中错误的是_____。

    A) *a   B) *(*(a+2)+3)   C) &a[2][3]   D) ++a

7. 表达式 c=*p++的执行过程是_____。

    A) 先复制*p 的值给 c，之后再执行 p++。

    B) 先复制*p 的值给 c，之后再执行(*p)++。

    C) 先复制 p 的值给 c，之后再执行 p++。

    D) 执行 p++后，将*p 的值复制给 c。

8. 若有定义语句 char s[4][15], *p1, **p2;int x, *y;，则下列语句中正确的是_____。

    A) p2=s;   B) y=*s;   C) *p2=s;   D) y=&x;

9. int *max()的确切含义是_____。

    A) 返回整型值   B) 返回指向整型变量的指针

    C) 返回指向函数 max 的指针   D) 以上说法都不正确

10. 若有定义语句 int c[4][5], (*cp)[5];cp=c;，则下列选项中对数组元素引用正确的是_____。

    A) cp+1   B) *(cp+3)   C) *(cp+1)+3   D) **(cp+2)

11. 若有定义语句 int (*ptr)(float);，则下列说法中正确的是_____。

    A) ptr 是指向一维数组的指针变量。

    B) ptr 是指向 int 型数据的指针变量。

    C) ptr 是指向函数的指针变量，该函数有一个 float 型参数，返回值是 int 型。

    D) ptr 是函数名，该函数的返回值是指向 int 型数据的指针。

12. 以下程序的输出结果是_____。

```c
#include <stdio.h>
int main()
{
    int a[10]={1,2,3,4,5,6,7,8,9,10},*p=a;
    printf("%d\n",*(p+2));
    return 0;
}
```

    A) 3   B) 4   C) 1   D) 2

13. 以下程序的输出结果是_____。

```c
#include <stdio.h>
int main()
{
    int a[ ]={2,4,6,8,10},y=1,x,*p;
    p=&a[1];
    for(x=0;x<3;x++) y+=*(p+x);
```

```
        printf("%d\n",y);
        return 0;
    }
```

A) 17   B) 18   C) 19   D) 20

14. 以下程序的输出结果是_____。

```
#include <stdio.h>
int main()
{
int aa[3][3]={{2},{4},{6}},i,*p=&aa[0][0];
    for(i=0; i<2; i++)
    {
        if(i==0)
        aa[i][i+1]=*p+1;
        else
        ++p;
        printf("%d",*p);
    }
    printf("\n");
    return 0;
}
```

A) 23   B) 26   C) 33   D) 36

二、填空题

1. 将以下程序中的函数声明语句补充完整。

```
#include <stdio.h>
int _____ ;
main()
{
    int x,y,(*p)( );
    scanf("%d%d",&x,&y);
    p=max;
    printf("%d\n",(*p)(x,y));
}
int max(int a,int b)
{
    return (a>b?a:b);
}
```

2. 以下程序的输出结果是_____。

```
int *var, ab;
ab=100; var=&ab; ab=*var+10;
printf("%d\n",*var);
```

3. 以下程序的输出结果是_____。

```
#include<stdio.h>
int main()
{
```

```
int a[]={2,4,6},*prt=&a[0],x=8,y,z;
for(y=0; y<3; y++)
z=(*(prt+y)<x)?*(prt+y):x;
printf("%d\n",z);
return 0;
}
```

4. 以下程序的输出结果是_____。

```
#include<stdio.h>
#define N 5
int fun(char *s,char a,int n)
{
    int j; *s=a; j=n;
    while(a<s[j])
        j--;
    return j;
}
int main()
{
    char s[N+1]; int k,p;
    for(k=1; k<=N; k++)
        s[k]='A'+k+1;
    printf("%d\n",fun(s,'E',N));
    return 0;
}
```

5. 以下程序的输出结果是_____。

```
#include<stdio.h>
int main()
{    char *p[]={"BOOL","OPK","H","SP"};
    int i;
    for(i=3; i>0; i--,i--)
        printf("%c",*p[i]);
    printf("\n");
    return 0;
}
```

6. 以下程序的输出结果是_____。

```
#include<stdio.h>
int ast(int x,int y,int *cp,int *dp)
{
    *cp=x+y;
    *dp=x-y;
}
int main()
{
    int a,b,c,d;
    a=4; b=3;
    ast(a,b,&c,&d);
    printf("%d, %d\n",c,d);
```

```
        return 0;
}
```

7. 以下程序的输出结果是_____。

```c
#include<stdio.h>
void fun(int n,int *s)
{
    int f1,f2;
    if(n==1||n==2) *s=1;
    else
    {
        fun(n-1,&f1);
        fun(n-2,&f2);
        *s=f1+f2;
    }
}
int main()
{
    int x;
    fun(6,&x);
    printf("%d\n",x);
    return 0;
}
```

三、编程题(要求使用指针来完成)

1. 输入 3 个整数，按从小到大的顺序输出。

2. 输入 5 个数，按绝对值从小到大进行排序后输出。

3. 编写程序，将一个字符串中的所有小写字母转换为相应的大写字母，其余字符不变。

4. 编写程序，求一维数组中的最大值及最小值。请适当选择参数，以便将求得的最大值及最小值传递给 main 函数。

5. 求一维数组中的最大值。要求编写一个能够返回最大值所在地址的函数。

6. 编写程序，将字符串中连续的相同字符仅保留 1 个(如字符串"a bb   cccd   ddd   ef"经处理后变为"a b cd d ef")。

7. 编写程序，将 float 型二维数组的每一行元素除以该行中绝对值最大的元素。

8. 编写程序，将一个 5×5 的矩阵转置。

9. 编写程序，观察一个 5×5 的二维数组，将每一行中的最大值按一一对应的顺序放入一维数组中。以二维数组 int a[5][5]和一维数组 s[5]为例，这里需要将数组 a 中第 1 行的最大值存入 s[0]，将数组 a 中第 2 行的最大值存入 s[1]，以此类推。

第 10 章

结构体与共用体

前面已经介绍了一种构造数据类型——数组，数组中的所有元素都属于同一类型。在实际应用中，有时需要将类型不同但又相关的数据组织在一起，以便进行统一管理。例如，学生的基本信息包括学号、姓名、性别、年龄、成绩、家庭住址等。这些信息的类型不同，不能使用数组来表示，也不能将它们分别定义成彼此独立的变量，因为这样不但会导致程序混乱，而且也体现不出数据之间的逻辑关系。为此，C 语言提供了另一种构造数据类型——结构体(structure)，结构体能够将不同类型的数据组织在一起。

10.1 结构体类型的定义

结构体由若干成员组成，这些成员的类型可以不同。在程序中使用结构体类型之前，必须先对结构体的组成进行描述(定义)。例如，可将学生信息定义为如下结构体类型：

```
struct student
{
    int num;
    char name[20];
    char sex;
    int age;
    float score;
    char addr[30];
};
```

其中，关键字 struct 是结构体类型的标志。struct 之后的 student 是结构体名，用花括号括起来的是对各个成员所做的描述(定义)。上面定义的结构体类型 struct student 有 6 个成员，分别为 num、name、sex、age、score 和 addr。这 6 个成员分别表示学生的学号、姓名、性别、年龄、成绩和家庭住址，显然它们的类型是不同的。

结构体类型的一般定义形式如下：

```
struct 结构体名
{ 成员表 };
```

其中，struct 是关键字，结构体名可以使用合法的标识符来表示，成员表的声明形式如下：

类型名　成员名;

定义结构体类型时需要注意以下两点。

(1) 定义结构体类型仅仅相当于指定了一种类型(就像系统中定义的基本类型，如 int、float、char 等类型)，无任何具体的数据，系统也不分配实际的内存单元。

(2) 结构体类型的成员可以是任何基本数据类型，也可以是数组、指针等，甚至可以是已经定义的结构体类型。

例如，以下定义了一种表示日期的结构体类型：

struct date {int year; int month; int day;};

再如，以下定义了一种表示学生信息的结构体类型：

```
struct stu
{
    int num;
    char name[20];
    char sex;
    struct date birthday;        /* 成员 birthday 为结构体类型 struct date */
    float score[3];
    char addr[30];
};
```

注意：结构体类型在定义时，末尾的分号不能省略。

10.2　结构体变量

10.2.1　结构体变量的定义

定义结构体类型之后，仅仅表示增加了一种结构体类型，但并没有分配内存空间，也不能像变量那样使用。必须使用结构体类型定义相应的变量后才能使用。

结构体变量有以下 3 种定义方式。

1. 先定义结构体类型，再定义变量

这种定义方式的一般形式如下：

```
struct  结构体名
{ 成员表 };
struct  结构体名 变量名表;
```

以前面已经定义的结构体类型 struct stu 为例，可以用它来定义变量。例如：

struct stu s1,s2;

上述语句定义 s1 和 s2 为 struct stu 类型的变量。换言之，它们是具有 struct stu 类型的结构体变量。

定义完结构体变量后，系统将为它们分配内存单元。系统为结构体变量分配的内存单元是连续的，例如，以上结构体变量 s1 的内存空间分配情况如图 10-1 所示。

结构体变量所占的内存空间可以使用 sizeof(变量)或 sizeof(类型标识符)求出。例如，通过表达式 sizeof(s1)或 sizeof(struct stu)可以求出结构体变量 s1 所占的字节数。

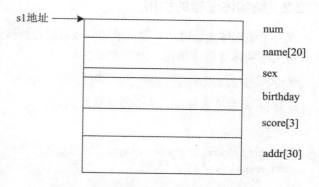

图 10-1　结构体变量 s1 的内存空间分配情况

2. 在定义结构体类型的同时定义变量

这种定义方式的一般形式如下：

```
struct 结构体名
{ 成员表 } 变量名列表;
```

例如：

```
struct st
{
    int num;
    char name[20];
    float score;
}s1,s2;
```

上述语句在定义结构体类型 struct st 的同时定义了两个这种类型的变量 s1 和 s2。

3. 直接定义结构体变量

这种定义方式的一般形式如下：

```
struct
{ 成员表 } 变量名列表;
```

例如：

```
struct
{
    int num;
    char name[20];
    float score;
}s1,s2;
```

以这种方式定义结构体变量不会出现结构体名，虽然简单，但以后需要再次定义这种类型的变量时，就必须将结构体类型的定义重写一遍。建议读者使用前两种方式来定义结构体变量。

10.2.2 结构体变量的引用

在引用结构体变量时，一般只能对其成员进行直接操作，而不能对结构体变量进行整体操作。引用结构体变量成员的一般形式如下：

结构体变量名.成员名

运算符.为成员运算符，结合性是从左向右。

例如：

```
struct date {int year; int month; int day; }
struct example
{
    int num;
    char name[20];
    struct date bir;
 }s1,s2;
```

各个成员的引用形式如下：

```
s1.num=101;
s2.num=s1.num+1;
strcpy(s1.name,"wang");
```

如果成员本身又属于一种结构体类型，那就需要使用若干成员运算符，一级一级地找到最低一级的那个成员。例如：

```
s1.bir.year=1985;
```

结构体变量和其他变量一样，也可以在定义变量的同时进行初始化。

结构体变量的一般初始化形式如下：

结构体类型　结构体变量名={初值表};

例如：

```
struct student
 {
    char name[10];
    float score[3];
}stu={"wang_li", 81,77,96};
```

结构体变量 stu 的各个成员将依次被赋予如下初值：字符数组 name 为 wang_li，数组 score 中的各个元素则分别为 81、77、96。

例 10.1 输入某学生的姓名、年龄和 5 门功课的成绩，计算平均成绩并输出。

程序如下：

```
#include <stdio.h>
int main()
{
    struct student
    {
```

```
            char name[10];
            int age;
            float score[5],ave;
        }stu;
        int i;
        stu.ave=0;
        scanf("%s%d",stu.name,&stu.age);        /* 输入学生的姓名和年龄 */
        for(i=0;i<5;i++)
        {    scanf("%f",&stu.score[i]);          /* 输入 5 门功课的成绩 */
            stu.ave+=stu.score[i]/5.0;           /* 计算平均成绩 */
        }
        printf("%s%4d\n",stu.name,stu.age);
        for(i=0;i<5;i++)
            printf("%6.1f", stu.score[i]);
        printf(" average=%6.1f\n",stu.ave);
        return 0;
    }
```

程序运行结果如下：

```
wang_li 21↙
82 77 91 68 85↙
wang_li    21
82.0   77.0   91.0   68.0   85.0 average=   80.6
```

程序说明：

(1) 在语句 scanf("%s%d",stu.name,&stu.age);中，name 是数组名，stu.name 表示地址常量，因此前面不需要加取址运算符&，而在 stu.age 前必须加&。由于运算符.的优先级比运算符&高，因此&stu.age 与&(stu.age)等价。

(2) 在语句 scanf("%f",&stu.score[i]);中，由于运算符[ ]和.的优先级比运算符&高，因此&stu.score[i]与&(stu.score[i])等价。

10.3 结构体数组

结构体变量可以存放一组数据(比如学生的如下信息：学号、姓名、成绩等)。如果有 10 名学生的信息需要进行处理，就只能使用结构体数组了。结构体数组中的每一个元素都是结构体变量，它们又分别包含了结构体的各个成员。

10.3.1 结构体数组的定义与初始化

1. 结构体数组的定义

结构体数组的定义方法与结构体变量类似，只需要声明为数组即可。例如：

```
struct student
{
    int num;
    char name[20];
```

```
    char sex;
    int age;
    float score[3];
};
struct student stu[10];
```

上面定义了数组 stu，其中有 10 个元素，并且每个元素都是 struct student 类型的结构体变量。

2. 结构体数组的初始化

结构体数组的初始化与普通二维数组的初始化类似。例如：

```
struct student
{
    int num;
    char name[15];
    char sex;
    int age;
    float score[3];
} stu[2]={{1101,"wang li",'M',21,75,82,94},{1102, "li ping",'F',20,82,79,90}};
```

当定义数组 stu 时，数组长度可以不指定，形式如下：

```
stu[ ]={{…}, {…}};
```

在编译时，系统会根据给出的初值个数来确定数组元素的个数。

10.3.2　结构体数组的引用

下面通过一个例子来说明结构体数组的引用。

例 10.2　输入 3 个复数的实部和虚部，然后存放到一个结构体数组中，计算复数的模，按照由大到小的顺序对这个结构体数组中的元素进行排序并输出(复数的模=sqrt(实部×实部+虚部×虚部))。

程序如下：

```
#define N 3
#include <stdio.h>
#include <math.h>
int main()
{
    struct complex                    /* 定义复数结构体 complex */
    {
        float x;                      /* x 表示实部 */
        float y;                      /* y 表示虚部 */
        float m;                      /* m 表示复数的模 */
    }a[N],temp;                       /* 定义结构体数组 a */
    int i,j,k;
    for(i=0;i<N;i++)
    {
        scanf("%f%f",&a[i].x,&a[i].y);          /* 输入复数的实部和虚部 */
        a[i].m=sqrt(a[i].x*a[i].x+a[i].y*a[i].y);   /* 计算复数的模 */
```

```
    }
    for(i=0;i<N-1;i++)                    /* 按模的大小进行排序 */
    {
        k=i;
        for(j=i+1;j<N;j++)
            if(a[k].m<a[j].m) k=j;
        temp=a[i]; a[i]=a[k]; a[k]=temp;
    }
    for(i=0;i<N;i++)
    printf("%.2f+%.2fi\n",a[i].x,a[i].y);
    return 0;
}
```

程序运行结果如下：

```
3  2↙
1  1↙
5  4↙
5.00+4.00i
3.00+2.00i
1.00+1.00i
```

程序说明：数组 a 的每个元素中都存放了一个复数，其中成员 x 存放实部，成员 y 存放虚部，成员 m 存放复数的模。此处采用的是选择排序法，详见例 6.1。

10.4 结构体和指针

结构体变量一旦定义后，编译系统就会为其在内存中分配一块连续的存储区域，这块存储区域的起始地址就是结构体变量的地址。可通过定义指针变量来存放结构体变量的地址，也就是使定义的指针变量指向结构体变量。

1. 结构体指针变量的定义

指向结构体变量的指针只能指向同一结构体类型的变量和数组元素，而不能指向结构体变量的成员。例如：

```
struct student
{
    int num;
    char name[15];
    float score[3];
}stu[10], x, *p;
```

其中，p 为指向 struct student 类型的指针变量，可通过如下赋值语句使指针变量 p 指向结构体变量 x，如图 10-2 所示。

```
p=&x;
```

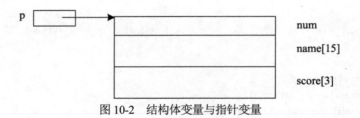

图 10-2　结构体变量与指针变量

再比如,语句 p=stu;或 p=&stu[0];能使指针变量 p 指向数组 stu 中的第一个元素。执行 p=p+1 或 p++后,指针变量 p 将指向数组 stu 中的第二个元素 stu[1]。

2. 结构体指针变量的引用

在定义了结构体指针变量并使其指向某一结构体变量后,就可以使用指针变量来间接引用对应的结构体变量了。例如:

```
struct student
{
    int num;
    char name[15];
    float score[3];
} x={1101, "wang li", 82,78,90}, *p=&x;
```

结构体变量 x 的成员有以下 3 种引用方式:

- x.成员名
- (*p).成员名
- p->成员名

其中,由于成员运算符.的优先级高于指针运算符*,因此上面第二种方式中的圆括号不能省略。上面第三种方式中的运算符->(由减号和大于号组成)又称为指向运算符,其优先级与成员运算符.一样。

例 10.3　使用结构体指针变量改写例 10.2 中的程序。

```
#define N 3
#include <stdio.h>
#include <math.h>
int main()
{
    struct complex
    {
        float x,y,m;
    }a[N],temp,*p,*q,*k;
    for(p=a;p<a+N;p++)
    {
        scanf("%f%f",&p->x,&p->y);
        p->m=sqrt(p->x*p->x+p->y*p->y);
    }
    for(p=a;p<a+N-1;p++)
    {
        k=p;
```

```
        for(q=p+1;q<a+N;q++)
            if(k->m<q->m) k=q;
        temp=*p; *p=*k; *k=temp;
    }
    for(p=a;p<a+N;p++) printf("%.4f+%.4fi\n",p->x,p->y);
    return 0;
}
```

上面程序说明：可以将一个结构体变量的值整体赋给同类型的另一个结构体变量，例如 temp=*p。

10.5　结构体和函数

在函数间传递结构体类型的数据时，结构体变量、结构体变量的成员、指向结构体变量的指针都可以作为函数的参数进行传递。

在定义函数时，函数的返回值可以是结构体类型，也可以是指向结构体的指针。

10.5.1　结构体作为函数的参数

1. 结构体变量作为函数的参数

将结构体变量作为函数的参数时，方法与将同类型的普通变量作为函数的参数一样。但是，如果把结构体变量作为函数的参数，那么在进行函数调用时，需要为形参结构体变量分配存储单元，并将实参结构体变量的值复制到形参结构体变量中。请看下面的例子。

例 10.4　输入两个复数，比较这两个复数的模是否相等。

程序如下：

```
#include<stdio.h>
#include<math.h>
struct comp                          /* 定义结构体类型 */
{
    float x,y;                       /* x 表示实部，y 表示虚部 */
    float m;                         /* m 表示复数的模 */
};
float compare(struct comp a, struct comp b)  /* 参数为结构体变量 */
{
    a.m=sqrt(a.x*a.x+a.y*a.y);       /* 求复数 a 的模 */
    b.m=sqrt(b.x*b.x+b.y*b.y);
    return (a.m-b.m);
}
int main()
{
    struct comp a,b;
    scanf("%f%f",&a.x,&a.y);         /* 输入 a 的实部和虚部 */
    scanf("%f%f",&b.x,&b.y);         /* 输入 b 的实部和虚部 */
    if(fabs(compare(a,b))<=1.0e-5)   /* 判断|compare(a,b)|≤0.00001？ */
        printf("Equal\n");
```

```
    else
    printf("Unequal\n");
    return 0;
}
```

将程序运行两次，对运行结果进行比较。

程序运行结果 1：

```
1  2✓
2  1✓
Equal
```

程序运行结果 2：

```
1  2✓
2  2✓
Unequal
```

上面程序说明：程序中的结构体类型(struct comp)被定义为外部类型，这样同一文件中的各个函数就可以用它来定义变量的类型。compare 函数使用 struct comp 定义了形参变量 a 和 b，main 函数使用 struct comp 定义了实参变量 a 和 b，fabs(compare(a,b))<=1.0e-5 用于比较两个复数的模是否相等。

2. 结构体指针作为函数的参数

如果使用指向结构体变量的指针作为函数的参数，那么在进行函数调用时，传递的将是结构体变量的地址。请看下面的例子。

例 10.5 编写函数，计算复数的模并按照从小到大的顺序进行排序。

程序如下：

```
#define N 5
#include<stdio.h>
#include<math.h>
struct comp
{
    float x,y;
    float m;
};
void sort(struct comp *p, int n)        /* p 为指向结构体的指针变量 */
{
    int i,j,k;
    struct comp t;                      /* t 为结构体变量 */
    for(i=0;i<n-1;i++)
    {
        k=i;
        for(j=i+1;j<n;j++)
            if((p+k)->m>(p+j)->m)
                k=j;                     /* p+k 指向 a[k] */
        t=*(p+i);
        *(p+i)=*(p+k);
```

```
            *(p+k)=t;
        }
    }

    int main()
    {
        struct comp a[N];                /* a 为结构体数组 */
        int i;
        printf("Input complex:\n");
        for(i=0;i<N;i++)
        {
            scanf("%f%f",&a[i].x,&a[i].y);
            a[i].m=sqrt(a[i].x*a[i].x+a[i].y*a[i].y);
        }
        sort(a,N);                       /* 调用 sort 函数 */
        printf("Output complex:\n");
        for(i=0;i<N;i++)
        {
            printf("%.1f+%.1fi    ",a[i].x,a[i].y);      /* 按 x+yi 的格式进行输出 */
        }
        return 0;
    }
```

程序运行结果如下：

```
Input complex:
1   1✓
1   3✓
3   -2✓
5   -3✓
7   9✓
Output complex:
1.0+1.0i   1.0+3.0i   3.0-2.0i   5.0-3.0i   7.0+9.0i
```

上面程序说明：在 main 函数中调用 sort 函数，将数组 a 的首地址传递给形参指针变量 p，因此 sort 函数中的指针变量 p 指向 main 函数中的数组 a 的第一个元素 a[0]，p+k 指向数组 a 的第 k+1 个元素 a[k]，(p+k)->m 为数组元素 a[k]中的成员 m 的值。因此，sort 函数实际上是对 main 函数中的数组 a 的各个元素按成员 m 的值进行排序。

10.5.2 返回结构体的函数

1. 返回结构体数据的函数

函数可以将结构体类型的数据返回给主调函数。请看下面的例子。

例 10.6　输入一组复数，查找并输出其中模最大的复数。请编写函数，完成查找功能。

程序如下：

```
#define N 5
#include<stdio.h>
#include<math.h>
```

```
struct comp
{
    float x,y;
    float m;
};
struct comp find(struct comp p[], int n)        /*  函数的返回值为结构体类型  */
{
    int i,k=0;
    float t=p[0].m;
    for(i=1;i<n;i++)
        if(t<p[i].m)
            { t=p[i].m; k=i;}
    return p[k];                                 /*  返回模最大的复数  */
}
int main()
{
    struct comp a[N],max;
    int i;
    for(i=0;i<N;i++)
    {
        scanf("%f%f",&a[i].x,&a[i].y);
        a[i].m=sqrt(a[i].x*a[i].x+a[i].y*a[i].y);
    }
    max=find(a,N);                               /*  调用 find 函数  */
    printf("max=%.1f+%.1fi\n",max.x,max.y);
    return 0;
}
```

程序运行结果如下：

```
1   1↙
1   3↙
3   -2↙
5   -3↙
7   9↙
max=7.0+9.0i
```

上面程序说明：find 函数的返回值为结构体类型(struct comp)，可在主调函数中使用相同类型的变量 max 接收 find 函数的返回值。

2. 返回结构体指针的函数

在例 10.6 中，find 函数的返回值是结构体类型，由于需要返回各个结构体成员的值，因此必然影响程序的执行效率。可将函数的返回值修改为指针类型。

下面对例 10.6 中的程序进行改写：

```
#define N 5
#include<stdio.h>
#include<math.h>
struct comp
{
```

```
        float x,y;
        float m;
    };
    struct comp *find(struct comp *p, int n)    /* 函数的返回值为结构体指针 */
    {
        int i,k=0;
        float t=p[0].m;
        for(i=1;i<n;i++)
            if(t<(p+i)->m)
            {
                t=(p+i)->m;
                    k=i;
            }
        return (p+k);                    /* 返回复数的模最大的那个数组元素的地址*/
    }
    int main()
    {
        struct comp a[N],*max;           /* max 为指针类型 */
        int i;
        for(i=0;i<N;i++)
        {
            scanf("%f%f",&a[i].x,&a[i].y);
            a[i].m=sqrt(a[i].x*a[i].x+a[i].y*a[i].y);
        }
        max=find(a,N);
        printf("max=%.1f+%.1fi\n",max->x,max->y);
        return 0;
    }
```

上面程序说明：find 函数的返回值为结构体类型的指针(struct comp *)，main 函数中用于接收复数的模为最大值的数组元素地址的变量 max 也应定义为结构体类型的指针(struct comp *)。

10.6 链表

10.6.1 简单链表

链表是一种常见的数据结构，支持存储空间的动态分配。众所周知，使用数组存放数据时，必须先定义数组的长度(也就是数组元素的个数)。例如，有的班级有 50 名学生，而有的班级只有 30 名学生。如果使用同一个数组先后存放不同班级的学生数据，就需要定义长度为 50 的数组。如果事先难以确定班级的最多人数，就需要把数组定义得足够大，以便能存放任何班级的学生数据。显然，这十分浪费内存。链表则没有这种缺点，链表能够根据需要在程序执行时分配内存单元。图 10-3 展示了一种最简单的链表(单向链表)的结构。

图 10-3   链表的结构

链表中的每个元素称为节点，每个节点则使用结构体数据来表示，里面包括若干数据成员和一个指针成员(即指向同类型节点的指针变量)。图 10-3 中的每个节点都包含两个数据成员(学号和分数)。节点中的指针成员指向下一个节点(即存放下一个节点的首地址)。最后一个节点的指针成员为空指针(NULL)，表示不指向任何节点。

下面通过一个例子来说明如何建立和输出简单的链表。

例 10.7　建立一个如图 10-3 所示的简单链表，它由 3 个节点组成。

```c
#include<stdio.h>
struct stu
{
    long int num;
    int score;
    struct stu *next;
};
int main()
{
    struct stu   s1,s2,s3, *head, *p;
    head=&s1;
    s1.num=1101;   s1.score=82;   s1.next=&s2;
    s2.num=1102;   s2.score=67;   s2.next=&s3;
    s3.num=1103;   s3.score=96;   s3.next=NULL;
    p=head;
    while(p!=NULL)
    {
        printf("%ld       %d\n",p->num,p->score);
        p=p->next;
    }
    return 0;
}
```

程序运行结果如下：

```
1101    82
1102    67
1103    96
```

程序说明：main 函数中定义的变量 s1、s2 和 s3 都是结构体变量，它们都含有 num、score 和 next 三个成员。变量 head 和 p 是指向 struct stu 结构体类型的指针变量，它们与结构体变量 s1、s2、s3 中的 next 类型相同。执行赋值语句后，head 中存放了变量 s1 的地址，变量 s1 的成员 s1.next 中存放了变量 s2 的地址，变量 s3 的成员 s3.next 中存放了 NULL，从而把同一类型的结构体变量 s1、s2、s3 "链接"到一起，形成"链表"。

在例 10.7 中，链表中的每个节点都是在程序中定义的，由系统在内存中分配固定的存储单元(不一定连续)。在程序执行过程中，不可能人为地再产生新的存储单元，也不可能人为地释放用过的存储单元。从这一角度讲，可称这种链表为"静态链表"。但在实践中，使用更广泛的是 "动态链表"。

10.6.2　处理动态链表所需的库函数

前面讲过，链表是一种支持动态分配存储空间的数据结构，也就是在需要时才分配存储单元。C 编译系统提供了以下处理动态链表的函数，它们所在的头文件为 stdlib.h。

1. malloc 函数

函数原型：

```
void *malloc(unsigned int size);
```

功能：在内存的动态存储区分配长度为 size 的连续空间。若分配成功，则返回所分配空间的起始地址；若分配不成功(如内存不足)，则返回空指针(NULL)。

使用方法：

```
结构体指针变量=(结构体类型* )malloc(size);
```

其中，size 为无符号整型表达式，用来确定所分配空间的字节数；由于 malloc 函数的返回值类型是 void *，这表示不确定的指针类型，因此我们需要根据具体情况，将其强制转换成所需的指针类型。例如：

```
char *p;                /* 此时 p 的指向不明确 */
p=(char *)malloc(10);   /* 此时 p 指向一块 10 字节大小的存储空间 */
```

2. calloc 函数

函数原型：

```
void *calloc(unsigned int n, unsigned int size);
```

功能：在内存的动态存储区分配 n 块长度为 size 的连续空间。若分配成功，则返回所分配空间的起始地址(指针)；若分配不成功(如内存不足)，则返回空指针(NULL)。

使用方法：

```
结构体指针变量=(结构体类型* )calloc(n, size);
```

其中，n 和 size 均为无符号整型表达式，n 用来确定所分配空间的块数，size 用来确定分配的每一块连续空间的大小。有关 calloc 函数其余部分的说明请参见 malloc 函数，因为这两个函数的用法基本类似。

3. free 函数

函数原型：

```
void free(void *p);
```

功能：释放由 p 指向的内存空间，使这部分内存空间能被其他变量使用。p 只能是动态分配函数(malloc 函数或 calloc 函数)返回的值。

使用方法：

```
free(指针变量名);
```

例如：

```
free(p);
```

10.6.3 单向链表的基本操作

链表的基本操作包括建立链表、遍历链表、将节点插入链表以及删除链表中的节点等。下面介绍链表的各项基本操作，我们仍以例 10.7 中存放学生学号和成绩的结构体类型(struct stu)为例。

1. 建立链表

建立链表的过程就是一个从无到有的构建过程，即逐步将各个节点连接起来，从而形成一个完整的链表结构，具体步骤如下。

(1) 定义结构体指针变量：

```
struct stu *head=NULL, *pnew, *pend;
```

其中，head 用于指向链表中的第一个节点，head 为 NULL 时，表示链表是空的；pnew 用于指向新分配的节点；pend 用于指向链表中的最后一个节点。

(2) 在空的链表中建立头节点(第一个节点)，如图 10-4 所示，所用语句如下：

```
pnew=(struct stu * )malloc(sizeof(struct stu));
scanf("%ld%d", &pnew->num, &pnew->score);
head=pnew; pend=pnew;
```

(a) 添加数据前   (b) 添加数据后

图 10-4   在空的链表中建立头节点

(3) 在已经包含节点的链表中添加新节点，如图 10-5 所示，所用语句如下：

```
pnew=(struct stu * )malloc(sizeof(struct stu));
scanf("%ld%d", &pnew->num, &pnew->score);
pend->next=pnew; pend=pnew;
```

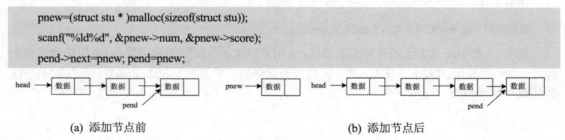

(a) 添加节点前   (b) 添加节点后

图 10-5   在已有节点的后面添加新节点

重复执行步骤(3)，直到所有节点都被添加到链表中。

(4) 将链表中尾节点(最后一个节点)的指针成员赋值为 NULL。

```
pend->next=NULL;
```

此时，链表建立完毕。head 指向链表的头节点，pend 指向链表的尾节点。可以从头指针 head 出发，访问链表中的每个节点。

例 10.8   编写函数 create，建立一个包含 n 个节点的单向链表。

程序如下：

```
/* 函数 create 用于建立包含 n 个节点的链表，并返回新建链表的头指针 */
```

```
struct stu *create(int n)
{
    int i;
    struct stu *head, *pnew, *pend;
    pnew=(struct stu *)malloc(sizeof(struct stu));        /* 建立头节点 */
    scanf("%ld%d",&pnew->num,&pnew->score);
    head=pend=pnew;
    for(i=1;i<n;i++)                                       /* 建立剩余的 n-1 个节点 */
    {
        pnew=(struct stu *)malloc(sizeof(struct stu));
        scanf("%ld%d",&pnew->num,&pnew->score);
        pend->next=pnew;
        pend=pnew;
    }
    pend->next=NULL;                                       /* 设置尾节点的指针成员为 NULL */
    return head;
}
```

2. 遍历链表

遍历链表就是从链表的头指针出发，访问链表中的每个节点，具体步骤如下。

(1) 已知链表的头指针 head，执行语句 p=head;，使指针变量 p 也指向链表的头节点，如图 10-6 所示。

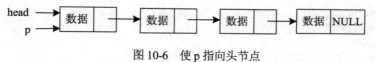

图 10-6　使 p 指向头节点

(2) 在访问 p 指向的节点的数据成员之后，使 p 指向下一个节点，例如：

```
printf("%ld        %d\n", p->num, p->score);
p=p->next;
```

执行语句 p=p->next;之后，指针变量 p 便指向下一个节点，如图 10-7 所示。

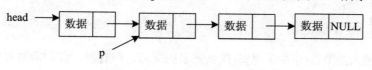

图 10-7　使 p 指向下一个节点

重复执行步骤(2)，访问链表中的每个节点，直至链表的尾节点(此时指针变量 p 的值为 NULL)。

例 10.9 编写遍历链表的函数 print，输出所有节点的信息。

程序如下：

```
/*  print 函数用于输出链表中所有节点的信息，形参 head 为链表的头指针 */
void print(struct stu *head)
{
    struct stu *p=head;
    while(p!=NULL)
    {
        printf("%ld      %d\n",p->num,p->score);
        p=p->next;
    }
}
```

下面利用函数 create 和 print 编写一个完整的程序。

例 10.10 输入 3 名学生的学号和成绩并输出这些信息。

程序如下：

```
#define N 3              /* N 表示节点个数  */
#include<stdio.h>
#include<stdlib.h>
struct stu
{
    long int num; int score; struct stu *next;
};
/* 将 create 函数的定义写在此处  */
/* 将 print 函数的定义写在此处  */
int main()
{
    struct stu *head;
    head=create(N);
    print(head);
    return 0;
}
```

程序运行结果如下：

```
9901      67✓
9902      92✓
9903      83✓
9901      67
9902      92
9903      83
```

此处是将输入的节点(学生信息)链接到链表的尾部。但有时，我们需要将节点插入链表中的某个位置。例如，假设已有链表是有序的，即链表中的各个节点已按照某个成员的值排好序了(升序或降序)。这时，我们希望在插入一个新的节点之后，这个链表仍然是有序的。

3. 在链表中插入节点

对于前面建立的学生链表，假设已按数据成员 score 降序排列(高分在前，低分在后)，现在我们想要插入一个新的节点，要求插入后的学生链表仍然是有序的，操作步骤如下。

(1) 使指针变量 p1 指向头节点，建立想要插入的新节点，并使指针变量 pnew 指向这个新节点，如图 10-8 所示，所用语句如下：

```
p1=head;
pnew=(struct stu *)malloc(sizeof(struct stu));
scanf("%ld%d", &pnew->num, &pnew->score);
```

图 10-8　使 pnew 指向新节点

(2) 将 pnew 指向的新节点按序插入链表中。

① 若(pnew->score)>(head->score)为真，则表示新节点应插入头节点之前(高分在前)，如图 10-9 所示。将新节点插入头节点之前的语句如下：

```
if(pnew->score>head->score) { pnew->next=head; head=pnew; }
```

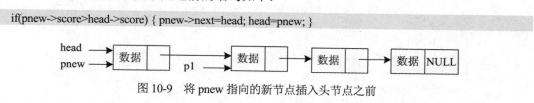

图 10-9　将 pnew 指向的新节点插入头节点之前

② 若(pnew->score)>(head->score)为假，则表示将要插入的新节点应在头节点之后，应继续寻找插入位置。

从链表的头指针开始，逐一比较各个节点的成绩值与新节点的成绩值，并使 p1 指向链表中每个将要比较的节点。另外，我们还需要定义指针变量 p2，在 p1 指向下一个节点之前，将 p1 的值保存到 p2 中(使 p2=p1)。若找到某一节点的成绩值比新节点的成绩值低，也就是 (pnew->score)>(p1->score)为真，则说明找到了新节点的插入位置，将新节点插到 p1 和 p2 所指的两个节点之间，如图 10-10 所示。

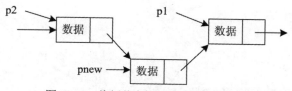

图 10-10　将新节点插到链表的中间位置

若在链表中找不到比新节点的成绩值低的节点，则说明新节点应插到链表的末尾，此时 p1 的值为 NULL，执行语句 pnew->next=p1；使新节点成为链表的尾节点，这与将新节点插到链表的中间位置并无区别。将新节点插到链表中间及末尾的语句如下：

```
while(p1!=NULL&&pnew->score<p1->score)
    { p2=p1; p1=p1->next; }
pnew->next=p1; p2->next=pnew;
```

例 10.11   编写函数 insert，在有序链表中插入给定的节点。

程序如下：

```
struct stu *insert(struct stu *head)
{
    struct stu *pnew, *p1, *p2;
    pnew=(struct stu *)malloc(sizeof(struct stu));      /* 建立新节点 */
    scanf("%ld%d",&pnew->num,&pnew->score);             /* 输入新节点中的数据 */
    p1=head;
    if(pnew->score>head->score)                         /* 将新节点插到头节点之前 */
    {   pnew->next=head;
        head=pnew;
    }
    else                                                /* 将新节点插到链表的中间或末尾 */
    {
        while(p1!=NULL&&pnew->score<p1->score)
        {
            p2=p1;
            p1=p1->next;
        }
        pnew->next=p1;
        p2->next=pnew;
    }
    return head;
}
```

程序说明：insert 函数用于在链表中插入节点。如果原来的链表是空的，那么首先应该建立一个包含节点的链表，然后反复调用 insert 函数，不断地插入新节点，即可创建一个按照节点中某个成员的值进行排序的链表。

例 10.12   输入 n 名学生的学号和成绩，建立一个链表，并将这个链表中的节点按成绩由高到低进行链接。

程序如下：

```
#include<stdio.h>
#include<stdlib.h>
struct stu
{
    long int num; int score; struct stu *next;
};
/*  将 insert 函数的定义写在此处   */
/*  将 print 函数的定义写在此处    */
int main()
{
    int i,n;
    struct stu *head;
    printf("Input the number of nodes:\n");
    scanf("%d",&n);                                     /* 输入链表的节点数 n */
    head=(struct stu *)malloc(sizeof(struct stu));      /* 建立包含 1 个节点的链表 */
    scanf("%ld%d",&head->num,&head->score);
    head->next=NULL;
```

```
        for(i=1;i<n;i++)                              /* 插入 n-1 个节点 */
            head=insert(head);
        printf("Output:\n");
        print(head);
        return 0;
}
```

程序运行结果如下：

```
Input the number of nodes:
3↙
9901    82↙
9902    93↙
9903    71↙
Output:
9902    93
9901    82
9903    71
```

程序说明：程序中省略了 print 和 insert 函数的定义，详见例 10.9 和例 10.11。

4. 从链表中删除节点

对于已有的链表，可以从中删除满足某个条件的节点。例如，要删除学号为 n 的节点，可将链表的各个节点中表示学号的成员与 n 做比较，从而找到想要删除的那个节点。

为此，设置两个指针变量 p1 和 p2，先使 p1 指向头节点，如图 10-11(a)所示。如果要删除的节点不是头节点(第一个节点)，就将 p1 的值赋给 p2，然后让 p1 指向下一个节点，如图 10-11(b)所示。就这样一次又一次地使 p1 和 p2 后移，直至找到想要删除的节点或检查完全部节点也找不到想要删除的节点为止。如果找到了想要删除的节点，可分两种情况进行处理。

(1) 如果要删除的是头节点，就将 p1->next 赋给 head，如图 10-11(c)所示。最后，将 p1 指向的节点释放。

(2) 如果要删除的不是头节点，就将 p1->next 赋给 p2->next，如图 10-11(d)所示。p2->next 原来指向 p1 指向的节点，现在改为指向 p1->next 指向的节点。最后，将 p1 指向的节点释放。

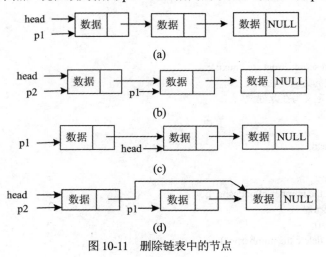

图 10-11　删除链表中的节点

在编写程序时，还要考虑链表为空以及在链表中找不到想要删除的节点的情况。

例 10.13　编写函数 del，删除链表中指定的节点。

程序如下：

```c
struct stu *del(struct stu *head, long int n)
{
    struct stu *p1, *p2;
    if(head==NULL)
        { printf("list null\n"); return head; }
    p1=head;
    while(n!=p1->num&&p1->next!=NULL)
    {
        p2=p1;
         p1=p1->next;
    }
    if(n==p1->num)
    {
        if(p1==head) head=p1->next;
        else p2->next=p1->next;
        free(p1);
        printf("delete: %ld\n", n);
    }
    else
        printf("%ld not fond\n",n);
    return head;
}
```

程序说明：del 函数的类型是指向 struct stu 类型的指针，其值是链表的头指针。del 函数的参数为 head 以及想要删除的节点的学号成员 n。head 的值有可能在执行 del 函数的过程中发生改变。

例 10.14　输入 n 名学生的学号和成绩，建立一个链表，然后输入一名学生的学号，从链表中删除对应的节点。

程序如下：

```c
#include<stdio.h>
#include<stdlib.h>
struct stu
{ long int num; int score; struct stu *next;};
/* 将 create 函数的定义写在此处  */
/* 将 del 函数的定义写在此处  */
int main()
{
    struct stu *head;
    int n;
    long int num;
    printf("Input the number of nodes:\n");
    scanf("%d",&n);
    head=create(n);
    printf("Input delete the number:\n");
```

```
        scanf("%ld",&num);
        del(head,num);
        return 0;
    }
```

程序运行结果如下：

```
Input the number of nodes:
3↙
9901    82↙
9902    56↙
9903    91↙
Input delete the number:
9902↙
delete: 9902
```

程序说明：程序中省略了 create 和 del 函数的定义，详见例 10.8 和例 10.13。

以上介绍的是单向链表的基本操作。结构体和指针的应用领域很广，除了单向链表、环形链表、双向链表，还有队列、树、栈、图等数据结构。有关这方面的算法请学习数据结构相关课程，本书不再介绍。

10.7　共用体

共用体也是一种构造数据类型，用于将不同类型的变量存放在同一块内存区域内。共用体又称为联合体(union)。共用体的类型定义、变量定义及引用方式与结构体相似。不同之处在于，结构体变量的成员各自占有自己的存储空间，而共用体变量的所有成员使用的是同一存储空间。

1. 共用体变量的定义

共用体变量的定义与结构体变量的定义相似：先定义共用体类型，再定义共用体变量。
共用体类型的一般定义形式如下：

union 共用体名 { 共用体成员表 };

其中，union 是关键字，共用体名可用标识符命名，共用体成员表是对各成员的定义，形式如下：

类型标识符　成员名;

与定义结构体变量一样，定义共用体变量也有以下 3 种方式。
(1) 先定义共用体类型，再定义共用体变量。
例如：

```
union data
{
    short int i;
    char ch;
```

```
        float f;
    };
    union data a,b,c;
```

(2) 在定义共用体类型的同时定义共用体变量。

例如：

```
union data
{
    short int i;
    char ch;
    float f;
} a,b,c;
```

(3) 不定义共用体名，直接定义共用体变量。

例如：

```
union
{
    short int i;
    char ch;
    float f;
} a,b,c;
```

共用体变量在定义之后，系统就会为其分配内存空间。由于共用体变量的所有成员占用同一存储空间，因此系统分配给共用体变量的内存空间，等于共用体变量的所有成员所能占用的最大内存空间。共用体变量的所有成员都从同一地址开始存放。例如，上面例子中的共用体变量 a 的内存分配情况如图 10-12 所示，共用体变量 a 总共占用 4 字节的内存空间。

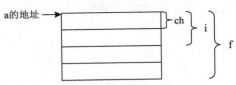

图 10-12   共用体变量 a 的内存分配情况

2. 共用体变量的引用

共用体变量的引用方式与结构体变量相同，可以使用以下 3 种形式之一：

- 共用体变量名.成员名
- 指针变量名->成员名
- (*指针变量名).成员名

共用体变量的成员同样可以参与其所属类型允许的任何运算，但在访问共用体变量的成员时需要注意：共用体变量中起作用的是最近一次存入的成员的值，原有成员的值已被覆盖。例如，对于前面定义的共用体变量 a，执行以下赋值语句：

```
a.i=1; a.ch='$';a.f=1.5;
```

完成以上赋值运算后，只有 a.f 是有效的，其他两个成员的值已无意义。

10.8 枚举

一个变量如果只有几种可能的取值，就可以将其定义为枚举类型。所谓"枚举"，就是将变量的值一一列举出来，并且变量的值仅限于列举出来的值的范围内。例如，一年的 12 个月、一周的 7 天，等等。这种在定义时就明确规定变量只能取哪几个值，而不能取其他值的类型叫作枚举类型。

1. 枚举类型的定义

枚举类型的一般定义形式如下：

enum 枚举名 {元素名 1, 元素名 2, …, 元素名 n};

其中：enum 为关键字；枚举名是枚举类型的名称，用标识符表示；元素名 1，元素名 2，…，元素名 n 则是枚举元素或枚举常量，用标识符表示。

例如，表示一周 7 天的枚举类型 week 可定义为：

enum week { sun, mon, tue, wed, thu, fri, sat };

枚举元素按常量处理，若没有特殊说明，第一个常量为 0，其余依次增 1，比如 sun 的值为 0，mon 的值为 1，…，sat 的值为 6。也可在定义枚举类型时指定枚举元素的值，例如：

enum week { sun=7, mon=1, tue, wed, thu, fri, sat };

此时，sun 的值为 7，mon 的值为 1，tue 的值为 2，…，sat 的值为 6。

2. 枚举变量的定义及其引用

枚举变量的一般定义形式如下：

enum 枚举名 枚举变量表;

例如：

enum week workday, week_end;

上面的语句定义了两个枚举变量：workday 和 week_end。

也可在定义枚举类型的同时定义枚举变量，例如：

enum week { sun, mon, tue, wed, thu, fri, sat } workday, week_end;

在使用枚举类型的数据时，应注意以下 3 点。

(1) 枚举变量的值只能取枚举常量之一。另外，当对枚举常量进行引用时，应当使用符号名，而不能直接使用枚举常量代表的整数。例如：

```
workday=mon;        /* 正确 */
week_end=0;         /* 错误 */
```

(2) 由于枚举变量和枚举常量都具有一定的值，因此它们都可用于进行判断比较。例如：

```
if(workday==mon) …
if(workday>sun) …
```

(3) 对枚举元素不能赋值，因为它们是常量。例如：

```
sun=0;   mon=1;      /* 错误 */
```

3. 枚举变量应用举例

例 10.15　枚举类型的使用。
程序如下：

```
#include<stdio.h>
enum season
{
    spring, summer, autumn, winter
};
int main()
{
    int n;
    enum season time=autumn;
    switch(time)
    {
        case spring: printf("This is spring!\n");break;
        case summer: printf("This is summer!\n");break;
        case autumn: printf("I like autumn!\n");break;
        case winter: printf("This is winter!\n");break;
    }
    return 0;
}
```

程序运行结果如下：

```
I like autumn!
```

10.9　使用 typedef 定义类型别名

我们已经掌握了如何使用 C 语言定义的标准类型(如 int、char、float、double 等类型)以及用户自定义的数据类型(如结构体、共用体等类型)。为了使程序具有更好的可读性并保持简洁性，C 语言允许用户使用 typedef 定义类型别名，用于代替已有数据类型的名称。使用 typedef 定义类型别名的一般形式如下：

```
typedef 已定义的数据类型   新的类型别名;
```

其中，typedef 是关键字。
例如：

```
typedef int INTEGER;
typedef float REAL;
typedef char* PSTR;
```

上面的语句表示使用 INTEGER 代表 int，使用 REAL 代表 float，使用 PSTR 代表 char*。

经上述定义后，在程序中就可以使用新的类型别名来定义变量了，例如：

```
INTEGER num;        /*  等同于 int num;  */
REAL score;         /*  等同于 float score;  */
```

通过使用 typedef，我们可以将复杂类型定义成简单类型。例如，可以使用下面的形式定义结构体类型：

```
typedef struct
{
    int year;
    int month;
    int day;
} DATE;
```

此时就可以使用 DATE 定义结构体变量了：

```
DATE birthday;      /*  不能写成 struct DATE birthday;  */
DATE *p;            /*  p 为指向结构体类型数据的指针  */
```

通常，定义新的类型别名的步骤如下。

(1) 使用定义变量的方法写出定义的主体。

例如：

```
int *p;
```

(2) 将变量别名换成新的类型别名。

例如：

```
int *INTP;
```

(3) 在最左边加上 typedef 关键字。

例如：

```
typedef int *INTP;
```

(4) 使用新的类型别名定义变量。

例如：

```
INTP p;
```

对于使用 typedef 定义的类型别名，我们习惯于使用大写字母来表示它们，以便与系统提供的标准类型名相区别。

10.10 习题

一、选择题

1. 若有以下结构体变量定义语句：

```
struct student {int num;char name[9];} stu;
```

则下列叙述中错误的是_____。

A) 结构体名为 student

B) 结构体类型名为 stu

C) num 是结构体成员

D) struct 是 C 语言中的关键字

2. 若有以下定义语句：

```
struct date{int y,m,d;};
struct student
{ int num;char name[9];struct date bir;} stu,*p=&stu;
```

为了对结构体变量 stu 的成员进行引用，下列选项中错误的是_____。

A) p->bir->y   B) p->bir.y   C) stu.bir.y   D) stu.name

3. 若有以下定义语句：

```
struct student {int num;char name[9];};
```

则下列语句中不能正确定义结构体数组并赋初值的是_____。

A) struct student stu[2]={1, "zhangsan",2,"li si"};

B) struct student stu[2]={{1,"zhangsan"},{2,"li si"}};

C) struct stu[2]={{1, "zhangsan"},{2,"li si"}};

D) struct student stu[]={{1,"zhangsan"},{2,"li si"}};

4. 若有以下定义语句：

```
struct student {int num;char name[9];} stu[2]={1, "zhangsan",2, "lisi"};
```

则下列语句中能够输出字符串"lisi"的是_____。

A) printf("%s",stu[0].name);   B) printf("%s",&stu[1].name);

C) printf("%s",stu[1].name[0]);   D) printf("%s",&stu[1].name[0]);

5. 以下程序的输出结果是_____。

```
#include<stdio.h>
int main()
{
     struct cmplx { int x; int y; } cnum[2]={1,3,2,7};
     printf("%d\n",cnum[0].y/cnum[0].x*cnum[1].x);
     return 0;
}
```

A) 0   B) 1   C) 3   D) 6

6. 若有以下定义语句：

```
struct node{ int n; struct node *next;} x, y, *p=&x, *q=&y;
```

则下列语句中能够将 y 节点链接到 x 节点之前的是_____。

A) x.next=p;   B) x.next=q;   C) y.next=p;   D) y.next=q;

7. 假设已建立一个单向链表，指针变量 p1 指向链表中的某一节点，p2 指向下一节点。下列语句中能够将 p2 指向的节点从链表中删除并释放的是_____。

A) p1=p2; free(p2);   B) p1->next=p2->next; free(p2);

C) *p1.next=*p2.next; free(p2);   D) p1=p2->next; free(p2);

8. 假设已建立一个单向链表，指针变量 p1 指向链表中的某一节点，p2 指向下一节点，p 指向新申请的节点。下列语句中能够将 p 所指节点插入链表中 p1 与 p2 所指节点之间的是_____。

A) p->next=p2; p1->next=p;　　　　　B) p1=p; p=p2;

C) p=p2; p1->next=p;　　　　　　　　D) p1=p; p->next=p2;

9. 下面程序的输出结果是_____。

```
#include<stdio.h>
int main()
{
    union {char n[12]; int m[4]; double x[2];} a;
    printf("%d\n",sizeof(a));
    return 0;
}
```

A) 12　　　　　　B) 16　　　　　　C) 18　　　　　　D) 36

10. 下面程序的输出结果是_____。

```
#include<stdio.h>
int main()
{
    int x=1,y=2,z=3;
    struct aa {int a; int*p;} s[]={4, &x, 5, &y, 6, &z};
    struct aa *q=s+1;
    printf("%d\n",*(q->p)++);
    return 0;
}
```

A) 1　　　　　　B) 2　　　　　　C) 3　　　　　　D) 4

11. 下面程序的输出结果是_____。

```
#include<stdio.h>
int main()
{
    struct node { int n; struct node *next;} a[4];
    int i;
    for(i=0;i<3;i++)
    { (a+i)->n=i+1; (a+i)->next=a+i+1;}
    (a+i)->next=a;
    printf("%d,%d\n",(a[1].next)->n, a[3].next->n);
    return 0;
}
```

A) 1,2　　　　　　B) 2,1　　　　　　C) 1,3　　　　　　D) 3,1

12. 下面程序的输出结果是_____。

```
#include<stdio.h>
typedef union
{
    long x[4]; int y[4];
    char z[8];
```

```
    } MYTYPE;
    MYTYPE them;
    int main()
    {
        printf("%d\n",sizeof(them));
        return 0;
    }
```

  A) 32   B) 16   C) 8   D) 24

二、填空题

1. 若有以下结构体类型定义语句和变量定义语句，则变量 a 在内存中占用的字节数是_____。

```
struct stud
{
    char num[6];
    int s[4];
    double ave;
}a;
```

2. 以下程序用来输出结构体变量 ex 所占内存的字节数，请将程序补充完整。

```
#include<stdio.h>
struct st
{
    char name[20];
    double score;
};
int main()
{
    struct st ex;
    printf("ex size:%d\n", sizeof (_____));
    return 0;
}
```

3. 若有以下语句：

```
struct st {int n; struct st *next; };
static struct st a[3]={5, &a[1], 6, &a[2], 9, '\0'}, *p;
p=&a[0];
```

则表达式++p->n 的值是_____。

4. 若有以下语句：

```
typedef int ARRAY;
```

则整型数组 a[10]、b[10]、c[10]可定义为_____。

5. 下面程序的运行结果是_____。

```
#include<stdio.h>
int main()
{
```

```
struct EXAMPLE
{    struct { int x; int y;}in; int a; int b; }e;
     e.a=1; e.b=2;
     e.in.x=e.a*e.b;
     e.in.y=e.a+e.b;
     printf("%d, %d",e.in.x, e.in.y);
     return 0;
}
```

6. 若有以下定义语句:

```
ruct num {int a; int b; float f;} n={1,3,5.0};
struct num *pn=&n;
```

则表达式 pn->b/n.a*++pn->b 的值是_____, 表达式(*pn).a+pn->f 的值是_____。

三、编程题

1. 输入某学生两门功课的成绩,计算总成绩和平均成绩并输出(要求使用结构体变量)。

2. 编写程序,求三维空间中任意两点之间的距离,点用结构体表示。

3. 编写程序,使用结构体类型实现复数的加、减、乘、除运算,每种运算要求使用函数来完成。

4. 编写程序,输入当天日期后,输出第二天的日期(要求使用结构体类型)。

5. 输入 5 名学生的信息,每名学生的信息包括学号和 3 门功课的成绩,计算每名学生的总成绩和平均成绩并输出(要求使用结构体变量)。

第 11 章

文　件

在前面的程序中，输入/输出仅涉及键盘和显示器，也就是在运行 C 程序时通过键盘输入数据，并借助显示器把程序的运行结果显示出来。但是，计算机作为一种先进的数据处理工具，所要面对的数据量十分庞大，仅仅依赖于键盘输入和显示器输出肯定是不够的。为此，人们通常将这些数据记录在某些介质(如磁盘)上，并利用这些介质的存储特性来携带数据或长久地保存数据，这种记录在外部介质上的数据的集合称为文件。

11.1　文件的基本概念

我们已在本书的第 2 章遇到过的文件有源程序文件、目标程序文件和可执行程序文件等。本章将讨论 C 语言程序的输入/输出操作所涉及的存储在外部介质上的文件，这类文件通常又称为"数据文件"，并以磁盘作为文件的存储介质。

在程序中，当通过调用输入函数从外部文件中输入数据并赋给程序中的变量时，这种操作被称为"输入"或"读"；当通过调用输出函数把程序中变量的值输出到外部文件中时，这种操作被称为"输出"或"写"。

C 语言把文件看作字符(字节)序列，根据数据的组织形式，可将文件分为文本文件和二进制文件。文本文件又称 ASCII 文件，其中的每 1 字节存放了一个 ASCII 码，代表一个字符。二进制文件则把内存中的数据按照它们在内存中的存储形式原样存放到磁盘上。例如，整数 10 000 在内存中占 2 字节，以二进制补码形式存放，内容为 00100111 00010000。如果把整数 10 000 保存在二进制文件中，那么其中存放的便是这 2 字节的数据(二进制形式)。

对于文本文件，可将 10 000 看作由 5 个字符组成的字符序列，由于需要分别存放字符'1'、'0'、'0'、'0'、'0'的 ASCII 码，因此共占用 5 字节。

由此可见，在文本文件中，1 字节代表一个字符，以便对字符进行处理，并且阅读起来十分方便，比较直观。但文本文件一般占用的存储空间较大，而且在进行输入/输出时需要花费一定的转换时间。二进制文件一般占用的存储空间较小，而且在进行输入/输出时不涉及转换，但是 1 字节一般并不对应一个字符，因此单字节的数据往往没有意义。

11.2 文件的打开与关闭

11.2.1 文件类型的指针变量

当使用文件时，系统将为文件在内存中分配一块存储区域来存放文件的相关信息，如文件的名称、状态、位置等，这些信息被保存到一种结构体类型的变量中。这种结构体类型是由系统定义的，名为 FILE。可以使用这种结构体类型来定义文件类型的指针变量，例如：

```
FILE   *fp;
```

fp 是指向 FILE 结构体类型的指针变量。可以使用 fp 指向某个文件的结构体变量，从而通过结构体变量中的文件信息来访问文件。

11.2.2 文件的打开

文件只有打开后才能使用，并且使用后应及时关闭，以保证数据被正确存储。文件的打开可以通过 fopen 函数来实现。

函数原型：

```
FILE * fopen(char *filename, char *mode);
```

调用格式：

```
fp=fopen(文件名，文件打开方式)；
```

例如：

```
fp=fopen("a1","r");
```

上面的语句表示打开名为 a1 的文件，文件打开方式为"读"(r 代表 read)，然后将 fopen 函数返回的指向 a1 文件的指针赋给 fp，这样 fp 就指向了 a1 文件。常见的文件打开方式及含义如表 11-1 所示。

表 11-1 常见的文件打开方式及含义

文件打开方式	含　　义
r(只读)	为输入打开一个已有的文本文件
w(只写)	为输出打开一个新的文本文件，若已存在，则覆盖
a(追加)	向文本文件追加数据
rb(只读)	为输入打开一个已有的二进制文件
wb(只写)	为输出打开一个新的二进制文件，若已存在，则覆盖
ab(追加)	向二进制文件追加数据
r+(读写)	为读/写打开一个已有的文本文件
w+(读写)	为读/写建立一个新的文本文件，若已存在，则覆盖
a+(读写)	为读/写打开一个文本文件并追加数据
rb+(读写)	为读/写打开一个已有的二进制文件
wb+(读写)	为读/写建立一个新的二进制文件
ab+(读写)	为读/写打开一个二进制文件并追加数据

说明:

(1) 文件打开方式由 r、w、a、b、+五个字符拼成,它们的含义如下。

r(read):　　　读

w(write):　　　写

a(append):　　追加

b(binary):　　二进制文件

+:　　　　　　读写

(2) 当使用 r 方式打开文件时,文件必须已经存在,并且只能从文件中读取数据。

(3) 使用 w 方式打开的文件只能写入。若打开的文件不存在,则以指定的文件名建立文件;若打开的文件已经存在,就将文件删除,重建新的文件。

(4) 若要向已经存在的文件追加新的信息,则只能使用 a 方式打开文件,但此时该文件必须存在,否则会出错。

(5) 在打开文件时,如果出错,fopen 函数将返回 NULL。在程序中,可以利用这一信息来判断是否完成打开文件的任务,并进行相应的处理。因此,建议使用以下代码打开文件:

```
if((fp=fopen("d:\\a1","rb"))==NULL)
{    printf("\n error on open d:\\a1 file!");
     system("pause");
     exit(1);
}
```

这段代码说明,如果返回的指针为 NULL,就表示无法打开 D 盘根目录下的 a1 文件,并给出提示信息 "error on open d:\ a1 file!",语句 system("pause");的作用是等待,只有当用户通过键盘按下任意键时,程序才继续执行,因此用户可利用这段等待时间阅读出错提示。当用户按任意键后,执行 exit(1);语句退出程序。

(6) 当把文本文件中的数据读入内存时,需要将 ASCII 码转换成二进制代码;当把数据以文本方式写入磁盘时,则需要把二进制代码转换成 ASCII 码,因此文本文件的读写需要花费较长的转换时间。二进制文件的读写则不涉及这种转换。

(7) C 语言编译系统自动定义了 3 个文件指针——stdin、stdout 和 stderr,它们分别指向标准输入文件(键盘)、标准输出文件(显示器)和标准出错输出文件(出错信息),它们由系统自动打开,可直接使用。

11.2.3　文件的关闭

打开的文件使用完毕后,应当立即关闭,以防止被误用。在这里,关闭文件指的是使文件指针变量不指向文件,也就是将文件指针变量与文件"脱钩",这样以后就不能再通过文件指针对原来关联的文件进行读写操作了。关闭文件时需要使用 fclose 函数。

函数原型:

```
int fclose(FILE *fp);
```

调用格式:

```
fclose(文件指针);
```

例如：

```
fclose(fp);
```

fp 是调用 fopen 函数时返回的文件指针。当文件被成功关闭时，fclose 函数的返回值为 0，否则返回非零值。

11.3　文件的读写

文件打开后，就可以对文件进行读写操作了。对文件进行读写是最常用的文件操作。C 语言提供了多种文件读写函数。

- 字符读写函数：fgetc 和 fputc。
- 字符串读写函数：fgets 和 fputs。
- 数据块读写函数：fread 和 fwrite。
- 格式化读写函数：fscanf 和 fprintf。

使用以上函数时，程序中需要包含头文件 stdio.h。

11.3.1　字符读写函数 fgetc 和 fputc

字符读写函数以字符(字节)为单位，每次可从文件中读取或向文件中写入一个字符。

1. 字符输入函数 fgetc

函数原型：

```
int fgetc(FILE *fp);
```

调用格式：

```
字符变量=fgetc(文件指针);
```

函数功能：从指定的文件中读取一个字符，并且文件必须是以读或读写方式打开的。fgetc 函数的返回值是字符的 ASCII 码。若读到文件结束符，则返回文件结束标志 EOF(EOF 是定义在 stdio.h 文件中的符号常量，值为-1)。例如：

```
ch=fgetc(fp);
```

以上语句的作用是从 fp 指向的文件中读取一个字符并赋给 ch 变量。

对于打开的文件，可以通过多次使用 fgetc 函数从中读取多个字符。这是因为文件内部有一个位置指针，用来指向文件的当前读写字节。当文件打开时，这个位置指针总是指向文件的首字节。使用 fgetc 函数后，这个位置指针将向后移动 1 字节。因此，可通过连续多次使用 fgetc 函数来读取多个字符。注意，文件指针和文件内部的位置指针不是一回事。文件指针指向整个文件，必须在程序中进行定义和声明，只要不重新赋值，文件指针的值就不变。文件内部的位置指针用于指示文件内部的当前读写位置，每读写一次，位置指针就向后移动 1 字节。文件内部的位置指针不需要在程序中进行定义和声明，而由系统自动设置。

2. 字符输出函数 fputc

函数原型：

```
int fputc(char ch, FILE *fp);
```

调用格式：

```
fputc(字符，文件指针);
```

函数功能：把字符写入 fp 指向的文件。若写入成功，则返回字符的 ASCII 码，否则返回 EOF。其中，待写入的字符可以是字符常量或变量。例如：

```
fputc('a',fp);
```

以上语句的作用是把字符 a 写入 fp 指向的文件。

在使用 fputc 函数时，需要注意以下几点。

(1) 被写入的文件可以使用写、读写、追加的方式打开。当使用写或读写的方式打开已经存在的文件时，将清除原有文件的内容，并从文件的开头开始写入字符。如果需要保留原有文件的内容，并且希望写入的字符从文件的末尾开始存放，就必须以追加的方式打开文件。被写入的文件若不存在，则需要创建该文件。

(2) 每写入一个字符，文件内部的位置指针就向后移动 1 字节。

3. 文件结束检测函数 feof

函数原型：

```
int feof(FILE *fp);
```

调用格式：

```
feof(文件指针);
```

函数功能：判断文件是否处于文件结束位置，若文件结束，则返回非零值，否则返回 0。

4. 位置指针复位函数 rewind

函数原型：

```
void rewind(FILE *fp);
```

调用格式：

```
rewind(文件指针);
```

函数功能：使文件内部的位置指针返回到文件的开头。

下面通过一个简单的例子展示一下前面介绍的几个函数的用法。

例 11.1 从键盘输入一行字符，将它们写入一个文件，再把这个文件的内容读出并显示在屏幕上。

程序如下：

```
#include<stdio.h>
int main()
{
```

```
        FILE *fp;
        char ch;
        fp=fopen("str.txt","w+");                    /* 第 6 行 */
        printf("Input a string:\n");
        ch=getchar();                                /* 第 8 行 */
        while (ch!='\n')
        {
            fputc(ch,fp);
            ch=getchar();
        }
        rewind(fp);                                  /* 第 14 行 */
        ch=fgetc(fp);                                /* 第 15 行 */
        while(!feof(fp))
        {
            putchar(ch);
            ch=fgetc(fp);
        }                                            /* 第 20 行 */
        printf("\n");
        fclose(fp);
        return 0;
    }
```

程序说明：程序的第 6 行以读写文本文件的方式打开文件 str.txt。程序的第 8 行从键盘读入一个字符后进入循环，当读入的字符不是回车符时，就把字符写入文件，然后继续从键盘读入下一个字符。每输入一个字符，文件内部的位置指针就向后移动 1 字节。写入完毕后，位置指针已指向文件的末尾。要把文件中的内容从头读出，就必须使位置指针指向文件的开头，程序的第 14 行中的 rewind 函数用于把文件内部的位置指针移到文件的开头。程序的第 16~20 行用于读出文件中的内容并显示在屏幕上。

11.3.2 字符串读写函数 fgets 和 fputs

1. 字符串输入函数 fgets

函数原型：

```
char *fgets(char *str, int n, FILE *fp);
```

函数功能：从 fp 指向的文件中读取一个字符串到字符数组 str 中，所读字符的个数不超过 n-1，然后在读入的最后一个字符的后面加上字符串结束标志'\0'。在读出 n-1 个字符之前，若遇到换行符或 EOF，则读操作结束。若操作成功，就返回字符数组 str 的首地址，否则返回 NULL。

例如：

```
fgets(str,n,fp);
```

以上语句的作用是从 fp 指向的文件中读出 n-1 个字符并将其保存到字符数组 str 中。

2. 字符串输出函数 fputs

函数原型：

```
int fputs(char *str, FILE *fp);
```

函数功能：向 fp 指向的文件写入字符串 str(不包括字符串结束标志'\0')，并返回写入的最后一个字符的 ASCII 码。若操作不成功，则返回 0。

函数原型中的 str 可以是字符串常量，也可以是字符数组名或指针变量。

例如：

```
fputs("abcd",fp);
```

以上语句的作用是把字符串"abcd"写入 fp 指向的文件。

fgets 和 fputs 函数的作用类似于第 6 章介绍的 gets 和 puts 函数，只不过 fgets 和 fputs 函数是把指定的文件作为读写对象。

例 11.2 使用字符串读写函数 fgets 和 fputs 改写例 11.1 中的程序。

程序如下：

```
#include<stdio.h>
int main()
{
    FILE *fp;
    char s1[81],s2[81];
    fp=fopen("str.txt","w+");
    printf("Input a string:\n");
    gets(s1);                  /* 通过键盘为 s1 输入一行字符 */
    fputs(s1,fp);              /* 将 s1 中的字符串写入 fp 指向的 str.txt 文件 */
    rewind(fp);
    fgets(s2,81,fp);           /* 从 fp 指向的文件中读取一个字符串到 s2 中 */
    puts(s2);                  /* 将 s2 中的字符串输出到屏幕上 */
    fclose(fp);
    return 0;
}
```

11.3.3 数据块读写函数 fread 和 fwrite

C 语言提供了针对整块数据的读写函数，它们可用来读写一组数据，如数组元素、结构体变量的值，等等。

1. 输入数据块函数 fread

函数原型：

```
int fread(char *pt, unsigned size, unsigned n, FILE *fp);
```

调用格式：

```
fread(buffer, size, count, fp);
```

其中：buffer 是指针，用来表示存放输入数据的首地址；size 表示数据块的字节数；count 表示要读取的数据块个数；fp 表示文件指针。

例如：

```
fread(fa,4,5,fp);
```

在这里，fa 是实型数组名。一个实型变量占 4 字节。以上语句的作用是从 fp 指向的文件中读取 5 个数据，每个数据占 4 字节，然后将这些数据存储到数组 fa 中。

2. 输出数据块函数 fwrite

函数原型：

```
int fwrite(char *ptr, unsigned size, unsigned n, FILE *fp);
```

调用格式：

```
fwrite(buffer, size, count, fp);
```

其中：buffer 是指针，用来表示想要输出的数据在内存中存放时的首地址；size 表示数据块的字节数；count 表示要写入的数据块个数；fp 表示文件指针。

例 11.3　从键盘输入两名学生的数据，写入指定的文件中，然后从文件中读出这两名学生的数据并显示在屏幕上。

程序如下：

```
#include<stdio.h>
struct stu
{
    char name[15];
    int score;
}s1[2],s2[2],*p1,*p2;
int main()
{
    FILE *fp; int i;
    p1=s1; p2=s2;
    fp=fopen("stu_list","wb+");
    printf("\nInput data:\n");
    for(i=0;i<2;i++,p1++)
        scanf("%s%d",p1->name,&p1->score);
    p1=s1;
    fwrite(p1,sizeof(struct stu),2,fp);
    rewind(fp);
    fread(p2,sizeof(struct stu),2,fp);
    printf("\n name            score\n");
    for(i=0;i<2;i++,p2++)
        printf("%-15s %d\n",p2->name,p2->score);
    fclose(fp);
    return 0;
}
```

程序运行结果如下：

```
Input data:
liu_ming   82✓
wang_li    91✓
name            score
liu_ming          82
wang_li           91
```

程序说明：程序中定义了两个结构体数组 s1 和 s2 以及两个结构体指针变量 p1 和 p2。p1 指向 s1，p2 指向 s2。程序以读写方式打开二进制文件 stu_list，输入两名学生的数据，将它们写入 stu_list 文件，然后把 stu_list 文件内部的位置指针移到文件的开头，读出这两名学生的数据并显示在屏幕上。

11.3.4　格式化读写函数 fscanf 和 fprintf

fscanf 和 fprintf 函数的功能与前面使用的 scanf 和 printf 函数相似，它们都是格式化读写函数，区别仅仅在于：fscanf 和 fprintf 函数的读写对象不是键盘和显示器，而是磁盘文件。

1. 格式化输入函数 fscanf

函数原型：

```
int fscanf(FILE *fp, char *format, args);
```

调用格式：

```
fscanf(文件指针, 格式字符串, 地址表);
```

函数功能：按照格式字符串指定的输入格式，从文件指针指向的文件中读取数据并将它们存入地址表指定的存储单元。

例如：

```
fscanf(fp,"%d%s",&i,s);
```

2. 格式化输出函数 fprintf

函数原型：

```
int fprintf(FILE *fp, char *format, args);
```

调用格式：

```
fprintf(文件指针, 格式字符串, 输出列表);
```

函数功能：按照格式字符串指定的输出格式，将输出列表中的数据输出到文件指针指向的文件中。

例如：

```
fprintf(fp,"%d%c",j,ch);
```

例 11.4　使用 fscanf 和 fprintf 函数修改例 11.3 中的程序。
程序如下：

```c
#include<stdio.h>
struct stu
{
    char name[15];
    int score;
}s1[2],s2[2],*p1,*p2;
int main()
```

```
{
    FILE *fp;    int i;
    p1=s1;   p2=s2;
    fp=fopen("stu.txt","w+");
    printf("\nInput data\n");
    for(i=0;i<2;i++,p1++)
        scanf("%s%d",p1->name,&p1->score);
    p1=s1;
    for(i=0;i<2;i++,p1++)
        fprintf(fp,"%s %d\n",p1->name,p1->score);
    rewind(fp);
    for(i=0;i<2;i++,p2++)
        fscanf(fp,"%s %d\n",p2->name,&p2->score);
    p2=s2;
    printf("\n name              score\n");
    for(i=0;i<2;i++,p2++)
        printf("%-15s %d\n",p2->name,p2->score);
    fclose(fp);
    return 0;
}
```

程序运行结果如下：

```
Input data:
liu_ming   82↙
wang_li   91↙
name             score
liu_ming           82
wang_li            91
```

程序说明：与例 11.3 相比，这里的 fscanf 和 fprintf 函数每次只能读写一个结构体数组元素，因此我们采用循环语句来读写所有数组元素。请留意指针变量 p1 和 p2，由于循环改变了它们的值，因此我们将它们重新赋值为数组的首地址。

11.4　文件的随机读写

前面介绍的文件读写方式都是顺序读写的。换言之，读写文件时只能从头开始，顺序读写各个数据。但在实践中，我们经常需要读写文件中指定的某一部分。为了解决这个问题，可将文件内部的位置指针移到需要读写的位置，之后再进行读写，这种读写称为随机读写。实现随机读写的关键是根据需要移动位置指针，这称为文件的定位。

11.4.1　文件的定位

用于移动文件内部的位置指针的函数主要有两个：rewind 函数和 fseek 函数。rewind 函数已在前面介绍过，调用格式如下：

```
rewind(文件指针);
```

rewind 函数的功能是把文件内部的位置指针移到文件的开头。

下面介绍 fseek 函数。

函数原型：

```
int fseek(FILE *fp, long offset, int base);
```

调用格式：

```
fseek(文件指针, 位移量, 起始点);
```

其中：文件指针指向想要移动的文件；位移量表示移动的字节数，要求位移量是 long 型数据，当使用常量表示位移量时，要求加后缀 L；起始点表示从何处开始计算位移量，起始点有 3 种：文件的开头、当前位置和文件的末尾，它们既可以用标识符表示，也可以用数字表示，如表 11-2 所示。

表 11-2　起始点的表示方法

起 始 点	标 识 符	数 字
文件的开头	SEEK_SET	0
当前位置	SEEK_CUR	1
文件的末尾	SEEK_END	2

下面展示了 fseek 函数调用的几个例子。

```
fseek(fp, 100L, 0);    /* 将位置指针移到离文件开头的 100 字节处 */
fseek(fp, 50L, 1);     /* 将位置指针移到离当前位置 50 字节处 */
fseek(fp, -10L, 2);    /* 将位置指针移到离文件末尾的 10 字节处 */
```

另外需要说明的是，fseek 函数一般用于二进制文件。在文本文件中，由于需要进行转换，因此计算出来的位置经常会出现错误。

11.4.2　进行文件的随机读写

对于打开的文件，可根据需要将位置指针移到需要读写的位置，然后就可以使用前面介绍的读写函数进行读写了。由于读写的一般是数据块，因此使用的通常是 fread 和 fwrite 函数。

例 11.5　参考例 11.3 建立的学生文件 stu_list，将其中第二名学生的数据读出。

程序如下：

```
#include<stdio.h>
struct stu
{
    char name[15];
    int score;
}st;
int main()
{
    FILE *fp;
    fp=fopen("stu_list","rb");
    fseek(fp,sizeof(struct stu),0);
    fread(&st,sizeof(struct stu),1,fp);
```

```
        printf("\n   name              score\n");
        printf("%-15s %d\n",st.name,st.score);
        fclose(fp);
        return 0;
}
```

程序运行结果如下：

```
name            score
wang_li         91
```

程序说明：文件 stu_list 已由例 11.3 中的程序建立，语句 fseek(fp,sizeof(struct stu),0);的作用是将位置指针从文件的开头移动一个结构体变量的长度(也就是一名学生数据的长度)，之后读出的数据即为第二名学生的数据。

前面介绍了常用的几个文件读写函数。一般而言，fgetc 和 fputc 函数因具有逐个读写字符的特点，适合文本文件的处理；fgets 和 fputs 函数也适合文本文件的处理；fread 和 fwrite 函数常用于二进制文件；fscanf 和 fprintf 函数在读写过程中需要进行格式转换，花费的时间比较长，在内存与磁盘之间频繁交换数据的情况下最好不用，建议改用 fread 和 fwrite 函数。

11.5 习题

一、选择题

1. C 语言中的文件由_____。
   A) 记录组成　　　　　　　　　B) 数据行组成
   C) 数据块组成　　　　　　　　D) 字符(字节)序列组成
2. C 语言可以处理的文件类型是_____。
   A) 文本文件和数据文件　　　　B) 文本文件和二进制文件
   C) 数据文件和二进制文件　　　D) 以上答案都不完全正确
3. 在 C 语言中，文件的存储方式是_____。
   A) 只能顺序存取　　　　　　　B) 只能随机存取(或直接存取)
   C) 既可以顺序存取，也可以随机存取　D) 只能从文件的开头进行存取
4. fgetc 函数的作用是从指定的文件中读入一个字符，但文件的打开方式必须是_____。
   A) 只写　　　　　　　　　　　B) 追加
   C) 读或读写　　　　　　　　　D) 选项 B 和 C 都正确
5. fgets(str,n,fp)函数的作用是从文件中读入一个字符串，以下叙述中正确的是_____。
   A) 读入后不会自动添加'\0'。
   B) fp 是文件类型的指针。
   C) fgets 函数将从文件中最多读入 n-1 个字符。
   D) fgets 函数将从文件中最多读入 n 个字符。

6. fscanf 函数的正确调用形式是_____。

    A) fscanf(fp, 格式字符串, 地址表);

    B) fscanf(格式字符串, 地址表, fp);

    C) fscanf(格式字符串, 文件指针, 地址表);

    D) fscanf(文件指针, 格式字符串, 地址表);

7. fseek 函数的正确调用形式是_____。

    A) fseek(文件指针, 起始点, 位移量);

    B) fseek(fp, 位移量, 起始点);

    C) fseek(位移量, 起始点, fp);

    D) fseek(起始点, 位移量, 文件指针);

8. 若 fp 是指向文件的指针, 并且已经读到文件的末尾, 则库函数 feof(fp)的返回值是_____。

    A) 0   B) NULL   C) 真   D) 非零值

9. 以下函数调用中, 能够打开 A 盘上 user 子目录下名为 abc.txt 的文本文件并进行读写操作的是_____。

    A) fopen("A:\user\abc.txt","r")   B) fopen("A:\\user\\abc.txt","r+")

    C) fopen("A:\user\abc.txt","rb")   D) fopen("A:\\user\\abc.txt","w")

10. 系统的标准输入文件是指_____。

    A) 键盘   B) 显示器   C) 软盘   D) 硬盘

二、填空题

1. C 语言把文件看作_____序列。

2. C 语言通过调用_____函数来打开文件。

3. 在 C 程序中, 数据可以使用二进制和_____两种形式进行存放。

三、编程题

1. 通过键盘输入一段文字(字符), 以字符 # 结束, 将它们保存到文件 ch.txt 中。

2. 将文件 ch.txt 中的信息读出并显示在屏幕上。

3. 求 1000 以内的素数, 将它们保存到文件 prime.txt 中。

4. 将文件 prime.txt 中的素数读出并显示在屏幕上。

5. 有 5 名学生, 每名学生有三科成绩, 通过键盘输入每名学生的信息(包括学号、姓名、三科成绩), 计算平均成绩, 将所有数据保存到文件 stud.dat 中, 然后将文件 stud.dat 中的数据显示在屏幕上。

6. 对 stud.dat 文件中的数据按平均成绩进行排序, 然后将排序结果保存到新文件 stud1.dat 中。

7. 将第 7 章编程题第 10 题的评委评分数据和歌手得分数据保存到文件 defen.txt 中。

参考文献

[1] 谭浩强. C 程序设计[M]. 2 版. 北京：清华大学出版社，1999.

[2] 陆蓓，等. C 语言程序设计[M]. 北京：科学出版社，2004.

[3] 周必水. C 语言程序设计[M]. 北京：科学出版社，2004.

[4] 黄继通，等. C 语言程序设计[M]. 北京：清华大学出版社，2003.

[5] 冯博琴. 精讲多练 C 语言[M]. 2 版. 西安：西安交通大学出版社，2004.

[6] 杨路明. C 语言程序设计教程[M]. 北京：北京邮电大学出版社，2003.

[7] Kernighan B W，Ritchie D M. C 程序设计语言[M]. 2 版. 徐宝文，等译. 北京：清华大学出版社，1997.

[8] Balagurusamy E. C 程序设计[M]. 3 版. 金铭，等译. 北京：清华大学出版社，2006.

[9] 苏小红，等. C 语言大学实用教程[M]. 北京：电子工业出版社，2004.

[10] 王柏盛. C 程序设计[M]. 北京：高等教育出版社，2004.

[11] 教育部高等学校计算机基础课程教学指导委员会. 高等学校计算机基础教学发展战略研究报告暨计算机基础课程教学基本要求[M]. 北京：高等教育出版社，2009.

[12] 焉德军，等. 计算机基础与 C 语言程序设计[M]. 4 版. 北京：清华大学出版社，2021.

C语言中的关键字

关　键　字	用　　途	说　　明
char	数据类型	字符型
short		短整型
int		整型
unsigned		无符号类型(最高位不作为符号位)
long		长整型
float		单精度实型
double		双精度实型
struct		用于定义结构体
union		用于定义共用体
void		空类型，用它定义的对象不具有任何值
enum		用于定义枚举类型
signed		有符号类型，最高位为符号位
const		定义的量在程序执行过程中不可改变值
volatile		定义的量在程序执行过程中可以隐含地改变值
typedef	存储类型	用于定义类型别名
auto		自动变量
register		寄存器类型
static		静态变量
extern		用于声明外部变量
break	流程控制	退出最内层的循环或 switch 语句
case		switch 语句中的分支选择
continue		跳到下一轮循环
default		switch 语句中默认分支的标号
do		do-while 循环中的循环起始标记
else		if 语句中的另一种选择
for		带有初值、测试条件和增量的一种循环
goto		转到标号指定的地方
if		语句的条件执行
return		返回到调用函数
switch		从所列的各种情况中做出选择
while		在 while 和 do-while 循环语句中有条件地执行
sizeof	运算符	计算表达式和数据类型的字节数

字符与 ASCII 码对照表

字　符	ASCII 码	字　符	ASCII 码	字　符	ASCII 码	字　符	ASCII 码
NUL	0	Space	32	@	64	`	96
SOH	1	!	33	A	65	a	97
STX	2	″	34	B	66	b	98
ETX	3	#	35	C	67	c	99
EOT	4	$	36	D	68	d	100
END	5	%	37	E	69	e	101
ACK	6	&	38	F	70	f	102
BEL	7	'	39	G	71	g	103
BS	8	(	40	H	72	h	104
HT	9	)	41	I	73	i	105
LF	10	*	42	J	74	j	106
VT	11	+	43	K	75	k	107
FF	12	,	44	L	76	l	108
CR	13	-	45	M	77	m	109
SO	14	.	46	N	78	n	110
SI	15	/	47	O	79	o	111
DLE	16	0	48	P	80	p	112
DC1	17	1	49	Q	81	q	113
DC2	18	2	50	R	82	r	114
DC3	19	3	51	S	83	s	115
DC4	20	4	52	T	84	t	116
NAK	21	5	53	U	85	u	117
SYN	22	6	54	V	86	v	118
ETB	23	7	55	W	87	w	119
CAN	24	8	56	X	88	x	120
EM	25	9	57	Y	89	y	121
SUB	26	:	58	Z	90	z	122
ESC	27	;	59	[	91	{	123
FS	28	<	60	\	92	|	124
GS	29	=	61	]	93	}	125

字　符	ASCII 码	字　符	ASCII 码	字　符	ASCII 码	字　符	ASCII 码
RS	30	>	62	^	94	~	126
US	31	?	63	_	95	del	127

附录C
运算符的优先级与结合性

优 先 级	运 算 符	名 称	结 合 性
1	() [] -> .	圆括号 下标运算符 指向结构体成员运算符 结构体成员运算符	自左向右
2	! ~ ++ -- + - (类型) * & sizeof	逻辑非运算符 按位取反运算符 自增运算符 自减运算符 正号运算符 负号运算符 类型转换运算符 指针运算符 取址运算符 长度运算符	自右向左
3	* / %	乘法运算符 除法运算符 求余运算符	自左向右
4	+ -	加法运算符 减法运算符	自左向右
5	<< >>	左移运算符 右移运算符	自左向右
6	< <= > >=	关系运算符	自左向右
7	== !=	等于运算符 不等于运算符	自左向右
8	&	按位与运算符	自左向右
9	^	按位异或运算符	自左向右
10	|	按位或运算符	自左向右
11	&&	逻辑与运算符	自左向右
12	||	逻辑或运算符	自左向右
13	?:	条件运算符	自右向左

(续表)

优 先 级	运 算 符	名 称	结 合 性
14	= += -= *= /= %= >>= <<= &= ^= |=	赋值运算符	自右向左
15	,	逗号运算符 (顺序求值运算符)	自左向右

附录 D

常用库函数

库函数并不是 C 语言的一部分，而是由 C 编译系统根据普通用户的需要编制并提供给用户使用的一组程序。每种 C 编译系统都提供了一批库函数，不同的 C 编译系统提供的库函数的数目、函数名以及函数功能也是不完全相同的。ANSI C 标准提出了一批建议提供的标准库函数，其中包含了目前大多数 C 编译系统所提供的库函数，但其中也有一些是某些 C 编译系统未曾实现的。考虑到通用性，本书仅列出部分常用库函数。

1. 输入/输出函数(参见表 D-1)

在使用输入/输出函数时，需要包含头文件<stdio.h>。

表 D-1　输入/输出函数

函 数 名	函 数 原 型	功 能	返 回 值
clearer	void clearer(FILE *fp);	清除与文件指针有关的所有信息	无
close	int close(int fp);	关闭文件	关闭成功返回 0，否则返-1
creat	int creat(char *filename, int mode);	以 mode 指定的方式建立文件	成功返回正数，否则返回-1
fclose	int fclose(FILE *fp);	关闭 fp 指向的文件	出错返回非零值，否则返回 0
feof	int feof(FILE *fp);	检查文件是否结束	文件结束返回非零值，否则返回 0
fgetc	int fgetc(FILE *fp);	从 fp 指向的文件中读取一个字符	出错返回 EOF，否则返回所读字符数
fgets	char *fgets(char *buf, int n, FILE *fp);	从 fp 指向的文件中取一个长度为(n-1)的字符串，然后存入起始地址为 buf 的存储空间	返回地址 buf，若文件结束或出错，返回 NULL
fopen	FILE *fopen(char *filename, char *mode);	以 mode 指定的方式打开名为 filename 的文件	成功时返回文件指针，否则返回 0
fprintf	int fprintf(FILE *fp, char *format, args);	把 args 的值以 format 指定的格式写到 fp 指向的文件中	返回实际输出的字符数
fputc	int fputc(char ch, FILE *fp);	将字符 ch 输出到 fp 指向的文件中	成功时返回 ch 字符的值，否则返回非零值

(续表)

函 数 名	函数原型	功　能	返　回　值
fputs	int fputs(const char *str, FILE *fp);	将 str 中的字符串写入 fp 指向的文件中	成功时返回 0, 否则返回非零值
fread	int fread(char *pt, unsigned size, unsigned n, FILE *fp);	从 fp 指向的文件中读取长度为 size 的 n 个数据, 然后保存到 pt 指向的内存单元中	返回读取的数据个数。若文件结束或出错, 则返回 0
fscanf	int fscanf(FILE *fp, char *format, args);	从 fp 指向的文件中按 format 指定的格式读取数据, 然后保存到 args 指向的内存单元中	返回读取的数据个数。若出错或文件结束, 则返回 0
fseek	int fseek(FILE *fp,long offset, int base);	移动 fp 所指文件内部的位置指针	成功时返回当前位置, 否则返回-1
ftell	long ftell(FILE *fp);	找出 fp 所指文件的当前读写位置	返回读写位置
fwrite	int fwrite(char *ptr,unsigned size,unsigned n,FILE *fp);	把 ptr 所指的 n*size 字节写到 fp 指向的文件中	返回写到 fp 所指文件中的数据个数
getc	int getc(FILE *fp);	同 fgetc 函数	同 fgetc 函数
getch	int getch(void);	从标准输入设备读取一个字符, 不必按回车键, 并且不在屏幕上显示	返回所读字符, 否则返回-1
getche	int getche(void);	从标准输入设备读取一个字符, 不必按回车键, 并在屏幕上显示	返回所读字符, 否则返回-1
getchar	int getchar(void);	从标准输入设备读取一个字符, 以回车结束, 并在屏幕上显示	返回所读字符, 否则返回-1
gets	char *gets(char *str);	从标准输入设备读取一个字符串, 以回车结束	返回读取的字符串
gerw	int getw(FILE *fp);	从 fp 指向的文件中读取一个整数	返回读取的整数
printf	int printf(char *format,args);	按 format 指定的格式, 将 args 的值输出到标准输出设备	返回输出的字符个数, 若出错, 返回负数
putc	int putc(int ch,FILE *fp);	把字符 ch 输出到 fp 指向的文件中	返回字符 ch 的值,若出错, 返回 EOF
putchar	int putchar(char ch);	把字符 ch 输出到标准输出设备	返回字符 ch 的值,若出错, 返回 EOF
puts	int puts(char *str);	把 str 指向的字符串输出到标准输出设备, 将'\0'转换为换行符	返回换行符, 若失败, 返回 EOF
remove	int remove(char *fname);	删除 fname 指向的文件	若成功返回 0, 否则返回-1

（续表）

函 数 名	函 数 原 型	功　能	返 回 值
rename	int rename(char *oldname, char *newname);	把 oldname 指向的文件改名为 newname 指向的文件	成功时返回 0，否则返回-1
rewind	void rewind(FILE *fp);	使 fp 所指文件的指针指向文件的开头，并清除文件结束标志和错误标志	无
scanf	int scanf(char *format,args);	从标准输入设备按 format 指定的格式输入数据，然后将它们保存到 args 指向的内存单元中	返回输入的数据个数，出错时返回 0
write	int write(int fd, char *buf, unsigned count);	从 buf 指向的缓冲区输出 count 个字符到带有 fd 标志的文件中	返回实际输出的字符数，出错时返回-1

2. 字符函数(参见表 D-2)

在使用字符函数时，需要包含头文件<ctype.h>。

表 D-2　字符函数

函 数 名	函 数 原 型	功　能	返 回 值
isalnum	int isalnum(int ch);	检查 ch 是否为字母或数字	是，返回 1，否则返回 0
isalpha	int isalpha(int ch);	检查 ch 是否为字母	是，返回 1，否则返回 0
isascii	int isascii(int ch);	检查 ch 是否为 ASCII 字符	是，返回 1，否则返回 0
iscntrl	int iscntrl(int ch);	检查 ch 是否为控制字符	是，返回 1，否则返回 0
isdigit	int isdigit(int ch);	检查 ch 是否为数字	是，返回 1，否则返回 0
isgraph	int isgraph(int ch);	检查 ch 是否为可打印字符，但不包括控制字符和空格	是，返回 1，否则返回 0
islower	int islower(int ch);	检查 ch 是否为小写字母	是，返回 1，否则返回 0
isprint	int isprint(int ch);	检查 ch 是否为可打印字符，包括空格，ch 字符的 ASCII 码在 0x20 和 0x7e 之间	是，返回 1，否则返回 0
ispunch	int ispunch(int ch);	检查 ch 是否为标点符号	是，返回 1，否则返回 0
isspace	int isspace(int ch);	检查 ch 是否为空格	是，返回 1，否则返回 0
isupper	int isupper(int ch);	检查 ch 是否为大写字母	是，返回 1，否则返回 0
isxdigit	int isxdigit(int ch);	检查 ch 是否为十六进制数字	是，返回 1，否则返回 0
tolower	int tolower(int ch);	将 ch 中的字母转换为小写字母	返回小写字母
toupper	int toupper(int ch);	将 ch 中的字母转换为大写字母	返回大写字母

3. 字符串函数(参见表 D-3)

在使用字符串函数时，需要包含头文件<string.h>。

表 D-3　字符串函数

函 数 名	函 数 原 型	功　　能	返 回 值
strcat	char *strcat(char *str1, char *str2);	把字符串 str2 连接到字符串 str1 的后面，str1 的'\0'被取消	str1
strchr	char *strchr(char *str, int ch);	找出 str 指向的字符串中第一次出现字符 ch 的位置	返回字符串中第一次出现字符 ch 时的位置，找不到时返回空指针
strcmp	char *strcmp(char *str1, char *str2);	比较字符串 str1 和 str2	若 str1 小于 str2,返回负数；若 str1 等于 str2，返回 0；若 str1 大于 str2, 返回正数
strcpy	char *strcpy(char *str1, char *str2);	将 str2 指向的字符串复制到 str1 中	返回 str1
strlen	unsigned int strlen(char *str);	统计字符串 str 中的字符个数(不包含字符串结束符'\0')	返回统计出的字符个数
strstr	char strstr(char *str1, char *str2);	找出字符串 str2 在 str1 中第一次出现时的位置(不包含'\0')	返回 str1 中第一次出现时的位置，找不到时返回空指针

4. 数学函数(参见表 D-4)

在使用数学函数时，需要包含头文件<math.h>。

表 D-4　数学函数

函 数 名	函 数 原 型	功　　能	返 回 值	说　　明
abs	int abs(int i);	求整数的绝对值	计算结果	
acos	double acos(double x);	计算 $\cos^{-1}(x)$ 的值	计算结果	x 应在-1 和 1 之间
asin	double asin(double x);	计算 $\sin^{-1}(x)$ 的值	计算结果	x 应在-1 和 1 之间
atan	double atan(double x);	计算 $\tan^{-1}(x)$ 的值	计算结果	
atan2	double atan2(double x, double y);	计算 $\tan^{-1}(x/y)$ 的值	计算结果	
cos	double cos(double x);	计算 $\cos(x)$ 的值	计算结果	x 的单位为弧度
cosh	double cosh(double x);	计算双曲余弦函数 $\cosh(x)$ 的值	计算结果	
exp	double exp(double x);	求 e^x 的值	计算结果	
fabs	double fabs(double x);	求 x 的绝对值	计算结果	
floor	double floor(double x);	求不大于 x 的最大整数	这个最大整数的双精度实数	

(续表)

函数名	函数原型	功　能	返回值	说　明
fmod	double fmod(double x, double y);	计算 x 对 y 的模，也就是 x/y 的余数	余数的双精度实数	
frexp	double frexp(double val,int *eptr);	把双精度实数 val 分解为尾数以及以 2 为底的指数	数字部分 x $(0.5 \leqslant x < 1)$	
log	double log(double x);	对数函数 ln(x)	计算结果	
log10	double log10(double x);	对数函数 $\log_{10}(x)$	计算结果	
modf	double modf(double val, double *iptr);	把双精度实数 val 分解为指数和尾数	val 的小数部分	
pow	double pow(double x, double y);	指数函数 x^y	计算结果	
sin	double sin(double x);	正弦函数	计算结果	x 的单位为弧度
sinh	double sinh(double x);	双曲正弦函数	计算结果	
sqrt	double sqrt(double x);	计算平方根	计算结果	x 应该大于 0
tan	double tan(double x);	正切函数	计算结果	x 的单位为弧度
tanh	double tanh(double x);	双曲正切函数	计算结果	

5. 动态存储分配函数(参见表 D-5)

在使用动态存储分配函数时，需要包含头文件<stdlib.h>。

表 D-5　动态存储分配函数

函数名	函数原型	功　能	返回值
calloc	void *calloc(unsigned n, unsigned size);	为 n 个数据分配内存，每个数据的大小为 size	返回所分配内存空间的起始地址，不成功时返回 0
free	void free(void *ptr);	释放 ptr 指向的内存	无
malloc	void *malloc(unsigned size);	分配 size 字节的内存	返回所分配内存空间的起始地址，不成功时返回 0
realloc	void *realloc(void *ptr, unsigned newsize);	将 ptr 指向的内存空间改为 newsize 字节	返回所分配内存空间的起始地址，不成功时返回 0

6. 其他常用函数(参见表 D-6)

表 D-6　其他常用函数

函数名	函数原型	功　能	返回值
atof	#include<stdlib.h> double atof(char*str);	把 str 指向的字符串转换成双精度值	返回转换后的双精度值

(续表)

函 数 名	函 数 原 型	功 能	返 回 值
atoi	#include<stdlib.h> double atoi(char*str);	把 str 指向的字符串转换成整数值	返回转换后的整数值
atol	#include<stdlib.h> double atol(char*str);	把 str 指向的字符串转换成长整数值	返回转换后的长整数值
exit	#include<stdlib.h> void exit(int code);	使程序立即正常终止	无
rand	#include<stdlib.h> int rand(void);	产生伪随机数序列	返回0和RAND_MAX之间的随机整数，RAND_MAX至少是32 767
srand	#include<stdlib.h> void srand(unsigned seed);	为 rand 函数生成的伪随机数序列设置起始点	无
time	#include<time.h> time_t time(time_t * time);	返回系统的当前时间	返回系统的当前时间，如果系统丢失时间设置，就返回-1
localtime	#include<time.h> struct tm *localtime(time_t *time);	time 的值一般可通过调用 time 函数获得	返回一个指针，这个指针指向以 tm 结构体形式定义的时间
asctime	#include<time.h> char *asctime(struct tm *ptr);	传给 asctime 函数的结构体指针一般可通过调用 localtime 函数获得	返回一个指向字符串的指针，这个指针所指的字符串中保存了 ptr 所指结构体中存储的信息的变换形式

习题参考解答

第1章 习题解答

一、选择题

1. C；2. C；3. D；4. C；5. B；6. B；7. A；8. B；9. B；10. C；11. A；12. D；13. C；14.B；15. D；16. A

二、填空题

1. 存储器　输入设备　2. 逻辑运算　3. 外存储器　4. 机器语言　5. 运算器和控制器
6. 11111110　　　376　　　　　　FE　　　7. 11.01101　　　3.32　　　　　3.68
8. 01111101　　　01111101　　　01111101　9. 10011001　　　11100110　　　11100111
10. 0011 0101 0010 0111　　　　　　　　11. 102

第2章 习题解答

一、选择题

1. A，分析：C 程序由 main 函数和若干其他函数组成，函数是 C 程序的基本单位。
2. B，分析：C 程序是由函数组成的，函数的排列顺序是任意的。因此，main 函数放在其他函数的前面、后面或中间均可。
3. C，分析：C 语言书写格式自由，一条语句可以写在多行中，一行中也可以写多条语句。
4. C，分析：分号是 C 语句的一部分，不能省略。
5. D

二、填空题

1. /*　　　 */，分析：C 程序的注释部分需要使用分界符/*和*/括起来。注释部分可以使用任何文字符号，但分界符不能出现嵌套形式。换言之，注释内不能再出现分界符，例如/*……/*……*/……*/是错误的。
2. main 函数，分析：C 程序总是从 main 函数开始执行，而不论 main 函数被放在何处。
3. 系统，分析：C 语言既像汇编语言那样允许直接访问物理地址，进行位运算，实现汇编语言的大部分功能(比如直接对硬件进行访问)，也具有高级语言的面向用户、容易记忆、容易学习且易于书写的特点。因此，C语言既可以用来编写系统软件，也可以用来编写应用软件。

4. .c   .obj   .exe

三、编程题

1. 编写程序，在屏幕上显示如下信息：

```
*****************************
Merry    Christmas!
Happy    New    Year!
*****************************
```

分析：可利用库函数 printf 的输出功能方便地实现上述效果。

程序如下：

```c
#include <stdio.h>
int main()
{
    printf("*****************************\n");
    printf(" Merry Christmas!\n");
    printf(" Happy New Year!\n");
    printf("*****************************\n");
    return 0;
}
```

2. 输入 a 和 b 后，输出一元一次方程 $ax+b=0$ 的解。

分析：这个方程的解为 $x=-b/a$。

程序如下：

```c
#include<stdio.h>
int main()
{
    float a,b,x;                 /* 定义存放实数的 3 个变量 a、b、c */
    scanf("%f %f",&a,&b);        /* 输入两个实数，分别赋给 a 和 b */
    x=-b/a;                      /* 求方程的解 x */
    printf("x=%f\n",x);          /* 输出变量 x 的值 */
    return 0;
}
```

程序运行结果如下：

```
5   6↙
x=-1.200000
```

3. 输入 3 个数，输出其中的最小值。

分析：既可采用例 2.3 中的形式，也可按如下算法编写程序。

第 1 步：输入 3 个数并分别赋给 a、b、c。

第 2 步：将 a 的值赋给 min。

第 3 步：如果 min>b，将 b 的值赋给 min。

第 4 步：如果 min>c，将 c 的值赋给 min。

第 5 步：输出 min 的值。

提示：上面的第 3 步可通过语句 if(min>b) min=b;来实现。

程序如下：

```
#include<stdio.h>
int main()
{
    float a,b,c,min;                    /* 定义存放实数的变量 a、b、c、min */
    printf("a,b,c=?\n");                /* 输出提示信息"a,b,c=?" */
    scanf("%f%f%f",&a,&b,&c);           /* 输入 3 个数并分别赋给 a、b、c */
    min=a;                              /* 将 a 的值赋给 min */
    if(min>b)min=b;                     /* 当 min>b 时，将 b 的值赋给 min */
    if(min>c)min=c;                     /* 当 min>c 时，将 c 的值赋给 min */
    printf("min=%f\n",min);             /* 输出变量 min 的值 */
    return 0;
}
```

第 3 章　习题解答

一、选择题

1. B　2. C

3. D，分析：选项 D 不是合法的 C 语言数据类型。C 语言中的整型变量可分为以下 6 种类型：有符号基本整型[signed]int(方括号表示可省略，比如 signed int 可简写为 int)、无符号基本整型 unsigned int、有符号短整型[signed]short[int]、无符号短整型 unsigned short[int]、有符号长整型[signed]long[int]和无符号长整型 unsigned long [int]。

4. B，分析：C 语言中没有逻辑型数据，而是使用数值 0 表示"假"，并使用非零值表示"真"。

5. D，分析：C 语言并没有规定 long、int 和 short 型数据占用的内存大小，而由编译系统决定。

6. A，分析：C 语言只支持使用十进制、八进制和十六进制。

7. B，分析：符号常量的定义格式为"#define 符号常量名 常量"。符号常量可用标识符命名，注意符号常量名的前后要有空格。

8. B，分析：选项 A 中的常量是以 0x 开头的十六进制数；选项 C 中的常量是长整型常量；选项 D 中的常量是转义字符常量；选项 B 中的常量表示形式错误，e 的右侧不能是小数，而只能是整数。

9. D，分析：字符型数据在内存中保存的是 ASCII 码，而 ASCII 码都是正整数，正整数的原码、反码和补码完全相同。

10. A，分析：字符型变量只能保存一个字符，而'\72'是转义字符，表示编码为 072(八进制)的字符。

11. B，分析：八进制数由数字 0~7 组成，并且以 0 开头，不包含数字 8。

12. D，分析：选项 A 错，因为转义字符\\表示字符\，而转义字符\"表示字符"，所以选项 A 的右端缺少定界符"。选项 B 和 C 也错，因为字符串必须用双引号引起来。选项 D 表示一个空的字符串。

13. C，分析：选项 A 错，a 和 b 应该用逗号分开。选项 B 错，应为 double a=7,b=7;。选项 D 错，double 和 a 之间应使用空格隔开，而不能使用逗号。

14. D，分析：getchar 函数的功能是从键盘接收一个字符，当输入 A↙(↙表示按回车键，也就是输入换行符'\n')时，第一个字符'A'被赋给 c1，第二个字符'\n'被赋给 c2。

15. A，分析：putchar(x)函数的功能是输出字符 x。参数 x 可以是字符，也可以是整数。当 x 是整数时，就输出以这个整数作为 ASCII 码值的字符。

16. C，分析：当 scanf 输入函数的格式字符串中包含普通字符时，必须原样输入。在这里，格式字符串"a=%d,b=%d"中的 a=和 b=是普通字符，因此必须原样输入。

17. B，分析：选项 D 是错误的，因为 scanf 输入函数的格式字符串中没有逗号。由于变量 i 的输入格式为%4d，这表示宽度为 4，因此系统在从选项 A 或 C 中读取数据时，将获得-101 或-100，选项 A 和 D 都是错的。选项 B 是对的，因为选项 B 中的 3 个数是用空格分开的，而题目中为 3 个变量指定的输入格式的宽度都大于对应的数据，宽度将不起作用。

18. D，分析：字符型数据实际上是整型数据，也就是字符的 ASCII 码值。比如，字符'A' 的 ASCII 码值是 65，字符'B'的 ASCII 码值是 65+1，以此类推，字符'Y'的 ASCII 码值是 65+24=89。

二、填空题

1. int　　float　　double

2. float a1=1.0, a2=1.0;，分析：也可以将 1.0 改为 1，因为在进行赋值时，系统会自动进行转换。

3. 存储单元，分析：在编译 C 程序时，系统会根据变量的类型给变量分配存储单元，给变量赋值就是将数据存放到变量所代表的存储单元中。

4. i=　　123　　x=-45.6780，分析：格式字符串中的普通字符原样输出；格式说明符%5d 表示输出项 i 的值(123)的宽度为 5，左补两个空格；%7.4 表示输出项 x 的值的宽度为 7，其中小数部分有 4 位，整数部分以实际宽度输出。

5. sin(60*3.1416/180)，分析：格式字符串中的普通字符原样输出；格式说明符%3.0f 表示输出项 alfa 的值的小数部分不输出；%.4f 表示输出项 pi 的值的小数部分保留 4 位，整数部分以实际宽度输出。

6. $153.45　　\n，分析：%c 表示对应的输出项 ch 的值以字符形式输出；%-8.2f 表示对应的输出项 x 的值以小数形式输出，宽度为 8，小数点后取两位，负号表示左对齐，右补空格；转义字符\\表示输出一个\，然后输出 n。

7. a=%d\nb=%d

8. 12　　34，分析：由于在输入语句中为 a 和 b 指定的输入宽度都是 2，因此系统从输入的数字中依次各取两位并分别赋给 a 和 b。

三、编程题

1. 输入一个字符，然后输出这个字符及其 ASCII 码值。

分析：字符型数据在内存中以相应的 ASCII 码值存放，因而既可以字符的形式输出，也可以 ASCII 码值(整数)的形式输出。

程序如下：

```
#include<stdio.h>
int main()
{   char ch;                    /* 定义字符型变量 ch */
    scanf("%c",&ch);            /* 为变量 ch 输入字符 */
    printf("%c   %d\n",ch,ch);
    return 0;
}
```

2. 求平面上两点之间的距离。

分析：求平面上两点(x_1,y_1)和(x_2,y_2)之间距离的公式如下

$$d = \sqrt{(x_1 - x_2)^2 + (y_1 - y_2)^2}$$

程序如下：

```
#include <stdio.h>
#include <math.h>                              /* sqrt 函数所在的头文件 */
int main()
{
    float x1, y1,x2,y2,d;
    printf("input (x1,y1),(x2,y2):\n");        /* 输出提示信息 */
    scanf("%f%f%f%f",&x1,&y1,&x2,&y2);
    d=sqrt((x1-x2)*(x1-x2)+(y1-y2)*(y1-y2));   /* 使用 sqrt 函数求平方根 */
    printf("d=%0.2f\n",d);
    return 0;
}
```

3. 已知等差数列的第一项为a，公差为d，求前n项之和，a、d、n的值可由键盘输入。

分析：等差数列的前n项之和的计算公式为$a*n+n*(n-1)*d/2$。

程序如下：

```
#include<stdio.h>
int main()
{   int a,d,n,sum;                     /* 定义 4 个整型变量 */
    printf("input a d n:\n");          /* 输出提示信息 input a d n: */
    scanf("%d%d%d",&a,&d,&n);          /* 输入 3 个整数，分别赋给 a、d、n */
    sum=a*n+n*(n-1)*d/2;               /* 求等差数列的前 n 项之和 */
    printf("sum=%d\n",sum);            /* 输出结果 */
    return 0;
}
```

第 4 章 习题解答

一、选择题

1. B，分析：在表达式后加分号可构成语句，选项 A 是语句；选项 C 错，应为(int)12.3%4；选项 D 错，赋值运算符的左边只能是变量。

2. C，分析：y=1.0+3/2，也就是 y=1.0+1，因此 y=2.0。

3. A，分析：选项 A 中的表达式(int)y+x 能将 y 的值转换成整数，然后和整数 x 相加，结果为整数；选项 B 中的表达式(int)x+y 则将整数和实数相加，结果为实数；选项 C 中的表达式存在语法错误，在进行类型转换时，必须使用圆括号将类型说明符 int 括起来；选项 D 中的表达式则将两个实数相加，结果为实数。

4. D，分析：在选项 A 中，逻辑运算符&&两边的值均为非零值，故结果为 1；在选项 B 中，比较运算符<=两边的值分别为 3 和 4，故结果为 1；在选项 C 中，逻辑运算符||左边的值为非零值，因此右边的值就不必再计算了，结果为 1；在选项 D 中，表达式的值为!((3<4)&&!5||1)，即!(1&&0||1)，即!(0||1)，即!1，故结果为 0。

5. B，分析：题目中表达式的值为 10>=0&&'A'<'B'&&!0，即 1&&1&&1，即 1&&1，故结果为 1。

6. C，分析：选项 A 是正确的赋值语句；选项 B 中的 d++;相当于 d=d+1;，这是正确的赋值语句；选项 C 中的语句没有赋值运算符，不是赋值语句；选项 D 也是正确的赋值语句。

7. B，分析：在选项 A 中，'0'<=c 的结果或是 1，或是 0，但肯定小于'9'，所以不论 c 为何值，结果总是 1，故选项 A 是错误的；选项 B 中的表达式表示 c 不小于字符'0'，但同时也不大于字符'9'，所以满足该表达式要求的 c 必为数字字符。

8. D，分析：本题中运算符的优先级由高到低分别是==、&&、?:、*=。

9. B，分析：在本题中，x 在条件表达式中起条件判断的作用，x 为 0 表示"假"，x 不为 0 表示"真"。当 x 为 0 时，表达式 x!=0 的值也为 0；当 x 不为 0 时，表达式 x!=0 的值也不为 0。因此，当作为逻辑值(用于条件判断)时，x 和 x!=0 是等价的。

10. D，分析：条件表达式的结合性是自右向左，所以表达式 k<a?k:c<b?c:a 可写为 k<a?k:(c<b?c:a)。由于 k<a 为 0("假")，因此表达式的值为 c<b?c:a；又由于 c<b 的值为 1("真")，因此表达式的值为 c，也就是 1。

11. C，分析：赋值运算符的结合性是自右向左，所以语句 a+=a-=a+a;先计算表达式 a-=a+a 的值，因此 a= a−(a+a)，a=−9；之后才计算表达式 a+=−9 的值，因此 a=a+(−9)，a=−18。

12. A，分析：使用运算符将参与运算的对象连接起来的合法的式子，就是表达式。例如，!x 是逻辑表达式。表达式有确定的值。常量、变量以及有返回值的函数都是表达式。

13. D，分析：表达式 x<<1 会将 x 值的二进制形式左移 1 位，这相当于乘以 2，将 040(八进制)乘以 2，得到 0100(八进制)，等于十进制数 64。

14. A，分析：在表达式 c=a^b<<2 中，左移运算符<<的优先级最高，其次是按位异或运算符^(两个二进制整数的对应位相同，结果为 0；对应位不同，结果为 1)，赋值运算符的优先级最低。于是，系统先计算 b<<2，也就是计算 00000110<<2，结果为 00011000；之后再计算 a^00011000，也就是计算 00000011^00011000，结果为 00011011。

二、填空题

1. 11 12，分析：自增运算符++位于变量 k 的右边，这表示先取 k 的值 11 作为表达式 k++ 的值，然后 k 自增 1，变为 12。

2. 非零值、0，分析：C 语言没有逻辑型数据，并且在进行逻辑运算或判断时，用 0 表示"假"，用非零值表示"真"；但 C 语言在给出关系运算或逻辑运算的结果时，用 0 表示"假"，用 1 表示"真"。

3. x<-4||x>4，分析：当 x 是负数时，关系表达式 x<-4 与数学算式|x|>4 等价；当 x 是非负数时，关系表达式 x>4 与数学算式|x|>4 等价；一般情况下，逻辑表达式 x<-4||x>4 与数学算式|x|>4 等价。

4. 0，分析：表达式 a%3*(int)(x+y)%2/4 的值为 1*(int)(7.2)%2/4，即 7%2/4，即 1/4，结果为 0。

5. 22，分析：x--表示先取 x 的值，之后再将 x 的值减 1；--y 表示先将 y 的值减 1，之后再取 y 的值。因此，x--+--y 的值是 8+7(也就是 15)；而当执行 x+=15(也就是 x=x+15)时，x 的值已经是 7，因此 x=7+15，x=22。

6. 0，分析：表达式 x=a 的值是 2，所以!(x=a)的值是 0；表达式(y=b)&&!(2-3.5)的值是 4&&0，也就是 0；逻辑运算符||两边的值都是 0，因此最终结果是 0。

7. 0 和 1，分析：表达式(m=a==b)的值是 m=1==2，即 m=0。由于&&运算符左边的值是 0，因此右边的表达式(n=b>c)没有执行，n 的值仍是 1。

8. 15，分析：在所有运算符中，逗号表达式的优先级最低，其功能是将两个或两个以上的表达式连接起来，从左到右依次计算各个表达式，最后一个表达式的值即为整个逗号表达式的值。因此，表达式 a=3*5,a*4;的值为 60，但 a 的值是 15。

三、编程题

1. 输入华氏温度，要求输出对应的摄氏温度。计算公式如下：

$$t = \frac{5}{9}(tF - 32)$$

其中，t 表示摄氏温度，tF 表示华氏温度。计算结果取两位小数。

分析：C 语言规定，两个整数相除，结果取整数部分。在程序中，上述计算公式应写为 t=(5.0/9.0)*(tF-32)或 t=5.0/9.0*(tF-32)。

程序如下：

```
#include<stdio.h>
int main()
{   float t,tF;
    scanf("%f",&tF);        /* 输入华氏温度并赋给变量 tF */
    t=(5.0/9.0)*(tF-32);    /* 按公式计算摄氏温度 t */
    printf("t=%.2f\n",t);   /* 输出摄氏温度 t */
    return 0;
}
```

2. 编写程序，输入一个实数，输出这个实数的绝对值。

分析：利用条件表达式可以求一个实数的绝对值，例如表达式 a>0?a:-a 的值就是 a 的绝对值。

程序如下：

```
#include <stdio.h>
int main()
{   float a;
    printf("input a:");
    scanf("%f",&a);
    a=a>0?a:-a;          /* 求 a 的绝对值 */
```

```
        printf("%f\n",a);
        return 0;
}
```

3. 输入 3 个字符后，参考它们的 ASCII 码值，按从小到大的顺序输出这 3 个字符。

分析：字符的比较与数值的比较类似。比较字符的大小，实际上就是比较它们的 ASCII 码值的大小。例如，比较'a'>'b'相当于比较 97>98，因为字符 a 和 b 的 ASCII 码值分别是 97、98。

程序如下：

```
#include <stdio.h>
int main()
{    char c1,c2,c3,m1,m2,m3;          /* 定义字符型变量 */
     printf("input c1,c2,c3:");       /* 输出提示信息 */
     scanf("%c%c%c",&c1,&c2,&c3);     /* 输入 3 个字符，分别赋给 c1、c2、c3 */
     m1=c1>c2?c1:c2;                  /* 将 c1 和 c2 中的较大字符赋给 m1 */
     m1=m1>c3?m1:c3;                  /* 将这 3 个字符中最大的那个字符赋给 m1 */
     m3=c1<c2?c1:c2;
     m3=m3<c3?m3:c3;
     m2=c1+c2+c3-m1-m3;              /* 注意，变量中存放的是 ASCII 码值 */
     printf("%c %c %c\n",m3,m2,m1);
     return 0;
}
```

4. 输入一个实数，使这个实数保留两位小数，并对第三位小数进行四舍五入。

程序如下：

```
#include<stdio.h>
int main()
{    float x;
     printf("Enter x:");
     scanf("%f",&x);
     printf("x=%f\n",x);
     x=(int)(x*100+0.5)/100.0;
     printf("x=%f\n",x);
     return 0;
}
```

第 5 章　习题解答

一、选择题

1. C，分析：else 与 if 的匹配规则是，else 总是与它前面相距最近的尚未配对的 if 配对。本题中的 if 语句实际上是 if(a<b) {if(b<0) c=0; else c+=1;}，只有当条件 a<b 满足时，才执行语句 if(b<0) c=0; else c+=1;。

2. D，分析：在上述 if 语句中，分支语句 printf("****\n")后缺少分号。

3. C，分析：变量 sum 没有赋初值，其值不确定。

4. B，分析：选项 A 是错的，因为&是按位与运算符；选项 B 是对的，条件 ch>='a'&&ch<='z' 表示字符 ch 是小写字母，小写字母的 ASCII 码值比对应的大写字母的 ASCII 码值大 32，所以使用 ch=ch-32 可将小写字母转换为大写字母；选项 C 有语法错误，因为有?无：；选项 D 是错

误的，如果 ch 是小写字母'a'，那么执行后，ch 仍为'a'，并未转换为大写字母'A'。

5. B，分析：选项 A 是错的，因为当 u>s 时，虽然执行了 t=u;，但仍需要执行 t=s;；选项 C 和 D 也是错的，因为 t 中存放的是最小值。

6. A，分析：当 s 为 0 时，!s 和 s==0 的值都为 1，表示真；当 s 为非零值时，!s 和 s==0 的值都为 0，表示假。所以，!s 和 s==0 等价。

7. C，分析：选项 A 和 D 没有输出大写字母'A'，选项 B 则没有输出大写字母'Z'。

8. D，分析：while 循环中的条件 i=8 是赋值表达式，其值永远是 8。循环体中就一条语句，不存在能够使循环停止的语句，所以循环将执行无数次。

9. D，分析：外循环将循环两次，但 s 是在循环体中进行初始化的，所以只需要分析最后一次循环体的执行情况即可，也就是 k 的值为 4 的情况，此时 s=1+4+5，因此输出=10。

10. C，分析：外循环将循环 4 次(i=1、5、9、13)，内循环将循环 5 次(j=3、7、11、15、19)，所以 m++;共执行 4×5=20 次，因此 m 的值是 20。

11. C，分析：do 循环首先执行循环体，输出 x-=2 的值，即 x=x-2，即 x=1；然后计算循环条件!(--x)，其值为 1(因为 x=0)，循环条件为真，执行循环体，输出 x-=2 的值，即 x=-2；然后再次计算循环条件!(--x)，其值为 0(因为 x=-3)，循环条件为假，循环结束。

12. B，分析：当 y=10 时，for 循环的循环条件 y>0 为真，执行循环体：if 语句的执行条件 y%3==0 的值是 10%3==0，即 1==0(为假)，因而不执行其后的分支语句(由大括号括起来的复合语句)。然后计算 for 循环中的 y--，使得 y=9，此时，循环条件 y>0 为真，再次执行循环体：if 语句的执行条件 y%3==0 的值是 9%3==0，即 0==0(为真)，因而执行其后的分支语句：输出--y 的值，也就是输出 y=8，随后执行 continue;语句，进入下一次循环，如表 E-1 所示。

表 E-1　循环执行情况

循环次数	y>0	y%3==0	--y	y--
第 1 次，y=10	真	假	不输出	y=9
第 2 次，y=9	真	真	输出 y=8	y=7
第 3 次，y=7	真	假	不输出	y=6
第 4 次，y=6	真	真	输出 y=5	y=4
第 5 次，y=4	真	假	不输出	y=3
第 6 次，y=3	真	真	输出 y=2	y=1
第 7 次，y=1	真	假	不输出	y=0
第 8 次，y=0	假，结束循环			

13. A，分析：for 循环将执行 5 次循环体(i=1、2、3、4、5)，循环体由两条语句组成：双分支 if 语句和输出语句。当 i 为奇数时，输出字符*和字符#；当 i 为偶数时，不输出任何字符。因此，上述程序的输出结果是选项 A。

二、填空题

1. 1，分析：if 语句的执行条件 a>100 为假，故执行 else 后面的语句，输出 a<=100 的值，也就是 1。

2. 3　2　2，分析：本题由 3 条语句组成，第一条语句是 if(a>c) b=a;，由于条件 a>c 为假，因此 b 的值不变，系统执行后两条语句 a=c;和 c=b;，a 和 c 的值分别为 3 和 2。

3. 5　4　6，分析：for 循环的循环体 i++;共执行 5 次，i 的值是 5；while 循环的循环体 j++;共执行 4 次，j 的值是 4；do 循环的循环体 k++;共执行 6 次，k 的值是 6。

4. −1，分析：当 x 的值是 0 时，表达式 x−−的值是 0，循环结束，然后将 x 的值减 1，因此 x 的值是−1。

5. 11，分析：do 循环的循环体 sum+=i++;共执行 5 次，因而 sum 的值是 1+0+1+2+3+4=11。

三、编程题

1. 输入三角形的三条边长，计算并输出三角形的面积。

分析：三个正数能够构成三角形的三条边的条件是其中任意两个数的和大于第三个数。假设这三个数分别为 x、y、z，则它们能够构成三角形的三条边的条件为 $x+y>z$&&$y+z>x$&&$z+x>y$。

利用如下数学公式可以求出三角形的面积。

$$三角形的面积=\sqrt{s(s-x)(s-y)(s-z)}，其中 s=(x+y+z)/2$$

程序如下：

```
#include <stdio.h>
#include <math.h>
int main()
{   float x,y,z,s,dime;
    scanf("%f%f%f",&x,&y,&z);
    if(x+y>z&&y+z>x&&z+x>y)
    {   s=(x+y+z)/2;
        dime=sqrt(s*(s-x)*(s-y)*(s-z));
        printf("dime=%f\n",dime);
    }
    else printf("error\n");
    return 0;
}
```

2. 使用 if 语句编写程序，输入 x 的值之后，按下式计算 y 的值并输出。

$$y=\begin{cases} x+2x^2+10 & 0\leqslant x\leqslant 8 \\ x-3x^3-9 & x<0或x>8 \end{cases}$$

分析：可利用双分支 if 语句计算 y 的值，条件 $0\leqslant x\leqslant 8$ 的表达式为 0<=x&&x<=8。

程序如下：

```
#include <stdio.h>
int main()
{   float x,y;
    scanf("%f",&x);
    if(0<=x&&x<=8) y=x+2*x*x+10;
    else y=x-3*x*x*x-9;
    printf("y=%f\n",y);
    return 0;
}
```

3. 输入 10 名学生的成绩，输出最低分数。

分析：可使用变量 min 存放最低分数，先给 min 赋初值 100，再将每个成绩都与 min 做比较，只要比 min 小，就存入 min。

程序如下：

```
#define N 10
#include <stdio.h>
int main()
{    int i;
     float x,min=100;
     for(i=0;i<N;i++)
     {    scanf("%f",&x);
          if(x<min)min=x;
     }
     printf("min=%.1f\n",min);
     return 0;
}
```

4. 使用 for 循环语句输出 26 个大写字母，使用 while 循环语句输出 26 个小写字母。

分析：对字符型变量 ch，先赋初值'A'，再利用字母连续的特点，循环输出 ch++，循环条件为 ch<='Z'。最后，使用类似的方法处理小写字母即可。

程序如下：

```
#include <stdio.h>
int main()
{    char ch;
     for(ch='A';ch<='Z';ch++) printf("%c ",ch);
     printf("\n");
     ch='a';
     while(ch<='z')
     {    printf("%c ",ch);    ch++; }
     printf("\n");
     return 0;
}
```

5. 编写程序，输入一个三位的正整数，找出能够使用其各位数字组成的最大数和最小数。例如，输入 517，那么最大数为 751，最小数为 157。

分析：假设 x 为一个三位的正整数，先求出 x 的百位、十位、个位上的数字，并分别存放到 a、b、c 三个变量中，然后对它们进行排序，使 a 中存放最小的数字、b 中存放中间的数字、c 中存放最大的数字，于是最大数为 $100 \times c + 10 \times b + a$，最小数为 $100 \times a + 10 \times b + c$。

程序如下：

```
#include <stdio.h>
int main()
{    int x,a,b,c,t,max,min;
     printf("input a number:");
     scanf("%d",&x);
     a=x/100;
     b=x/10%10;
```

```
        c=x%10;
        if(a>b) {t=a;a=b;b=t;}
        if(a>c) {t=a;a=c;c=t;}
        if(b>c) {t=b;b=c;c=t;}
        max=c*100+b*10+a;
        min=a*100+b*10+c;
        printf("max=%d, min=%d\n",max,min);
        return 0;
}
```

6. 输入 *n* 和 *n* 个数，输出其中所有奇数的乘积。

分析：定义整型变量 n，用于存放数据的个数并控制循环的次数；定义整型变量 x，用于存放输入的整数，可利用表达式 x%2 或 x%2!=0 来判断 x 是否是奇数；由于乘积比较大，因此定义实型变量 y(赋初值 1)，用于存放奇数的乘积。

程序如下：

```
#include <stdio.h>
int main()
{    int n,i,x;
     float y=1;          /*  使用 y 存放所有奇数的乘积  */
     printf("input n:");
     scanf("%d",&n);
     printf("input %d numbers:",n);
     for(i=1;i<=n;i++)
     {    scanf("%d",&x);
          if(x%2!=0) y*=x;
     }
     printf("y=%.2f\n",y);
     return 0;
}
```

7. 输入 *n* 和 *n* 个数，统计其中负数、零及正数的个数。

分析：可使用变量 pos、zero、neg 分别存放 *n* 个数中正数、零及负数的个数。

程序如下：

```
#include <stdio.h>
int main()
{    int n,i,pos=0,zero=0,neg=0;
     float x;
     scanf("%d",&n);
     for(i=0;i<n;i++)
     {    scanf("%f",&x);
          if(x>0) pos++;
          else if(x<0) neg++;
          else    zero++;
     }
     printf("pos=%d, zero=%d, neg=%d\n",pos,zero,neg);
     return 0;
}
```

8. 求数列的和。假设数列的首项为 81，以后各项为前一项的平方根(如 81、9、3、1.732、…)，求前 20 项之和。

分析：可使用库函数 sqrt 求平方根，假设 s=0、t=81，循环执行 20 次循环体{s=s+t; t=sqrt(t)}即可。

程序如下：

```
#define N 20              /* 定义符号常量 N */
#include <stdio.h>
#include <math.h>          /* 库函数 sqrt 所在的头文件 */
int main()
{    int i;
     double s=0,t=81;
     for(i=1;i<=N;i++)
     {    s+=t;    t=sqrt(t);    }
         printf("s=%.3f\n",s);
         return 0;
}
```

9. 输出 3 以上且 1000 以内的水仙花数。水仙花数是指这样的三位数：其各位数字的立方和等于这个三位数本身，例如，$153=1^3+5^3+3^3$。

分析：对于三位数 n，用 i、j、k 分别表示其百位、十位、个位上的数字，如果 $n=i^3+j^3+k^3$，则 n 为水仙花数。

程序如下：

```
#include <stdio.h>
int main()
{    int i,j,k,n;
     for(n=100;n<1000;n++)
     {    i=n/100;         /* i 为百位上的数字 */
          j=n/10-i*10;     /* j 为十位上的数字 */
          k=n%10;          /* k 为个位上的数字 */
          if(n==i*i*i+j*j*j+k*k*k) printf("%6d",n);
     }
     printf("\n");
        return 0;
}
```

10. 求算式 1–1/2+1/3–1/4+1/5–1/6+…中的前 40 项之和。

分析：在以上算式中，每一项的符号都和前一项的相反，分母则比前一项的大 1。利用此规律，设 s=1(表示和)、sign=1(表示各项的符号)、i=2(表示分母)，循环执行 39 次循环体{sign= –sign; s=s+sign/i++; }即可。注意：sign 和 i++中至少有一个需要是实数，否则 sign/i++为 0。

程序如下：

```
#include <stdio.h>
int main()
{    int i,sign=1;
     float s=1;
     for(i=2;i<=40;i++)
     {    sign*=-1;
          s+=sign/(float)i;
```

```
    }
    printf("s=%f\n",s);
    return 0;
}
```

11. 使用循环语句编写程序，输出如下图形：

```
       *
      * * *
     * * * * *
    * * * * * * *
     * * * * *
      * * *
       *
```

分析：上述图形可利用两个二重循环来输出。第一个二重循环输出 4 行：其中，第 1 行先输出 3 个空格，再输出 1 个*；第 2 行先输出 2 个空格，再输出 3 个*；以此类推，第 i 行先输出 $4-i$ 个空格，再输出 $2i-1$ 个*。第二个二重循环输出 3 行：其中，第 1 行先输出 1 个空格，再输出 5 个*；第 2 行先输出 2 个空格，再 2 输出 3 个*；以此类推，第 i 行先输出 i 个空格，再输出 $7-2i$ 个*。

程序如下：

```
#include <stdio.h>
int main()
{    int i, j;
     for(i=1;i<=4;i++)
     {    for(j=1;j<=4-i;j++) printf(" ");
          for(j=1;j<=2*i-1;j++) printf("*");
          printf("\n");
     }
     for(i=1;i<=3;i++)
     {    for(j=1;j<=i;j++) printf(" ");
          for(j=1;j<=7-2*i;j++) printf("*");
          printf("\n");
     }
     return 0;
}
```

第6章   习题解答

一、选择题

1. D，分析：选项 A 中的定义格式有错误，数组名的后面只能用方括号；C 语言不允许对数组进行动态定义，因此数组元素的个数必须是常量，选项 B 和 C 都是错的。选项 D 是对的，因为 n 为符号常量。

2. A，分析：初值可以是常量表达式，如 6*1，选项 A 是对的；初值之间需要用逗号分开，选项 B 是错的；选项 C 的大括号中无初值，也是错的；选项 D 中的初值要用大括号括起来，而不是用圆括号。

3. A，分析：选项 A 是对的，a[10/2-5]即 a[0]；选项 B 是错的，因为下标越界；选项 C

是错的，下标必须是整数；选项 D 是错的，下标必须用方括号(即下标运算符)括起来。

4. C，分析：字符串结束标志'\0'也要占 1 字节，因而总共占 6 字节。

5. A，分析：选项 B 中的初值个数大于数组元素的个数；选项 C 中的数组名 a 的后面缺少方括号；选项 D 中的初值应该用大括号而不是方括号括起来。

6. C，分析：选项 A 中输入项的个数、格式都不对；选项 B 只能给 a[0]赋值，数组名 a 表示第一个数组元素的地址，即&a[0]；选项 D 中的输入项应为&a[i]。

7. D，分析：在定义二维数组时，如果对全部元素赋初值，那么第一维的长度可不指定，但第二维的长度不能省略，所以选项 A、B、C 都是错的。

8. D，分析：选项 A 中的第一维下标越界；选项 B 中的两个下标应该用两对方括号括起来；选项 C 中的下标也越界了。

9. D，分析：定义二维数组时，第二维的长度不能省略，所以选项 A 和 C 是错的；选项 B 中的初值个数大于数组元素的个数。

10. C，分析：选项 B 是对的，但 s 中存放的是字符而不是字符串，因为字符串必须有结束标志；选项 C 是错的，因为所赋初值的字符个数加字符串结束标志共 6 个字符，而数组元素只有 5 个。

11. D，分析：判断两个字符串是否相等时，不能使用比较运算符==进行整体比较，更不能使用赋值运算符=进行整体比较，而应该使用 strcmp 函数进行比较。

12. B，分析：字符串的结束标志是'\0'，所以只有选项 B 是对的。

13. B，分析：转义字符'\12'、'\\'、'\t'、'\n'各代表一个字符，strlen 函数用于求字符串的长度，当计算字符串的长度时，字符串结束标志'\0'不包括在内。

14. A，分析：循环语句用于对数组的两个元素 n[0]和 n[1]赋值；输出语句中的 n[k]为 n[2]，没有赋值，其值不确定。

15. C，分析：输出的元素为"x[0][2],x[1][1],x[2][0]"，因而输出结果是"3,5,7"。

二、填空题

1. [常量表达式]　　　2. 类型　　　　3. 地址常量

4. 0，分析：题目中仅对部分数组元素赋初值，其他数组元素为 0。

5. 2　3;　　　6. 越界　　　7. 按行存放

8. 10，分析：二维数组元素在内存中的存放顺序按行存放。

9. -1，分析：函数 strcat(s1,s2)的返回值是字符串"aaabbb"，函数 strcmp("aaabbb","bbb")的返回值是两个字符串实参中对应位不同的第一对字符的差值，也就是'a' - 'b'的值，即-1。

10. 4 和 3，分析：数组 s1 所赋的初值是字符串，包括字符串结束标志'\0'；而数组 s2 所赋的初值是 3 个字符。

三、编程题

1. 将 5 个数 21、32、35、18、40 存放到一个数组中，求这 5 个数的和以及平均值。
程序如下：

```
#include<stdio.h>
int main()
```

```
{   int a[5]={21,32,35,18,40};
    int i,sum=0;
    float aver;
    for(i=0;i<5;i++) sum+=a[i];
    aver=sum/5.0;            /* 注意：不能写成 sum/5   */
    printf("sum=%d, aver=%.2f",sum,aver);
    return 0;
}
```

2. 输入 $n(n \leqslant 100)$ 个数并存放到一个数组中，求这 n 个数的最大数和最小数。

分析：将数组 a 的大小定义为 100，n 的值则在程序运行时确定，然后根据 n 的值输入 n 个数并存入数组 a 中。用 max 表示最大数，用 min 表示最小数。最后，将数组 a 中的第一个数存入 max 和 min 中，并将数组 a 中其余的 $n-1$ 个数分别与 max 和 min 做比较，从而选出最大数和最小数。

程序如下：

```
#include <stdio.h>
int main()
{   float a[100],max,min;
    int n,i;
    printf("input n: ");
    scanf("%d",&n);
    for(i=0;i<n;i++) scanf("%f",&a[i]);
    max=min=a[0];
    for(i=1;i<n;i++)
    {   if(max<a[i]) max=a[i];
        if(min>a[i]) min=a[i];
    }
    printf("max=%.2f, min=%.2f\n",max,min);
    return 0;
}
```

3. 将数组中的元素按逆序重新存放。例如，假设原来的存放顺序为 9、1、6、4、2，要求改为 2、4、6、1、9。

分析：先输入 N 个数并存入数组 a 中，再将 a[0] 的值与 a[$N-1$] 的值交换，将 a[1] 的值与 a[$N-2$] 的值交换，以此类推。

程序如下：

```
#include <stdio.h>
#define N 5
int main()
{   int a[N],t,i,j;
    for(i=0;i<N;i++)
        scanf("%d",&a[i]);
    for(i=0,j=N-1;i<j;i++,j--)
        { t=a[i];a[i]=a[j];a[j]=t;}
    putchar('\n');
    for(i=0;i<N;i++)
        printf("%d   ",a[i]);
```

```
        putchar('\n');
        return 0;
    }
```

4. 假设有 $n(n \leqslant 10)$ 个数，它们已按从小到大的顺序排成数列，要求输入一个数，把它插到这个数列中，使数列仍然有序，然后输出新的数列。

分析：假设数组 a 中的 n 个数已由小到大排好序，x 为想要插入的数。先将 x 与最后一个数 $a[n-1]$ 做比较，若 $x>a[n-1]$，将 x 存入 $a[n]$；否则，将 $a[n-1]$ 的值往后移，使 $a[n]=a[n-1]$，然后将 x 与 $a[n-2]$ 做比较，以此类推，重复前面的操作。

程序如下：

```
#include <stdio.h>
int main()
{    int i,n,x;
     int a[21]={1,3,6,15,20};
     n=5;                /* n 表示数组元素的个数 */
     scanf("%d",&x);
     for(i=n-1;i>=0;i--)
         { if(x<a[i]) a[i+1]=a[i]; else break; }
     a[i+1]=x;
     n++;
     for(i=0;i<n;i++)   printf("%d    ",a[i]);
     printf("\n");
}
```

5. 输入 $n(n \leqslant 50)$ 名职工的工资(单位为元，一元以下部分舍去)，首先计算工资总额，然后计算在给职工发放工资时所需的各种面额人民币的最少张数(分 100 元、50 元、10 元、5 元、1 元 5 种)。

分析：假设在数组 a 中存放 n 名职工的工资，用 m100 表示所需一百元面额人民币的最少张数，用 m50 表示所需 50 元面额人民币的最少张数，以此类推。若使用 t 表示一名职工的工资，则所需一百元面额人民币的最少张数为 $t/100$，所需 50 元面额人民币的最少张数为 $(t\%100)/10$，以此类推。

程序如下：

```
#include <stdio.h>
int main()
{
    int a[50],total=0;              /* 使用 total 存放工资总额 */
    int m100=0,m50=0,m10=0,m5=0,m1=0;
    int i,n,t;
    printf("How many mens? \n");
    scanf("%d",&n);
    for(i=0;i<n;i++)
    {
    scanf("%d",&a[i]);              /* 输入第 i+1 名职工的工资 */
        t=a[i]; total+=t;           /* 计算工资总额 */
        m100+=t/100; t%=100;        /* 统计 100 元面额人民币的最少张数 */
        m50+=t/50; t%=50;           /* 统计 50 元面额人民币的最少张数 */
```

```
            m10+=t/10; t%=10;
            m5+=t/5; t%=5;
            m1+=t;
    }
    printf("total=%d\n", total);
    printf("m100=%d   m50=%d   m10=%d   m5=%d   m1=%d\n",
            m100,m50,m10,m5,m1);
    return 0;
}
```

6. 假设有 $n(n\leqslant20)$ 名学生，每人考 $m(m\leqslant5)$ 门课，求每名学生的平均成绩和每门课的平均成绩，并输出每门课的成绩均在平均成绩以上的学生的编号。

分析：定义数组 s 的大小为 21×6，使用 s[i][j]($1\leqslant i\leqslant n$，$1\leqslant j\leqslant m$)存放第 i 名学生的第 j 门课的成绩，使用 s[i][0]存放第 i 名学生的平均成绩，使用 s[0][j]存放第 j 门课的平均成绩。

程序如下：

```
#include<stdio.h>
int main()
{    float s[21][6],t;
    int n,m,i,j,flag;
    printf("input n   m: ");
    scanf("%d%d",&n,&m);
    for(i=1;i<=n;i++)
    { s[i][0]=0;
        for(j=1;j<=m;j++)
            { scanf("%f",&s[i][j]); s[i][0]+=s[i][j];}
        s[i][0]/=m;
    }
    for(j=1;j<=m;j++)
    {    s[0][j]=0;
        for(i=1;i<=n;i++)   s[0][j]+=s[i][j];
        s[0][j]/=n;
    }
    printf("the student over the average:\n");
    for(i=1;i<=n;i++)
    {    flag=1;
        for(j=1;j<=m;j++)
            if(s[i][j]<s[0][j]) flag=0;
        if(flag) printf("%d    ",i);
    }
    return 0;
}
```

7. 输入一个字符串，统计其中数字字符出现的次数。

分析：判断字符 ch 是否为数字字符的表达式是 ch>='0'&&ch<='9'。

程序如下：

```
#include<stdio.h>
int main()
{    char str[81];
```

```
        int i=0,n=0;
        gets(str);
        while(str[i]!='\0')
        {   if(str[i]>='0'&&str[i]<='9') n++;
            i++;
        }
        printf("n=%d\n",n);
        return 0;
}
```

8. 输入一个字符串，判断它是不是 C 语言中的合法标识符。

分析：C 语言中的合法标识符由字母、下画线及数字组成，且数字不能是第一个字符。

程序如下：

```
#include<stdio.h>
int main()
{   char c[81];
    int i=0,n=0;
    gets(c);
    while(c[i++]!='\0') n++;                    /* 计算字符串的长度 */
    if(!(c[0]=='_'||c[0]>='A'&&c[0]<='Z'||c[0]>='a'&&c[0]<='z'))
            {printf("No\n"); exit(0); }         /* 若第一个字符不是字母或下画线，则不是标识符 */
    for(i=1;i<n;i++)
        if(!(c[i]=='_'||c[i]>='A'&&c[i]<='Z'||c[i]>='a'&&c[i]<='z'|| c[i]>='0'&&c[i]<='9'))
                {printf("No\n"); exit(0); }/* 若其中的某个字符不是下画线、字母或数字，则不是标识符 */
    printf("Yes\n");
    return 0;
}
```

9. 输入一个字符串并保存到字符数组中，查找其中最大的那个元素，在这个元素的后面插入字符串"(max)"。

分析：将输入的字符串存放在数组 c 中，首先找出最大元素的下标，假设为 k。为了将字符串"(max)"插到 $c[k]$ 之后，必须将 $c[k]$ 之后的所有元素往后移 5 个位置。如果使用 strcpy 函数移动元素，那么还需要考虑到字符串结束标志'\0'。

程序如下：

```
#include<stdio.h>
#include<string.h>
int main()
{   char c[81];
    int i,n,max,k;
    gets(c);
    i=n=0;
    while(c[i++]!='\0') n++;             /* 计算字符串的长度 */
    max=c[0]; k=0;                       /* k 表示最大元素的下标 */
    for(i=1;i<n;i++)
        if(max<c[i]){ max=c[i];k=i;}
    strcpy(&c[k+7],&c[k+1]);             /* 将 c[k+1]及之后的所有元素后移 5 个位置 */
    strcpy(&c[k+1],"(max)");             /* 将"(max)"插到 c[k]之后 */
    strcpy(&c[k+6],&c[k+7]);             /* 将"(max)"之后的'\0'删除 */
```

```
    puts(c);
    return 0;
}
```

10. 学校要举行校园歌手大赛，请为大赛组委会编写一个程序，计算并输出每位歌手的平均分。要求输入并显示每位评委的评分。评委人数比较多(不妨假设为 10 人)，按比赛规则，去掉两个最高分和两个最低分，计算歌手的最终平均分。

程序如下：

```c
#include<stdio.h>
# define   N   10                                    /* 宏定义 N，评委人数 */
int main()
{
    float J[N],sum,ave,t;
    int i,j,k,n;
    while(1)
    {
        printf("评分程序已启动，输入-1 退出系统！\n");
        printf("\n 请输入歌手号码：");
        scanf("%d",&n);
        if(n==-1) break;

        printf("\n 请输入每位评委的评分：\n");
        for(i=0;   i<N ;   i++)                       /* 采集评委评分 */
        {
            printf("%d  号评委的评分是：",i+1);
            scanf("%f", J+i);
        }

        for(i=0;i<N-1;i++)                            /* 评委评分排序 */
        {
            k=i;
            for(j=i+1;j<N;j++)
                if(J[k]>J[j])
                    k=j;
            t=J[k];J[k]=J[i];J[i]=t;
        }

        sum=0.0;
        for(i=2;i<N-2;i++)                            /* 去掉 2 个最高分和两个最低分后的平均分 */
            sum=sum+J[i];
        ave=(sum)/(N-2*2) ;

        printf("去掉 2 个最高分，去掉 2 个最低分，%d 号歌手的最终得分为:%.2f\n\n",n,ave);
    }
    return 0;
}
```

第 7 章 习题解答

一、选择题

1. C，分析：C 语言对 main 函数和其他函数在程序中的位置没有要求，程序总是从 main 函数开始执行，因此选项 A 和 D 是错的；因为不能在一个函数的内部再定义另一个函数，所以选项 B 也是错的。

2. B，分析：函数可以没有参数，所以选项 A 是错的。选项 C 也是错的，如果函数 f 有返回值，那么虽然可以使用 f(f(x)) 的形式进行调用，但这不是递归调用，递归调用是指在定义函数时让函数调用自身。函数可以没有返回值，所以选项 D 是错的。

3. D，分析：语句 return(a,b); 只能返回一个值，(a,b) 是逗号表达式。

4. C，分析：C 语言规定，函数在定义时如果省略返回值的类型说明符，那么函数默认为 int 类型。

5. A，分析：max 函数只有两个实参，一个是逗号表达式(a,b)，另一个是函数 max((c,d),e)。

6. A，分析：可以在函数的复合语句中定义变量，但这些变量仅在定义它们的复合语句中有效。

7. C，分析：第一次调用 f(3) 时，将 3 传递给 x，执行语句 x+=k--;，得到的 x 值是 3；k 是局部静态变量，其值变为 -1；执行语句 return x; 后得到返回值 3。再次调用 f(3)，过程与前面类似，注意 k 的值是 -1，得到返回值 2。

8. A，分析：i=2，执行 p=f(i,i+1);，也就是执行 p=f(2,3);，将 2、3 分别传给 a、b；执行 if 语句，由于 a>b 为假且 a==b 为假，因此执行 c=-1;，函数的返回值为 -1，此时 p=-1。

9. D，分析：函数只能将实参的值传给形参变量，而不能将形参的值传给实参变量。也就是说，只能进行单向传递。main 函数中的变量 c 没有赋值，其值是不确定的。

10. B，分析：函数递归调用的过程可分为递归过程和回溯过程两个阶段。

(1) 递归过程，将原始问题不断转换为规模更小且处理方式相同的新问题。

(2) 回溯过程，从已知条件出发，沿递归的逆过程，逐一求值并返回，直至递归初始处，完成递归调用。

函数 fun(4,2) 的执行过程如下：

```
递归执行 return fun(3,1);  ---->  递归执行 return fun(2,0);
回溯执行 return 2;          <----  回溯执行 return 2;
```

二、填空题

1. 主函数(或 main 函数)   2. 声明   3. 对实参进行类型转换

4. 12，分析：fun6 函数的参数和返回值都是 unsigned 类型，即无符号基本整型。fun6 函数的功能是将一个无符号整数的各个位上的数字相乘，并将结果作为返回值。

5. 9.000000，分析：当调用 sub(b$-$a,a,a)，也就是调用 sub(6.5,2.5,2.5) 时，系统会将实参的值传给形参，使 x=6.5、y=2.5、z=2.5，执行语句 z=z+x; 后，z=9.0，返回值为 9.000000。注意，sub 函数中的语句 y-=1.0; 无意义，因而 sub 函数的第二个参数 y 也无意义。

6. 4，分析：定义函数时，返回值的类型可省略，此时函数隐含为 int 类型。调用函数 fun1(11,19)

时，系统会将实参的值传给形参，使 a=11、b=19，执行语句 a+=a;b+=b;后，a=22、b=38；执行语句 c=fun2(a,b);时，系统会调用函数 fun2(22,38)，将实参的值传给形参，使 a=22、b=38，执行语句 c=a*b%3;，也就是执行语句 c=22*38%3;，执行后，c=2，返回到 fun2 函数的调用处，也就是 fun1 函数中的 c=fun2(a,b);处，得到 c=2，将 c*c 的值(结果为 4)返回到主函数中的 fun1 函数调用处。

7. 15，分析：当包含静态变量的函数调用结束后，静态变量的存储空间因为没有被释放，所以其值仍然存在。当再次调用该函数时，静态变量上次调用结束时的值将作为此次调用的初值使用。

第 1 次调用：s=fun(1)=1; t=1;
第 2 次调用：s=fun(2)=3; t=3;
第 3 次调用：s=fun(3)=6; t=6;
第 4 次调用：s=fun(4)=10; t=10;
第 5 次调用：s=fun(5)=15; t=15;

三、编程题

1. 编写函数，计算正整数的各位数字之和。

分析：对于整数 x，个位上的数字为 x%10，十位上的数字为(x/10)%10，以此类推。具体的实现算法可描述为：

(1) s=0;
(2) s=s+x%10;
(3) x=x/10;
(4) 如果 x==0，结束，否则转到步骤(2)。

程序如下：

```
#include <stdio.h>
int sum(long x)
{    int s=0,i,j;
     do {s+=x%10; x/=10;} while(x>0);
     return s;
}
int main()
{    long a;
     scanf("%ld",&a);
     printf("sum=%d\n",sum(a));
     return 0;
}
```

2. 编写程序，输出 3 个数中的最小值，要求通过编写函数来求两个数中的较小值。

分析：编写函数 int min(int x, int y)，使返回值为 x 和 y 中的较小值；在主函数中输入 3 个数 a、b、c，输出 min(min(a,b),c)即可。

程序如下：

```
#include <stdio.h>
int min(int x,int y)
{    if(x<y)return x;
```

```
        else return y;
    }
    int main()
    {   int a,b,c;
        scanf("%d%d%d",&a,&b,&c);
        printf("The smallest: %d\n",min(min(a,b),c));
        return 0;
    }
```

3. 编写程序，连续将某个字符输出 *n* 次后换行(该字符和 *n* 的值由主调函数指定)。

分析：编写函数 void pc(char c, int n)，在函数体中循环调用 *n* 次库函数 putchar(c)，即可输出 *n* 个字符 c。void 表示返回值为空，因为 pc 函数的功能已在函数体中完成，不需要返回值。

程序如下：

```
#include <stdio.h>
void pc(char c,int n)
{   int i;
    for(i=0;i<n;i++)putchar(c);
    putchar('\n');
}
int main()
{   char ch;
    ch=getchar();
    pc(ch,10);
    return 0;
}
```

4. 输入 5 个实数，分别对这 5 个实数的小数点后的第一位数进行四舍五入，并在转换成整数后进行累加。要求编写函数 long round(float x)，实现把实数的小数点后的第一位数四舍五入成整数的操作。

分析：要将一个实数的小数点后的第一位数四舍五入成整数，可以使用表达式(int)(x+0.5)来实现。换言之，对这个实数加 0.5 并取整即可。

程序如下：

```
#include <stdio.h>
long round(float x)
{    return (int)(x+0.5);        /* 将 x 的第一位小数四舍五入 */
}
int main()
{   float x; long s=0;   int i;
    for(i=0;i<5;i++)
    {   scanf("%f",&x);
        s=s+round(x);
    }
    printf("s=%ld\n",s);
    return 0;
}
```

5. 编写程序，在 main 函数中输出 1!+2!+3!… +15!的值。要求将计算阶乘的运算写成函数。

分析：编写函数 double jc(int n)，15!是很大的数,用整型无法表示,所以我们选择使用 double

类型。

程序如下：

```
#include <stdio.h>
double jc(int n)
{    double p=1;
     int i;
     for(i=1;i<=n;i++) p=p*i;
     return p;
}
int main()
{    double s=0;   int i;
     for(i=1;i<=15;i++) s=s+jc(i);
     printf("s=%18.0f\n",s);
     return 0;
```

6. 编写函数 int digit(long *n*, int *k*)，作用是返回 *n* 中从右边开始的第 *k* 位数字的值。例如，digit(231456,3)的返回值为 4，digit(1456,5)的返回值为 0。

分析：循环执行 *k* − 1 次 n=n/10，n%10 即为所求。

程序如下：

```
#include <stdio.h>
int digit(long n,int k)
{    int i;
     for(i=1;i<k;i++) n=n/10;        /* 将 n 的第 k 位数字变成个位上的数字 */
     return n%10;                    /* 返回个位上的数字 */
}
int main()
{    long m;   int i;
     scanf("%ld%d",&m,&i);
     printf("%d\n",digit(m,i));
     return 0;
}
```

7. 输入 5 个数，要求编写一个排序函数，作用是按绝对值从大到小进行排序。在 main 函数中输入 5 个数，输出排序后的这 5 个数。

分析：使用选择排序法编写函数 sort。

程序如下：

```
#include <stdio.h>
#include <math.h>
#define N 5
void sort(int a[],int n)
{    int i,j,k,t;
     for(i=0;i<n-1;i++)
     {    k=i;
          for(j=i+1;j<N;j++) if(fabs(a[j])>fabs(a[k])) k=j;
          t=a[k]; a[k]=a[i]; a[i]=t; }
}
int main()
```

```
{    int a[N],i;
     for(i=0;i<N;i++) scanf("%d",&a[i]);
     sort(a,N);
     for(i=0;i<N;i++) printf("%d   ",a[i]);
     printf("\n");
     return 0;
}
```

8. 编写函数，计算 x^n(可以使用两种方法：非递归方法和递归方法)。

分析：

(1) 用非递归方法编写函数 float pow1(float x, int n)，设 $y=1$，循环执行 n 次 $y=y*x$，y 的值就是 x^n。

(2) 用递归方法编写函数 float pow2(float x, int n)，当 $n==0$ 时返回 1.0，否则返回 pow2 $(x,$ $n-1)*x$。

程序如下：

```
#include <stdio.h>
float pow1(float x,int n)        /* 非递归方法 */
{    int i;float y=1;
     for(i=0;i<n;i++) y=y*x;
     return y;
}
float pow2(float x,int n)        /* 递归方法 */
{    int i;float y=1;
     if(n==0) return 1.0;
     else return pow2(x,n-1)*x;
}
int main()
{    float x; int n;
     scanf("%f%d",&x,&n);
     printf("%f   %f\n",pow1(x,n),pow2(x,n));
     return 0;
}
```

9. 编写函数，判断正整数 a 是否为完数。如果是完数，函数的返回值为 1，否则返回值为 0(完数的定义：一个数的所有因子之和等于这个数本身。例如，6 和 28 就是完数；6=1+2+3，28=1+2+4+7+14)。

分析：编写函数 int fun(long x)，用于判断 x 是不是完数，对 x 的所有因子进行求和。如果结果等于 x，返回 1，否则返回 0。

程序如下：

```
#include <stdio.h>
int fun(long x)
{    int s=0,i,j;
     for(i=1;i<x;i++) if(x%i==0) s=s+i;
     if(s==x) return 1;
     else return 0;
}
int main()
```

```
{    long a;
     scanf("%ld",&a);
     if(fun(a)) printf("%d: Yes\n",a);
     else printf("%d: No\n",a);
     return 0;
}
```

10. 编写函数，完善第 6 章编程题中的第 10 题，使得校园歌手大赛的评分程序的逻辑更清晰，结构更合理，更具通用性。

其中各函数原型及功能如下：

void input(float a[],int n)：向数组 a 输入 n 个数。

void order(float a[],int n)：对数组 a 的数值排序。

float average(float a[],int n,int m)：去掉有序数组 a 中前 m 个数和后 m 个数后求平均值。

程序如下：

```
#include <stdio.h>
# define   N   10                     /* 宏定义 N，评委人数 */
void input(float a[],int n)           /* 向数组 a 输入 n 个数 */
{    int i;
     printf("\n 请输入每位评委的评分：\n");
     for(i=0;i<n;i++)
     {
         printf("%d  号评委的评分是：",i+1);
         scanf("%f", a+i);
     }
}
void order(float a[],int n)           /* 对数组 a 的数值排序 */
{    int i,k,t,j;
     for(i=0;i<n-1;i++)
     {
         k=i;
         for(j=i+1;j<n;j++)
              if(a[k]>a[j])
                    k=j;
         t=a[k];a[k]=a[i];a[i]=t;
     }
}
float average(float J[],int n,int m)  /* 去掉有序数组 J 中 m 个最高分和 m 个最低分后求平均分 */
{    float sum=0,ave;
     int i;
     for(i=m;i<n-m;i++)
         sum=sum+J[i];
     ave=(sum)/(n-2*m) ;
     return ave;
}
int main()
{
     float J[N],ave;
     int i=0,m,n;
```

```
        printf("\n 评分程序已启动，去掉几个最高分和最低分？ ");
        scanf("%d",&m);
        while(1)
        {
            printf("\n 输入-1 退出系统！ ");
            printf("\n\n 请输入歌手号码： ");
            scanf("%d",&n);
            if(n==-1) break;

            input(J,N);
            order(J,N);
            ave=average(J,N,m);
            printf("\n%d 号歌手最终得分为:%.2f\n\n",n,ave);
        }
        return 0;
}
```

第 8 章　习题解答

一、选择题

1. D，分析：使用#include 包含的头文件的后缀是任意的，所以选项 A 是错的；如果对一个头文件进行了修改，那么包含这个头文件的源程序必须重新进行编译，选项 B 错；宏命令不是 C 语句，选项 C 错。

2. D，分析：宏定义的格式是"#define　宏名　字符串"。其中，宏名的前后有空格，所以选项 A、B、C 都是错的。

3. C，分析：字符串中的 div(x,y)不用替换，所以只有选项 C 是对的。

4. C，分析：当定义带参数的宏以计算两个表达式的乘积时，应将两个表达式用圆括号括起来，所以选项 A 和 B 不对；选项 D 中的格式不对；只有选项 C 对。

5. D，分析：头文件 string.h 中有关于库函数 strcmp 的原型说明。

6. A，分析：语句 k=10*MIN(i,j); 在进行宏展开后变为 k=10*(i)<(j)?(i):(j);，即 k=100<15?10:15;，即 k=15。

7. C，分析：宏 NUM 展开后为(M+1)*M/2，再展开后为(N+1+1)*N+1/2，再展开后为(2+1+1)*2+1/2，也就是 8。所以，for 循环的执行条件为 i≤8，循环共执行 8 次。

8. A，分析：s=f(a+1)=a+1*a+1*a+1=10，t=f((a+1))=(a+1)*(a+1)*a+1)=64。

二、填空题

1. (y%4==0)&&(y%100!=0)||(y%400==0)，分析：闰年必须符合以下条件之一：①能被 4 整除，但不能被 100 整除；②能被 400 整除。

2. 求 a、b、c、d 中的最大值

3. #define BIGC(x) (x>='A'&&x<='Z'?x+32:x)，分析：如果 x 是大写字母，那么对应的小写字母的 ASCII 码值为 x+32。

4. #define SWAP(a,b) {int t; t=a;a=b;b=t;}

三、编程题

1. 输入两个整数，求它们相除的余数。要求使用带参数的宏来实现。
程序如下：

```
#include<stdio.h>
#define RM(a,b) a%b
int main()
{    int a,b;
     printf("a,b=");
     scanf("%d,%d",&a,&b);
     printf("%d\n",RM(a,b));
     return 0;
}
```

2. 输入 5 个整数，输出其中绝对值最小的那个整数。要求定义带参数的宏，用于找出 3 个整数中绝对值最小的那个整数。

分析：可利用库函数 abs 求整数的绝对值。

程序如下：

```
#include <stdio.h>
#include <math.h>
#define S(a,b) (abs(a)<abs(b)?a:b)
#define MIN(a,b,c) (abs(S(a,b))<abs(c)?S(a,b):c)
int main()
{    int a,b,c,d,e;
     scanf("%d%d%d%d%d",&a,&b,&c,&d,&e);
     printf("The smallest: %d\n", MIN(MIN(a,b,c),d,e));
     return 0;
}
```

第 9 章　习题解答

一、选择题

1. A，分析：在选项 B 中，赋值运算符的左边是地址，右边是数值，错误；在选项 C 中，赋值运算符的左边是数值，右边是地址，错误；选项 D 也是错误的，因为*运算符的后面只能是地址，但 x 是整型变量而不是地址。

2. C，分析：在选项 A 中，赋值运算符的左边是指针变量，右边是实型变量，错误；在选项 B 中，赋值运算符右边的 d 没有定义，错误；选项 D 中的 p 不是我们想要定义的指针变量，错误。

3. A

4. C，分析：题目中有 3 条语句。第一条语句是定义语句，将&a 赋给 pa，pa 指向 a。第二条语句是赋值语句*pa*=3;，即 a*=3;，即 a=a*3;，因此 a=4.5。第三条语句也是赋值语句，作用是使 pa 指向 b，因此*pa 是 3.5。综上可知，选项 B 是错的，而选项 C 是对的。pa 是指针变量，所以选项 A 和 D 也是错的。

5. D，分析：将两个地址相减后得到的是一个整数，由于 p 的值是 a，它们指向同一地址，因此 p–a 的结果是 0，选项 A 是对的；选项 B 是对的，因为*(&a[i])即 a[i]；选项 C 是对的，因为 p 和 a 指向同一地址，p[i]即 a[i]；选项 D 中的*(*(a+i))即*(a[i])，这是错误的，因为*运算符的后面只能是地址。

6. D，分析：选项 A 中的*a 即 a[0]，即&a[0][0]，正确；选项 B 中的*(* (a+2)+3)即*(a[2]+3)，即 a[2][3]，正确；选项 C 正确；选项 D 错误，因为数组名是常量，而++运算符只能用于变量。

7. A，分析：指针运算符*和自增运算符++的优先级相同，结合性也都是自右向左，所以表达式 c=*p++等价于 c=*(p++)，先将*P 赋给 c，之后 p 自增 1。

8. D，分析：选项 A 中的 p2 是二级指针变量，而 s 是行指针，指向长度为 15 的字符型一维数组，两者的类型不同，因而不能赋值；选项 B 中的 y 是指向整型变量的指针，而*s(即 s[0]，即&s[0][0])是指向字符型变量的指针，两者的类型不同，也不能赋值；选项 C 中的*p2 是字符型指针，而 s 是行指针，两者的类型不同，同样不能赋值。

9. B

10. D，分析：行指针加上整数后仍是行指针，经*运算后变成列指针(即数组元素指针)；列指针加上整数后仍是列指针，列指针经*运算后变成数组元素。选项 A 中的 cp+1 等于 c[1]，是行指针，但不是数组元素；选项 B 中的*(cp+3)等于&c[3][0]，不是数组元素；选项 C 中的*(cp+1)+3 等于&c[1][3]，也不是数组元素；选项 D 中的**(cp+2)等于 c[2][0]，是数组元素。

11. C　　　　　　　　12. A，分析：*(p+2)为 a[2]。

13. C，分析：for 语句循环执行 3 次，因此 y=1+4+6+8，即 y=19。

14. A，分析：给数组 aa 赋完初值后，aa[0][0]=2，aa[1][0]=4，aa[2][0]=6，其他数组元素为 0。第一次执行 for 循环体(i=0)时，执行 aa[0][1]=*p+1，即 a[0][1]=aa[0][0]+1，即 a[0][1]=3，并输出*p，即输出 aa[0][0]=2；第 2 次执行 for 循环体(i=1)时，执行++p，使 p 指向 aa[0][1]，并输出*p，即输出 aa[0][1]=3；所以选项 A 正确。

二、填空题

1. max(int a,int b)　　　　2. 110

3. 6，分析：输出结果是第 3 次执行 for 循环体(y=2)时 z 的值，z=(6<8)?6:8，即 z=6。

4. 3，分析：主函数中的 for 循环用于给数组 s 赋值，使 a[1]='C'、a[2]='D'、a[3]='E'、a[4]='F'、a[5]='G'。接下来调用 fun(s,'E',N)，将实参的值传给形参，然后执行语句*s=a;，使主函数中的 a[0]='E'; while 循环中的循环条件为 a<s[j]，即'E'<s[j]。因此，当 j=5 时开始循环，当 j=3 时结束循环，fun 函数的返回值为 3。

5. SO，分析：for 循环共循环两次。第 1 次循环(i=3)时输出*p[3]，即字符'S'，因为 p[3]就是字符'S'的地址；第 2 次循环(i=1)时输出*p[1]，即字符'O'。

6. 7，1，分析：虽然 ast 函数的返回值为整数，但这并不确定，因为没有 return 语句。ast 函数会通过两个指针型参数带回两个整数。当调用函数 ast(a,b,&c,&d)时，系统会将实参分别传给相应的形参，使 x=4、y=3、cp=&c、dp=&d；然后执行语句*cp=x+y;，即*cp=7;，即主函数中的 c=7;；继续执行语句*dp=x－y;，即*dp=1;，即主函数中的 d=1;。最后输出 c 和 d 的值。

7. 8，分析：函数 fun(6,&x)是递归函数，其功能是求 Fibonacci 数列(1、1、2、3、5、8、…)的第 6 项。递归调用过程如下：

第 1 次，调用 fun(6,&x)，n=6，调用 fun(5,&f1)和 fun(4,&f2)。

第 2 次，调用 fun(5,&x)，*n*=5，调用 fun(4,&f1)和 fun(3,&f2)。
第 3 次，调用 fun(4,&x)，*n*=4，调用 fun(3,&f1)和 fun(2,&f2)。
第 4 次，调用 fun(3,&x)，*n*=3，调用 fun(2,&f1)和 fun(1,&f2)。
第 5 次，调用 fun(2,&x)，*n*=2，得到 x=1。
第 6 次，调用 fun(1,&x)，*n*=1，得到 x=1。
推出 fun(3,&x)中的 x=2。
推出 fun(4,&x)中的 x=3。
推出 fun(5,&x)中的 x=5。
推出 fun(6,&x)中的 x=8。

三、编程题(要求使用指针完成)

1. 输入 3 个整数，按从小到大的顺序输出。
程序如下：

```
#include<stdio.h>
int main()
{    int a,b,c,*p1=&a,*p2=&b,*p3=&c,*p;
     scanf("%d%d%d",p1,p2,p3);
     if(*p1>*p2) {p=p1;p1=p2;p2=p;}
     if(*p1>*p3) {p=p1;p1=p3;p3=p;}
     if(*p2>*p3) {p=p2;p2=p3;p3=p;}
     printf("%d %d %d\n",*p1,*p2,*p3);
     return 0;
}
```

2. 输入 5 个数，按绝对值从小到大进行排序后输出。
分析：库函数 fabs 用于求实数的绝对值，所在的头文件为 math.h。这里使用选择排序法。
程序如下：

```
#include <stdio.h>
#include <math.h>
#define N 5
int main()
{    float a[N],t; int i,j,k;
     printf("input %d numbers:\n",N);
     for(i=0;i<N;i++) scanf("%f",a+i);   /* a+i 为&a[i] */
     for(i=0;i<N-1;i++)
     {    k=i;
          for(j=i+1;j<N;j++) if(fabs(*(a+j))<fabs(*(a+k))) k=j;
          t=*(a+k); *(a+k)=*(a+i); *(a+i)=t; }
     for(i=0;i<N;i++) printf("%.2f   ",*(a+i));
     printf("\n");
     return 0;
}
```

3. 编写程序，将一个字符串中的所有小写字母转换为相应的大写字母，其余字符不变。
分析：可编写函数 fun 来完成字母的大小写转换，fun 函数的参数为字符型指针变量 p，利用指针变量 p，即可通过循环语句对字符串中的每个字符进行操作。若为小写字母，则转换为对应的大写字母，其他字符不变。

程序如下：

```
#include <stdio.h>
void fun(char *p)
{
    while(*(p)!='\0') {if(*p>='a'&&*p<='z') *p-=32; p++;}
}
int main()
{   char a[81];
    printf("input a string:\n");
    gets(a);
    fun(a);
    puts(a);
    return 0;
}
```

4. 编写程序，求一维数组中的最大值及最小值。请适当选择参数，以便将求得的最大值及最小值传递给 main 函数。

分析：可编写函数 maxmin 来求一维数组中的最大值及最小值，因为不需要通过函数名带回数据，所以 maxmin 函数可设为 void 类型；形参 x 指向数组，形参 n 表示数组元素的个数，形参 max 和 min 分别指向存放最大值和最小值的整型变量。

程序如下：

```
#include<stdio.h>
void maxmin(int *x, int n,int *max, int *min)
{   int i;
    *max=*min=*x;
    for(i=1;i<n;i++)
    {   if(*(x+i)>*max) *max=*(x+i);
        if(*(x+i)<*min) *min=*(x+i);
    }
}
int main()
{   int a[10]={1,4,8,3,23,11,9,5,2,10};
    int max,min;
    maxmin(a,10,&max,&min);
    printf("max=%d, min=%d\n",max,min);
    return 0;
}
```

5. 求一维数组中的最大值。要求编写一个能够返回最大值所在地址的函数。

分析：假设将要编写的函数名为 max，返回值为指针类型，参数 x 指向一维数组，参数 n 表示数组元素的个数。

程序如下：

```
#include<stdio.h>
int *max(int *x, int n)
```

```
{    int i,*p;
     p=x;
     for(i=1;i<n;i++) if(*(x+i)>*p) p=x+i;
     return p;
}
int main()
{    int a[10]={1,4,8,3,25,11,9,5,2,10};
     int *pmax;
     pmax=max(a,10);
     printf("max=%d\n",*pmax);
     return 0;
}
```

6. 编写程序，将字符串中连续的相同字符仅保留 1 个(如字符串"a bb   cccd   ddd   ef"经处理后变为"a b cd d ef")。

分析：编写函数 del_sm，作用是将字符串中连续的相同字符仅保留 1 个，这个函数没有返回值，参数 p 指向字符串的首地址。可利用循环语句依次对字符串中连续的两个字符进行比较，若相同，就删掉一个。例如，若 p1 指向的字符与其之后的字符相同，即满足条件*p1==*(p1+1)，就使用库函数 strcpy 删掉其中之一，即执行 strcpy(p1,p1+1);语句。

程序如下：

```
#include<stdio.h>
void del_sm(char *p)
{    char *p1;p1=p;
     while(*p1!='\0')
          if(*p1==*(p1+1)) strcpy(p1,p1+1);
          else p1++;
}
int main()
{    char a[81]";
     gets(a);
     del_sm(a);
     puts(a);
     return 0;
}
```

7. 编写程序，将 float 型二维数组的每一行元素除以该行中绝对值最大的元素。

分析：可使用库函数 fabs 计算实数的绝对值，fabs 库函数所在的头文件为 math.h，这里需要编写两个函数。

第一个函数为 float max(float *p, int n)，参数 p 表示二维数组的某一行中第一个元素的地址，因而这一行中的第一个元素为*p，第二个元素为*(p+1)，以此类推；参数 n 表示二维数组中一行元素的个数，max 函数的返回值为这一行中绝对值最大的那个元素的绝对值。

第二个函数为 void fun(float a[][4],int m, int n)，参数 a 表示二维数组，同时也是行指针变量，每行 4 个元素。当调用 fun 函数时，若将二维数组的数组名传给 a，则*a 表示第一行的第一个元素的地址，*(a+1)表示第二行的第一个元素的地址，以此类推；参数 m 表示行数，参数 n 表示列数，fun 函数没有返回值，其功能是将二维数组 a 的每一行元素除以该行中绝对值最大的元素。

程序如下：

```
#include<stdio.h>
#include<math.h>
float max(float *p, int n)
{    int i;
     float m;
     m=fabs(*p);          /* 求第一个元素的绝对值 */
     for(i=1;i<n;i++) if(fabs(*(p+i))>m) m=fabs(*(p+i));
     return m;
}
void fun(float a[][4],int m, int n)
{    float x;
     int i,j;
     for(i=0;i<m;i++)
     {    x=max(*(a+i),n);          /* 调用 max 函数，求第 i+1 行中绝对值最大的那个元素的绝对值 */
          for(j=0;j<n;j++) *(*(a+i)+j)/=x;          /* a[i][j]/=x */
     }
}
int main()
{    float a[3][4]={{1,2,3,4},{11,12,13,14},{21,22,23,24}};
     int i,j;
     for(i=0;i<3;i++)
     {    for(j=0;j<4;j++) printf("%7.2f",a[i][j]);
          printf("\n");
     }
     fun(a,3,4);
     for(i=0;i<3;i++)
     {    for(j=0;j<4;j++) printf("%7.2f",a[i][j]);
          printf("\n");
     }
     return 0;
}
```

8. 编写程序，将一个 5×5 的矩阵转置。

分析：编写函数 tran(int x[][5],int m,int n)以完成对 5×5 矩阵的转置。形参 x 表示二维数组，同时也是行指针变量；参数 m 表示行数；参数 n 表示列数。tran 函数没有返回值。矩阵转置是指将 x[i][j]和 x[j][i]的值互换，用指针法表示的话，就是将*(*(x+i)+j)和*(*(x+j)+i)的值互换。

程序如下：

```
#include<stdio.h>
void tran(int x[][5], int m,int n)
{    int i,j;    float y;
     for(i=0;i<m;i++)
          for(j=i+1;j<n;j++)
               {   y=*(*(x+i)+j);*(*(x+i)+j)=*(*(x+j)+i); *(*(x+j)+i)=y;}
}
int main()
{    int a[][5]={{1,2,3,4,5},{11,12,13,14,15},{21,22,23,24,25},
               {31,32,33,34,35},{41,42,43,44,45}};
```

```
    int i,j;
    for(i=0;i<5;i++)
    {   for(j=0;j<5;j++) printf("%4d",a[i][j]);
        printf("\n");
    }
    tran(a,5,5);
    for(i=0;i<5;i++)
    {   for(j=0;j<5;j++) printf("%4d",a[i][j]);
        printf("\n");
    }
    return 0;
}
```

9. 编写程序，观察一个 5×5 的二维数组，将每一行中的最大值按一一对应的顺序放入一维数组中。以二维数组 int a[5][5]和一维数组 s[5]为例，这里需要将数组 a 中第 1 行的最大值存入 s[0]，将数组 a 中第 2 行的最大值存入 s[1]，以此类推。

分析：编写函数 fun(int a[][5],int s[],int m,int n)以完成上述功能。形参 a 表示二维数组，同时也是行指针变量；形参 s 表示一维数组，同时也是指向 int 型数据的指针变量；参数 m 表示行数；参数 n 表示列数。外循环循环 m 次，目的是将二维数组 a 中每一行的最大值存入一维数组 s 中；内循环循环 n 次，目的是求出一行中的最大值。

程序如下：

```
#include<stdio.h>
void fun(int a[][5],int s[],int m,int n)
{   int i,j,t;
    for(i=0;i<m;i++)
    {   t=*(*(a+i));
        for(j=1;j<n;j++)
            if(*(*(a+i)+j)>t) t=*(*(a+i)+j);
        *(s+i)=t;
    }
}
int main()
{   int a[][5]={{1,2,3,4,5},{11,12,13,14,15},{21,22,23,24,25},
    {31,32,33,34,35},{41,42,43,44,45}};
    int s[5],i,j;
    for(i=0;i<5;i++)
    {   for(j=0;j<5;j++) printf("%4d",a[i][j]);
        printf("\n");
    }
    printf("\n");
    fun(a,s,5,5);
    for(i=0;i<5;i++)
        printf("%4d",s[i]);
    printf("\n");
    return 0;
}
```

第 10 章　习题解答

一、选择题

1. B，分析：在选项 B 中，stu 是结构体变量名，不是结构体类型名。

2. A，分析：选项 A 中的 bir 不是指针，不能使用指向运算符->，应改为 bir.y。

3. C，分析：选项 C 中缺少结构体名 student。

4. D，分析：选项 A 会输出"zhangsan"；选项 B 错误，因为 name 是数组名，同时也是地址，前面不能再加运算符&；选项 C 错误，因为 name[0]是元素，不是地址；选项 D 正确。

5. D，分析：表达式 cnum[0].y/cnum[0].x*cnum[1].x 为 3/1*2，结果为 6。

6. C，分析：由下图可以看出，选项 C 中的语句 y.next=p;可以将 y 节点链接到 x 节点之前。

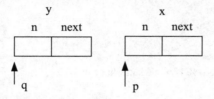

7. B，分析：由下图可以看出，选项 B 正确。

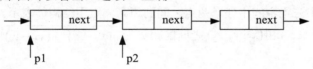

8. A，分析：由下图可以看出，选项 A 正确。

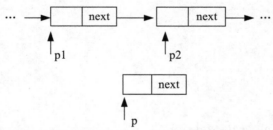

9. B，分析：共用体变量的所有成员占用同一块存储空间，sizeof(a)的值等于共用体变量 a 中占用内存空间最大的成员所需的字节数，在这里是 16 字节。

10. B，分析：数组 s 有 3 个元素——s[0]、s[1]和 s[2]，指针 q 指向数组 s 的第 2 个元素 s[1]。在输出语句中，表达式*(q->p)++的值是*(q->p)，即*(&y)，即 y=2。

11. D，分析：上述程序中的 for 语句以及后面的赋值语句用于给数组 a 赋值，结果如下图所示。可以看出，输出结果为"3,1"。

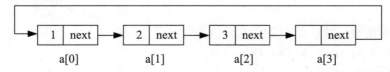

12. B，分析：上述程序使用 typedef 将后面的共用体类型命名为 MYTYPE，然后使用共用体类型 MYTYPE 定义了共用体变量 them，因此 sizeof(them)的值等于共用体变量所占的字节数。

二、填空题

1. 30，分析：变量 a 在内存中占用的字节数是 6+16+8=30(在 VC++ 6.0 编译环境中)。
2. struct st 或 ex　　3. 6　　4. ARRAY a[10],b[10],c[10];　　5. 2,3　　6. 12　6.0

三、编程题

1. 输入某学生两门功课的成绩，计算总成绩和平均成绩并输出(要求使用结构体变量)。
程序如下：

```
#include <stdio.h>
int main()
{    struct student
     { float s1,s2,sum,ave; }stu;
     scanf("%f%f",&stu.s1,&stu.s2);
     stu.sum=stu.s1+stu.s2;
     stu.ave=stu.sum/2.0;
     printf("sum=%.1f,average=%.1f\n",stu.sum,stu.ave);
     return 0;
}
```

2. 编写程序，求三维空间中任意两点之间的距离，点用结构体表示。

分析：两点 (x_1,y_1,z_1) 和 (x_2,y_2,z_2) 之间的距离为 $\sqrt{(x_2-x_1)^2+(y_2-y_1)^2+(z_2-z_1)^2}$，可用库函数 sqrt 求平方根。

程序如下：

```
#include <stdio.h>
#include <math.h>
struct point
{ float x, y, z;};
int main()
{    struct point p1,p2;
     float d;
     printf("Input a point:");
     scanf("%f%f%f",&p1.x,&p1.y,&p1.z);
     printf("Input another point:");
     scanf("%f%f%f",&p2.x,&p2.y,&p2.z);
     d=sqrt((p2.x-p1.x)*(p2.x-p1.x)+(p2.y-p1.y)*(p2.y-p1.y)+(p2.z-p1.z)*(p2.z-p1.z));
     printf("d=%.2f\n",D);
     return 0;
}
```

3. 编写程序，使用结构体类型实现复数的加、减、乘、除运算，每种运算要求使用函数来完成。

分析：复数的加、减、乘、除运算公式如下。

$(a+bi)+(c+di)=(a+c)+(b+d)i$

$(a+bi)-(c+di)=(a-c)+(b-d)i$

$(a+bi)\times(c+di)=(ac-bd)+(bc+ad)i$

264

$$(a+b\mathrm{i})\div(c+d\mathrm{i})=\frac{ac+bd}{c^2+d^2}+\frac{bc-ad}{c^2+d^2}\mathrm{i}$$

程序如下：

```c
#include <stdio.h>
struct complex
{    float real, imag;};
struct complex add(struct complex a,struct complex b)
{    struct complex c;
     c.real=a.real+b.real;
     c.imag=a.imag+b.imag;
     return c;
}
struct complex sub(struct complex a,struct complex b)
{    struct complex c;
     c.real=a.real-b.real;
     c.imag=a.imag-b.imag;
     return c;
}
struct complex mul(struct complex a,struct complex b)
{    struct complex c;
     c.real=a.real*b.real-a.imag*b.imag;
     c.imag=a.real*b.imag+a.imag*b.real;
     return c;
}
struct complex div(struct complex a,struct complex b)
{    struct complex c;
     float t;
     t=b.real*b.real+b.imag*b.imag;
     c.real=(a.real*b.real+a.imag*b.imag)/t;
     c.imag=(b.real*a.imag-a.real*b.imag)/t;
     return c;
}
int main()
{    struct complex x,y,s1,s2,s3,s4;
     printf("Input a complex number:");
     scanf("%f%f",&x.real,&x.imag);    /* 输入复数的实部和虚部 */
     printf("Input another complex number:");
     scanf("%f%f",&y.real,&y.imag);
     s1=add(x,y);
     s2=sub(x,y);
     s3=mul(x,y);
     s4=div(x,y);
     printf("The sum is: %.1f%+.1fi\n",s1.real,s1.imag);
     printf("The difference is: %.1f%+.1fi\n",s2.real,s2.imag);
     printf("The product is: %.1f%+.1fi\n",s3.real,s3.imag);
     printf("The quotient is: %.1f%+.1fi\n",s4.real,s4.imag);
     return 0;
}
```

4. 编写程序，输入当天日期后，输出第二天的日期(要求使用结构体类型)。

分析：算法如下。

(1) 确定每个月的天数，可定义 int mm[13]={0,31,28,31,30,31,30,31,31,30,31,30,31};。

(2) 输入年、月、日——y、m、d。

(3) 如果是闰年，那么执行 mm[2]++。

(4) 如果 d+1≤mm[m]，那么执行 d++。

(5) 如果 d+1>mm[m]且 m<12，那么执行 m++并使 d=1。

(6) 如果 d+1>mm[m]且 m=12，那么执行 y++并使 m=1、d=1。

(7) 输出年、月、日——y、m、d。

程序如下：

```
#include<stdio.h>
int main()
{    struct date{int y,m,d;}x;
     int mm[13]={0,31,28,31,30,31,30,31,31,30,31,30,31};
     printf("Input year month day:");
     scanf("%d%d%d",&x.y,&x.m,&x.d);
     if(x.y%4==0&&x.y%100!=0||x.y%400==0)mm[2]+=1;
     if(x.d+1<=mm[x.m]) x.d+=1;
     else if(x.m<12) {x.m+=1;x.d=1;}
          else {x.y+=1; x.m=1;x.d=1;}
     printf("Output year month day:%d, %d, %d\n",x.y,x.m,x.d);
     return 0;
}
```

5. 输入 5 名学生的信息，每名学生的信息包括学号和三门功课的成绩，计算每名学生的总成绩和平均成绩并输出(要求使用结构体变量)。

程序如下：

```
#include <stdio.h>
int main()
{    struct student
     {    int num;                      /* num 表示学号 */
          int score[3],sum;             /* score 数组表示三门功课的成绩, sum 表示总成绩 */
          float ave;                    /* ave 表示平均成绩 */
     }stu[5];
     int i, j;
     for(i=0;i<5;i++)                   /* 输入 5 名学生的信息 */
     {    scanf("%d",&stu[i].num);      /* 输入学号 */
          stu[i].sum=0;
          for(j=0;j<3;j++)             /* 输入三门功课的成绩并求总成绩 */
          {    scanf("%d",&stu[i].score[j]);
               stu[i].sum+=stu[i].score[j];
          }
          stu[i].ave=stu[i].sum/3.0;    /* 求平均成绩 */
     }
     printf("%8s%8s%8s%8s%8s%8s\n","No.","score1","score2","score3","total", "average");
     for(i=0;i<5;i++)
```

```
    {    printf("%8d",stu[i].num);
         for(j=0;j<3;j++)
                printf("%8d", stu[i].score[j]);
         printf("%8d%8.1f\n",stu[i].sum,stu[i].ave);
    }
    return 0;
}
```

第 11 章　习题解答

一、选择题

1. D，分析：C 语言把文件看成字符(字节)序列，选项 D 正确。

2. B，分析：C 语言根据数据的组织形式，将文件分为文本文件和二进制文件。文本文件又称 ASCII 文件，其中的每 1 字节存放了一个 ASCII 码，代表一个字符；二进制文件则把内存中的数据按照它们在内存中的存储形式原样存放到磁盘上。选项 B 正确。

3. C，分析：在 C 语言中，文件既可以顺序存取，也可以随机存取。顺序存取时只能从头开始，顺序读写文件中的数据；随机存取时则可以先将文件内部的位置指针移到需要读写的位置，之后再进行读写。选项 C 正确。

4. C，分析：fgetc 函数能从指定的文件中读入一个字符，但文件必须以读或读写方式打开。选项 C 正确。

5. C，分析：fgets 函数能从 fp 指向的文件中读取一个字符串到字符数组 str 中，所读字符的个数不超过 $n-1$，然后在读入的最后一个字符的后面加上字符串结束标志'\0'，所以选项 A 和 D 是错的，而选项 C 正确；由于 fp 是文件类型的指针，因此选项 B 错误。

6. D　　　　　　　　　　　　　　7. B

8. D，分析：feof 函数用于判断文件是否处于文件结束位置，若文件结束，则返回非零值，否则返回 0。

9. B，分析：\\是转义字符，表示字符\，所以选项 A 和 C 错误；由于 w 表示写、r+表示读写，因此选项 B 正确而选项 D 错误。

10. A

二、填空题

1. 字符或字节　　　　　　　2. fopen 或 fopen()　　　　　　3. ASCII 码

三、编程题

1. 通过键盘输入一段文字(字符)，以字符#结束，将它们保存到文件 ch.txt 中。
程序如下：

```
#include<stdio.h>
int main()
{    FILE *fp;
     char ch;
     fp=fopen("ch.txt","w");
```

```
printf("Input strings:\n");
ch=getchar();
while(ch!='#')
{    fputc(ch,fp);
     ch=getchar();
}
fclose(fp);
return 0;
}
```

2. 将文件 ch.txt 中的信息读出并显示在屏幕上。

程序如下：

```
#include<stdio.h>
int main()
{    FILE *fp;
     char ch;
     fp=fopen("ch.txt","r");
     ch=fgetc(fp);
     while(!feof(fp))
     {    putchar(ch);
          ch=fgetc(fp);
     }
     fclose(fp);
     return 0;
}
```

3. 求 1000 以内的素数，将它们保存到文件 prime.txt 中。

程序如下：

```
#include<stdio.h>
#include<math.h>
int main()
{    FILE *fp;
     int m,n=0,i,k;                        /* n 表示素数的个数 */
     fp=fopen("prime.txt","w");
     for(m=2;m<1000;m++)
     {    k=(int)sqrt(m);
          for(i=2;i<=k;i++)if(m%i==0) break;
          if(i>k)
          {    if(n%10==0)fprintf(fp,"\n");    /* 每行显示 10 个素数 */
               fprintf(fp,"%6d",m);
               n++;
          }
     }
     fprintf(fp,"\n");
     fclose(fp);
     return 0;
}
```

4. 将文件 prime.txt 中的素数读出并显示在屏幕上。

程序如下：

```
#include<stdio.h>
int main()
{    FILE *fp;
     char ch;
     fp=fopen("prime.txt","r");
     ch=fgetc(fp);
     while(!feof(fp))
     {    putchar(ch);
          ch=fgetc(fp);
     }
     fclose(fp);
     return 0;
}
```

5. 有 5 名学生，每名学生有三科成绩，通过键盘输入每名学生的信息(包括学号、姓名、三科成绩)，计算平均成绩，将所有数据保存到文件 stud.dat 中，然后将文件 stud.dat 中的数据读出来显示在屏幕上。

分析：学生的信息可用结构体表示。

程序如下：

```
#include<stdio.h>
#define N    5
struct student
{    int num;              /*  num 表示学号  */
     char name[10];        /*  name 数组表示姓名  */
     int score[3];         /*  score 数组表示三科成绩  */
     float ave;            /*  ave 表示平均成绩  */
}st[N];
int main()
{    FILE *fp;
     int i,j;
     /*  输入数据并求平均成绩  */
     for(i=0;i<N;i++)
     {    scanf("%d%s",&st[i].num,st[i].name);
          st[i].ave=0;
          for(j=0;j<3;j++)
          {    scanf("%d",&st[i].score[j]);
               st[i].ave+=st[i].score[j]/3.0;
          }
     }
     /*  将数据写入文件  */
     fp=fopen("stud.dat","wb");
     for(i=0;i<N;i++)
     {    if(fwrite(&st[i],sizeof(struct student),1,fp)!=1)
          printf("File write error\n");
     }
     fclose(fp);
     /*  将文件中的数据读出并显示在屏幕上  */
```

```
    fp=fopen("stud.dat","rb");
    for(i=0;i<N;i++)
    {    fread(&st[i],sizeof(struct student),1,fp);
         printf("%5d%8s%4d%4d%4d%6.1f",st[i].num,st[i].name,
         st[i].score[0],st[i].score[1],st[i].score[2],st[i].ave);
         printf("\n");
    }
    fclose(fp);
    return 0;
}
```

6. 对 stud.dat 文件中的数据按平均成绩进行排序，然后将排序结果保存到新文件 stud1.dat 中。
程序如下：

```
#include<stdio.h>
#define N 10
struct student
{    int num;
     char name[10];
     int score[3];
     float ave;
}st[N],temp;
int main()
{    FILE *fp;
     int i,j,k,n;
     /* 打开 stud.dat 文件  */
     fp=fopen("stud.dat","rb");
     /* 将 stud.dat 文件中的数据读入数组 st 中并显示在屏幕上  */
     printf("\nIn file stud:\n");
     for(i=0;fread(&st[i],sizeof(struct student),1,fp)!=0;i++)
     {    printf("%5d%8s",st[i].num,st[i].name);
          for(j=0;j<3;j++)
               printf("%4d",st[i].score[j]);
          printf("%6.1f\n",st[i].ave);
     }
     fclose(fp);
     n=i;  /* n 表示数组 st 中包含多少名学生的信息  */
     /* 采用选择排序法，按平均值降序排序  */
     for(i=0;i<n-1;i++)
     {    k=i;
          for(j=i+1;j<n;j++)
               if(st[k].ave<st[j].ave)k=j;
          if(i!=k) {temp=st[i]; st[i]=st[k]; st[k]=temp;}
     }
     /* 输出 stud1.dat 文件中的数据  */
     printf("\nIn file stud1:\n");
     fp=fopen("stud1.dat","wb");
     for(i=0;i<n;i++)
     {    fwrite(&st[i],sizeof(struct student),1,fp);
          printf("%5d%8s",st[i].num,st[i].name);
          for(j=0;j<3;j++)
```

```
                printf("%4d",st[i].score[j]);
            printf("%6.1f\n",st[i].ave);
        }
        fclose(fp);
        return 0;
    }
```

7. 将第 7 章编程题第 10 题的评委评分数据和歌手得分数据保存到文件 defen.txt 中。
程序如下：

```
#include<stdio.h>
# define   N   7                        /* 宏定义 N，评委人数 */

void input(float a[],int n)             /* 输入评委打分 */
{   int i;
    printf("\n 请输入每位评委的评分：\n");
    for(i=0;i<n;i++)
    {
        printf("%d  号评委的评分是：",i+1);
        scanf("%f", a+i);
    }
}
void order(float a[],int n)             /* 对单个选手的打分排序 */
{   int i,k,t,j;
    for(i=0;i<n-1;i++)
    {
        k=i;
        for(j=i+1;j<n;j++)
            if(a[k]>a[j])
                k=j;
        t=a[k];a[k]=a[i];a[i]=t;
    }
}
float average(float J[],int n,int m)    /* 去掉有序数组中 m 个最高分和 m 个最低分后求平均分 */
{   float sum=0,ave;
    int i;
    for(i=m;i<n-m;i++)
        sum=sum+J[i];
    ave=(sum)/(n-2*m) ;
    return ave;
}
void write(FILE *fp,int num[],float a[],int n)  /* 使用文件记录每位选手得分，并对得分排序 */
{   int i,k,t,j;
    fprintf(fp,"歌手得分：\n");
    for(i=0;i<n;i++)
        fprintf(fp,"%d 号歌手最终得分为:%.2f\n",num[i],a[i]);
    for(i=0;i<n-1;i++)
    {   k=i;
        for(j=i+1;j<n;j++)
        if(a[k]<a[j])
            k=j;
```

```
            t=a[k];a[k]=a[i];a[i]=t;
            t=num[k];num[k]=num[i];num[i]=t;
        }
    fprintf(fp,"\n\n 歌手得分排序: \n");
    for(i=0;i<n;i++)
        fprintf(fp,"%d 号歌手:%.2f\n",num[i],a[i]);
}

int main()
{   float J[N],ave[100];
    int i=0,n,m,num[100];
    FILE *fp;
    fp=fopen("defen.txt","w+");
    printf("\n 评分程序已启动, 去掉几个最高分和最低分? ");
    scanf("%d",&m);
    while(1)
    {   printf("\n 输入-1 退出系统! ");
        printf("\n\n 请输入歌手号码: ");
        scanf("%d",num+i);
        if(num[i]==-1) break;
        input(J,N);
        order(J,N);
        ave[i]=average(J,N,m);
        printf("\n%d 号歌手最终得分为:%.2f\n\n",num[i],ave[i]);
        i++;
    }
    write(fp,num,ave,i);                 /* 将得分写入文件并排序 */
    fclose(fp);
    return 0;

}
```

附录 F

微课视频目录

(续表)

序　号	微 课 视 频
30	5.4.1　while 语句
31	5.4.2　do-while 语句
32	5.4.3　for 语句
33	5.4.4　break 语句
34	5.4.5　continue 语句
35	5.4.6 (1)例 5.14　Fibonacci 数列
36	5.4.6 (2)例 5.15　素数
37	5.4.6 (3)例 5.16　求欧拉数 e
38	5.4.7 (1)例 5.17　多重嵌套循环的执行过程
39	5.4.7 (2)例 5.18　每行 10 个输出一百以内素数
40	5.4.7 (3)例 5.19　有规律图形的输出
41	6.1(1)一维数组
42	6.1(2)排序算法
43	6.2　二维数组
44	6.3　字符数组
45	7.1　函数定义和函数调用
46	7.2　函数的嵌套调用和递归调用
47	7.3　局部变量和全局变量
48	7.4　变量的存储类别
49	8.1　宏定义
50	8.2　文件包含
51	9.1　指针概述
52	9.2　指针与一维数组
53	10.0 第 10 章概要
54	10.1 结构体类型的定义
55	10.2 结构体变量的引用
56	10.3 结构体数组
57	10.4 结构体和指针
58	10.5 结构体和函数
59	10.7 共用体
60	10.9　使用 typedef 定义类型别名
61	11.1　文件的基本概念
62	11.2　文件的打开与关闭
63	11.3.1 字符读写函数 fgetc 和 fputc
64	11.3.2 字符串读写函数 fgets 和 fputs
65	11.3.3 数据块读写函数 fread 和 fwrite

(续表)

序　号	微 课 视 频
66	11.3.4 格式化读写函数 fscanf 和 fprintf
67	11.4　文件的随机读写

以上与本书配套的微课视频可以扫描下方的二维码观看。